浙江省普通高校"十三五"新形态教材

鞋 类 生 产 工 艺

主　编　步月宾　石　娜

参　编　王　政　吴建欣

主　审　卢行芳

U0219863

中国轻工业出版社

图书在版编目（CIP）数据

鞋类生产工艺/步月宾，石娜主编. —北京：中国
轻工业出版社，2022.7
ISBN 978-7-5184-2736-9

Ⅰ.①鞋…　Ⅱ.①步…②石…　Ⅲ.①制鞋-生产工
艺-高等职业教育-教材　Ⅳ.①TS943.6

中国版本图书馆 CIP 数据核字（2019）第 248249 号

责任编辑：李建华　陈　萍
策划编辑：李建华　　责任终审：滕炎福　　封面设计：锋尚设计
版式设计：霸　州　　责任校对：吴大鹏　　责任监印：张　可

出版发行：中国轻工业出版社（北京东长安街 6 号，邮编：100740）
印　　刷：三河市国英印务有限公司
经　　销：各地新华书店
版　　次：2022 年 7 月第 1 版第 2 次印刷
开　　本：787×1092　1/16　印张：16
字　　数：368 千字
书　　号：ISBN 978-7-5184-2736-9　定价：55.00 元
邮购电话：010-65241695
发行电话：010-85119835　传真：85113293
网　　址：http://www.chlip.com.cn
Email：club@chlip.com.cn
如发现图书残缺请与我社邮购联系调换
220806J1C102ZBW

前　言

我国的制鞋产业经过几十年的发展，产销量不断增长，已经建立起完善的上下游产业链，形成各种鞋类生产的产业集群，建立了完善的鞋业成品、鞋材市场以及鞋类的研发中心和资讯中心，我国已经发展成为世界的制鞋中心，是名副其实的制鞋大国。但是我国的制鞋业长期采用"以量换市"的发展模式，以产量占领市场，产品的品质不高，产品附加值低。这种模式在发展初期极大地推动了我国制鞋业的发展，随着人工成本上升、同质化竞争等因素的影响，我国的制鞋业遭遇了前所未有的挑战。制鞋业是劳动密集型产业，其发展受到土地资源、劳动力成本、原材料供应、环境保护等多方面的影响和制约，传统的发展模式已经不适合我国的国情，我国的制鞋业正处于转型升级的关键时期。

十九大报告中提出"建设知识型、技能型、创新型劳动者大军，弘扬劳模精神和工匠精神，营造劳动光荣的社会风尚和精益求精的敬业风气"，对技能人才的培养提出了新的要求。本书内容的编写对制鞋工艺在继承的基础上进行了创新，采用新形态教材模式，除了图文，书中加入了大量的操作演示视频，使读者能更直接地看到关键工序的操作方法，更容易理解每道工序的操作要点。

全书共八章，参照企业实际生产工艺撰写，详细介绍了鞋类生产工艺每道工序的具体操作方法、工艺标准、质量控制和产品检验等，以满足制鞋专业学生和行业技术人员的学习需要。

本书第一章至第五章由步月宾编写，第六章至第八章由石娜编写，王政负责书中图片和视频的拍摄及编辑，吴建欣负责书中涉及的生产标准的核定。全书由步月宾统稿，卢行芳主审。

本书的编写得到了意尔康股份有限公司、康奈集团有限公司、浙江红蜻蜓鞋业股份有限公司等制鞋企业的帮助，在操作视频、工艺操作标准编写等方面给予了大力支持，在此一并表示感谢。

制鞋技术的发展突飞猛进，书中内容难免存在不完善的地方，恳请广大鞋业同仁批评指正。

作者

2019 年 9 月

目　　录

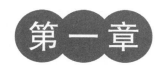

帮、底料裁断

制作鞋帮和鞋底部件的材料，需要经过裁断完成部件的取样。裁断是制鞋过程的基础工艺，它是根据设计要求，使用下料样板及各种刀模、工具，将制鞋材料划裁成既定形状、规格的帮件、里件和底件等的过程。

裁断是重要的制鞋工艺，直接影响成品的内在和外观质量，并关系到产品成本的升降。裁断工艺要结合皮鞋部件的受力和外观要求，充分考虑材料的形状、面积、伤残、厚薄、绒毛长短、色泽等情况，合理套划、合理利用伤残，在提升原材料利用率的基础上，保证裁断部件及成鞋的质量。

第一节　帮料概述

[知识点]
　　□ 掌握常见帮料的分类方法。
　　□ 熟悉鞋用天然皮革的规格。
　　□ 掌握皮革的性能特点。

[技能点]
　　□ 能根据粒面纹理识别动物皮革的种类。
　　□ 掌握人工材料与天然皮革的区分方法。

帮料分为帮面料、帮里料、帮辅料和衬料等，常用的帮料归纳起来有三大类：天然皮革、人工革、纺织材料等，其中天然皮革为最主要的制帮材料。

一、制帮用天然皮革

皮革是以动物皮为原料经过鞣制加工而成，天然皮革的优点可以概括为卫生性能好、美观、力学强度高。卫生性能好主要体现在皮革具有高吸湿性和透水汽性；美观则表现在不同动物皮革具有独特的天然粒纹，表现出自然的美感；力学强度高主要指皮革具有良好的抗张强度、耐磨、耐折等性能。天然皮革的缺点主要包括部位差、表面伤残和力学性能的各向异性。皮革的缺点是影响裁断工艺水平的重要因素，在裁断过程中要充分考虑这些缺点对成鞋的影响。制帮用的天然皮革主要是鞋面革和鞋里革两类。

鞋面革一般采用铬鞣法或以铬鞣为主的结合鞣法制成，牛面革的厚度一般为 1.2～1.4mm，较厚的可达 1.4～1.8mm；山羊鞋面革的厚度一般为 0.8～1.2mm，常见鞋面革规格见表 1-1-1 所示。

材料	男皮鞋	女、童皮鞋	材料	男皮鞋	女、童皮鞋
牛皮	1.0～1.8	0.9～1.4	羊皮	0.9～1.2	0.8～1.2
猪皮	1.0～1.5	1.0～1.5	牛二层	1.0～1.9	1.0～1.5

表 1-1-1 　　　　　　　　　　　　　　　鞋面革规格　　　　　　　　　　　　　单位：mm

　　鞋里革的鞣制方法以铬鞣和植鞣为主，分本色鞋里革和涂饰鞋里革两类，也可根据原料皮的来源分为头层鞋里革和二层鞋里革。

　　1. 天然皮革的分类

　　按照动物皮来源的不同，天然皮革可分为家畜类、野兽类、海兽类、鱼类、鸟类、两栖类及爬虫类等。在现代皮鞋生产中牛、羊和猪皮等家畜类皮革为主要面料，而鳄鱼皮、鸵鸟皮、蟒蛇皮、珍珠鱼皮等则主要用来配皮或者加工高端鞋产品。

　　按照成革的类型，天然皮革可分为正面革、修面革、绒面革和二层革等。

　　按照成革品种，天然皮革可分为正面革、修面革、绒面革、压花革、搓（摔）纹革、油浸革、苯胺革、漆革、金（银）革、缩纹革、剖层革和剖层绒革等。近年来，手感细腻、色泽亮丽的全粒面软革、苯胺革、漆革、金（银）革以及具有珠光效应的修饰革成为皮鞋生产的主要面料。PU涂饰面革是以头层或二层革为原料，采用湿固化聚氨酯涂饰方法使涂层在固化过程中形成微孔结构，这种方法既提高了天然皮革的有效利用率，又可降低皮鞋、皮革制品的生产成本，而且还可以生产出单色、双色、金属珠光、变色、磨砂及擦色效应等品种。

　　2. 制帮用主要天然皮革

　　制帮用天然皮革主要为牛皮、猪皮和羊皮，其特点扫二维码1-1。

　　3. 常见的制帮用珍稀动物皮革

　　珍稀动物皮革常用于高档鞋的制作或者用来制作皮鞋配件，例如鳄鱼皮、鸵鸟皮、蟒蛇皮、珍珠鱼皮等（二维码1-2）。

　　皮革作为一种性价比很高的制鞋材料，具有良好的卫生性、美观性和强度高等优点，在选择材料的过程中，可以根据皮革的特点，进行真皮和假皮的鉴别（二维码1-3）。

二维码 1-1
牛皮、猪皮
和羊皮的特点

二维码 1-2
常见的制帮用
珍稀动物皮革

二维码 1-3
鉴别真皮假皮

二、人　工　革

二维码 1-4
人工革介绍

　　人工革是人工合成的仿革产品，包括人造革和合成革（二维码1-4）。一般说来，人造革是以纺织布或针织布为底基，而合成革是以无纺布或由天然皮革纤维制成的无纺物为底基，二者都需要对底基进行涂饰整理。

三、鞋里材料

鞋里的作用是提高成鞋的成型稳定性，降低面料的延伸性，提高帮面强度，延长使用寿命；通过垫平折边处、遮盖钉眼、改善卫生性能等来提高穿着舒适性；防止鞋帮材料掉色、染袜。

鞋用里料的种类有天然里革、合成革、织物、天然毛皮、平面毡、代革毡、纬编针织人造毛皮、经编人造毛皮、仿羔皮、仿驼绒等。

莱卡是近几年才出现的纺织材料，具有良好的弹性。杜邦公司将莱卡、皮革、合成革和帆布等纺织品搭配使用，用特殊的处理过程使皮革变得柔软，再在鞋里和帮面之间夹进布料和莱卡的混合材料，改进了鞋的合脚性。这种莱卡鞋有 $20\% \sim 25\%$ 的伸展余地，可随脚的增大而弹性变大，但鞋型却不会走样。

鞋用里料要求耐磨，表面光滑，不掉色，鞋的里怀质量优于外怀质量；满帮鞋的里料分两节时，鞋腔前部的里料质量可以较差；分三节时，后跟部的里皮肉面朝向鞋腔，使鞋跟脚。凉鞋的皮里分条带里和统皮里两种，后者要求强度大，延伸性小，光滑、美观。棉鞋里要求皮板柔软、有弹性，绒毛整齐，无浮肉、裂面、臭味等；鞋垫要求后端质量优于前端。

四、纺织材料

纺织材料的特点是轻、薄、透气、延伸性小且规格；能改善鞋的卫生性能、保暖性能、穿着舒适性及成鞋的成型稳定性；通片均匀一致，有利于套裁、叠裁；价格低，可降低鞋类产品的原材料成本。表 1-1-2 为常见鞋用纺织材料。

表 1-1-2   **常见鞋用纺织材料**

材料	特 点	用途
帆布	棉质平纹布料,经纬密度大,牢度高	男鞋里布
卡其布	双线斜纹制品,正反面均有斜纹,厚实	鞋里
平纹布	棉质平纹布料,经纬密度小	衬布
斜纹布	棉质或强力人造纤维织造,是一种单线斜纹织品	广泛用作鞋里材料
羽纱	人造丝斜纹织物,有羽毛般光泽,顺滑	女鞋鞋里
美丽绸	人造丝绸	女鞋鞋里
驼绒	驼毛植绒织物,底基用经纬双重编织,弹性大	棉鞋里
长毛绒	聚丙烯酯纤维织造,轻、保暖	棉鞋里
毛毡	羊毛无纺织物,具有良好的防寒性	靴类防寒鞋里
无纺布	人造纤维无纺织物	多为复合料的形式,做鞋里用
人造毛	人造长纤维制造的仿毛皮,是一种高保暖性织物	棉鞋毛里或鞋口装饰毛边
泡沫复合布、泡沫尼龙	棉或强力人造丝、尼龙丝编织的材料,透气性好	与聚氨酯泡沫复合制作鞋里
经编涤纶(针织布)	用强力人造丝、人造纤维加工的针织材料	高筒靴鞋里
背胶衬布	在高弹力平纹布或针织螺纹布背面,预涂热熔树脂黏合剂	鞋用补强内衬或定型衬
不干胶布	涂有不干胶的织物	织物鞋里

［思考与练习］

1. 简述天然皮革的分类。

2. 常用的天然皮革有哪些？各有什么特点？

3. 人工革有哪些种类？特点是什么？

4. 纺织材料的特点是什么？

5. 鞋用里料的质量要求是什么？

第二节　底料概述

［知识点］

□ 掌握天然底革各部位的性能及用途。

□ 掌握各种合成类底料的种类、性能和特点。

□ 掌握外底各部位的受力情况及质量要求。

□ 了解鞋跟面皮、鞋跟里皮、包鞋跟皮和插鞋跟皮的作用及质量要求，熟悉沿条、盘条和外掌条的作用。

［技能点］

□ 能根据制鞋工艺选择合适的底革种类。

□ 掌握天然底革的部位与底部件下裁间的关系。

用于鞋、靴底部的材料以及固型补强材料称为底料。按照设计要求，将整块底革或其他底料下裁成具有一定形状、规格的底部件的过程，称为底料的裁断。

一、各种常用底料及其特点

常用底料的种类很多，总体上可以分为天然类和合成类（二维码 1-5）。天然类底料主要包括天然底革、木材、竹等；合成类底料主要包括橡胶、塑料、橡塑并用材料、再生革、弹性硬纸板等。

二、天然底革的部位与底部件下裁间的关系

天然底革也存在着通张厚薄不匀、表面有伤残以及力学性能具有各向异性等缺点。而不同的底部件有不同的质量要求，甚至同一底部件的不同部位也有不同的质量要求。因此，为确保产品质量和材料的合理利用，必须掌握天然底革的部位划分及其与底部件下裁间的关系。

二维码 1-5
底料概述

（一）天然底革的部位划分

以牛半张革为例，成品底革一般可以分为背臀部（Ⅰ类部位）和肩腹部（Ⅱ类部位），如图 1-2-1 所示。

（二）外底部件的质量要求

外底，俗称大底，是皮鞋的主要部件，其质量的优劣不仅直接影响着产品的外观及穿用质量的高低，而且也影响着企业的经济效益，因此必须给予足够的重视。

1. 外底的受力分析

在制鞋生产过程中及穿着使用过程中，外底部件的不同部位要经受不同的外界因素影

响，外底不同部位的受力存在差异（图 1-2-2），因而对不同部位有不同的质量要求。

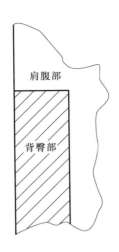

图 1-2-1　底革的部位划分

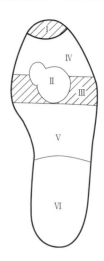

图 1-2-2　外底的受力分析

Ⅰ号部位为外底前尖处，承受地面障碍物的撞击，尤其是当鞋的前跷偏低时及在穿用初期，该部位的磨耗剧烈，因而也是断线、开胶的主要部位。同时，该部位也是鞋的主要外露部位，因此，要求具有良好的耐磨性、可塑性和外观质量。

Ⅱ号部位为外底的前掌心部位，呈锅底形，与后跟共同支撑躯体。它是鞋的最先着地点，也是行走时脚的后蹬力作用点，所以磨耗最严重，要求具有较高的耐磨性。

Ⅲ号部位为跖趾关节线部位，在穿着使用过程中承受频繁的曲折，是外底折断、断线、开胶的主要部位。该部位处于从前掌向腰窝的弧形过渡处，因此要求具有一定的耐折强度、弹性和可塑性。

Ⅳ号部位为前掌部位的掌心四周。当人体处于负重状态或掌心部位已被磨损时，该部位才开始承受磨损，是磨耗逐渐扩散的部位。

Ⅴ号部位为外底的脚心部位，不与地面接触，所承受的摩擦力较少，但承受一定的压力和拉伸应力。由于有勾心和半内底的辅助补强作用，除特殊产品外，一般不强调要求该部位的抗张强度和硬度。但它也属于主要的外露部位，因而要求其外观质量较好。

Ⅵ号部位为外底的后跟部位。被鞋跟部件所覆盖，既不与地面接触，又不外露，要求具有较高的衔钉力。

2. 外底的质量要求

外底在穿用过程中要经受摩擦、弯曲、撞击、水浸等外界因素的影响，因此要求外底部件具有较高的耐磨性、耐折性、硬度和耐水性。外底部件在穿用过程中属于外露部件，因此要求具有一定的外观质量。由于后端要钉跟，故外底前端的质量要好于后端的质量。

在制鞋工艺过程中，外底部件又要经受压缩、针刺、钉钉、黏合、压型等物理的或机械的加工，因此要求外底部件具有一定的抗张强度、衔钉力、可塑性和弹性。

穿用对象和制鞋工艺的不同，对皮质底料的厚度要求也不相同。表 1-2-1 列出了外底厚度要求。

表 1-2-1　　　　　　　　　　　　　外底厚度要求　　　　　　　　　　单位：mm

底革类型	男鞋外底		女鞋外底		童鞋外底	
	线缝工艺	胶粘工艺	线缝工艺	胶粘工艺	线缝工艺	胶粘工艺
黄牛底革、猪底革	3.5～4.0	>3.3	3.0～4.0	>2.8	>2.5	>2.2
水牛底革	4.0～6.0	>4.0	3.5～5.0	>3.5	>3.0	>2.7
仿皮底		5.0		3.0～4.0		
橡胶底		>5.5		>5.5		

（三）其他底部件的质量要求

1. 内底

内底，俗称膛底，位于外底和鞋垫之间，在穿着使用过程中要承受曲挠、拉伸及脚汗等外界因素的影响。要求内底材料的耐折性能高，吸湿、耐汗及透气性能好，具有弹性和一定的硬度，表面平整，不松软。

如果使用天然底革时，内底部件应在背肩部和质量较好的边腹部下裁。当外底为天然底革且采用纵向下裁时，内底则应横向下裁，使鞋底易弯曲。若外底为橡胶底时，内底则纵向下裁，以增加外底的成型性，防止外底长度的收缩或延伸。

产品品种及加工工艺不同时，对内底材料的质量要求也不同。一般规律是：线缝鞋内底优于胶粘鞋内底，男鞋内底优于女鞋内底，凉鞋内底优于满帮鞋内底，外露的内底优于被遮盖的内底。内底厚度要求见表 1-2-2。

表 1-2-2　　　　　　　　　　　　　内底厚度表　　　　　　　　　　　单位：mm

工艺类型		男　鞋	女　鞋	童　鞋	凉　鞋
线缝	手　工	>3.0	2.8～3.0		
	机　缝	>3.5			
胶粘	皮　底	>2.5	1.8～2.0	1.8～2.0	2.2～2.5
	合成材料	2.0～2.5	1.5～1.7		
模压			1.7		

（1）缝沿条工艺所用内底　内底要经受针锥扎孔的穿刺力、收线时的拉伸力等，要求内底具有一定的厚度，纤维编织应紧密，以保证缝沿条时纤维不断，锥孔不裂，粒面无皱褶，针码不外露。

（2）胶粘工艺所用内底　应具有良好的可塑性和弹性，忌用僵硬无绒的底革。女式中、高跟鞋内底的后端要具有一定的硬度，钉跟的内底要求紧实、不松软，具有衔钉力。

（3）模压、硫化工艺内底　在制鞋过程中要经受高温作用，要求耐热性好。天然底革在高温下容易焦化变脆，因此要选用耐热性好的铬鞣底革。现今鞋厂多采用合成底料。

2. 半内底

半内底位于腰窝至后跟部位，用于增加内底硬度，增大对腰窝部位的托力，压住主跟部位的帮脚余量，也是装跟的基础，使安装后的鞋跟不变形，增加装跟牢度。因此，要求半内底材料应具有一定的硬度和弹性。皮质半内底可以在颈肩部和四肢部硬度较好的部位下裁，也可以使用弹性硬纸板。表 1-2-3 列出了半内底的厚度要求。

表 1-2-3　　　　　　　　　　　　　　　半内底的厚度要求　　　　　　　　　　　　　单位：mm

鞋品种	男　　鞋	女　　鞋		童　　鞋
		平跟鞋	高、中跟鞋	
厚度	3.2	2.5～3.0	3.0	2.0

3. 中底

中底位于内底和外底之间，其作用是为了增加内底硬度，压住主跟部位的帮脚余量，多用于劳保和军品鞋。因此，要求中底材料应具有一定的硬度和弹性。皮质中底可以在颈肩部和边腹部硬度较好的部位下裁，也可以使用弹性硬纸板。中底的厚度一般为 2.5～3.5mm。

4. 主跟、内包头

主跟和内包头分别位于鞋的前后端，其作用是支撑定型，保持鞋的成型性，同时对脚起保护作用。因而要求所用材料具有一定的可塑性、弹性和硬度。主跟、内包头根据产品类型不同，对质量要求也不同。一般规律是：劳保鞋优于民品鞋，正装鞋优于便装鞋。

采用天然底革做主跟、内包头时，一般在边腹部及颈肩部下裁。下裁方向主跟选横向，避免产生坐跟；内包头选纵向，增强鞋纵向受力。表 1-2-4 给出了常用主跟、内包头的厚度。

表 1-2-4　　　　　　　　　　　　　常用主跟、内包头厚度　　　　　　　　　　　　　单位：mm

部件名称	男　　鞋	女　　鞋	童　　鞋
主跟	3.2～3.5	2.8～3.2	1.6～1.8
内包头	2.8～3.2	1.5～2.0	1.0～1.2

5. 鞋跟面皮、鞋跟里皮、包鞋跟皮、插鞋跟皮

（1）鞋跟面皮　鞋跟面皮是鞋跟小掌面上与地面直接接触的部件。用来增加鞋小掌面的耐磨强度。鞋跟面皮随着鞋跟高度的增加和小掌面的面积减小所承受的重力和摩擦力也相应增大。鞋跟面皮的质量要求等同于或高于外底的质量要求。另外，鞋跟面皮是主要的外露部件，要求外观质量要好。鞋跟面皮的厚度一般为 5mm 以上。

（2）鞋跟里皮　又称为拼鞋跟皮。皮质鞋跟（即皮跟）是由鞋跟里皮一块块、一层层地拼接、堆积而成，其堆积的层数和高度是由鞋跷、跟高及鞋跟里皮的厚度所决定的。拼接时要求所用的鞋跟里皮材料要尽量一致，否则在制作浅色鞋跟时，烫蜡后的鞋跟表面色泽深浅不一。鞋跟里皮可以在边腹部和肢胺部下裁，也可以用小块的边角料拼接。

（3）包鞋跟皮　包鞋跟皮是包裹在皮跟、塑料跟或木跟外面的轻革或底革部件。底革包鞋跟皮是采用底革经过多层黏合、压制、切片所制成。包裹后的鞋跟外观光亮、真皮感强。包鞋跟皮应在臀背部纵向下裁，厚度一般控制在 3.5～4.0mm，要求每层的厚度基本一致，材料纤维编织紧密，有较高的抗张强度。皮质松软的底革经黏合切片后，没有较强的韧性，用于包鞋跟时经不起拉伸，极易发生断裂和开胶；材料软硬搭配不当，易使产品表面产生高低不平和松壳的现象，严重影响产品外观。

（4）插鞋跟皮　位于盘条与外底之间或外底与胶条之间，形状同鞋跟大掌面，起到垫平后跟处或调节后跟高度的作用。插鞋跟皮材料要求具有一定的硬度，可以在边腹部下裁。其厚度要求为：男鞋 3mm 以上，女鞋 2.2～2.5mm，童鞋 2mm。

（四）条形底部件的质量要求

条形底部件主要包括沿条、盘条和外掌条等。

1. 沿条

沿条位于鞋底边缘，分别与帮脚和外底缝合，是帮脚和外底之间的连接物，起增加帮底结合的作用，同时也可以遮盖绷帮皱褶。要求材料结实而具有韧性，硬度和可塑性适中，外观平整，无明显的缺陷，以保证缝线线迹清晰、美观。下裁时应选在背部，下裁方向与所用材料有关。当选用牛皮底革时，为了能使沿条在操作时顺势盘转，则应取横向下裁；若选用猪皮底革时，如果仍然采用横向下裁，在操作中经过盘转拉伸，其表面的毛孔就会更加明显，且在收紧缝线时，易造成纤维断裂的现象，因此应该纵向下裁。沿条厚度要求见表1-2-5。

2. 盘条

盘条是位于鞋底边缘的U形部件，在跟口线处与沿条连接，是帮脚和外底之间的连接物。盘条材料要求结实，不能用僵硬的材料。下裁时应选在颈肩部，取横向下裁。盘条厚度要求见表1-2-5。

表 1-2-5　　　　　　　　　　　　沿条、盘条厚度要求　　　　　　　　　　单位：mm

部件名称	男　　鞋	女　　鞋	童　　鞋
沿条	3.5～4.0	3.0～3.5	2.0
盘条	4.0～4.5	3.0～3.5	2.0～2.5

3. 外掌条

外掌条也称为外盘条，是位于外底和鞋跟之间的U形部件，由于它位于外底之下（而盘条位于外底之上），故称之为外掌条。其作用、下裁部位和方向以及质量、厚度要求同盘条。

［思考与练习］

1. 简述天然底革的分类方法。

2. 天然底革各部位的性能及用途是什么？

3. 植鞣底革和铬鞣底革的性能特点各有哪些？

4. 底革种类与制鞋工艺之间的关系是什么？

5. 外底各部位的受力情况及质量要求是什么？

6. 对内底有哪些通用的质量要求？不同的产品品种及加工工艺对内底的质量又分别有何要求？半内底、中底各有何作用？

7. 主跟和内包头的作用是什么？不同的产品品种对主跟和内包头的要求有何不同？采用天然底革做主跟和内包头时，为什么它们的下裁方向不同？

8. 鞋跟面皮、鞋跟里皮、包鞋跟皮和插鞋跟皮的作用及质量要求有哪些？

9. 沿条、盘条和外掌条的作用是什么？

第三节　天然皮革与帮部件的裁断关系

［知识点］

☐ 掌握皮革部位划分的方法。

    ☐ 掌握不同部位皮革纤维的走向。

    ☐ 熟悉皮革伤残的种类。

［技能点］

    ☐ 能对皮革进行部位划分。

    ☐ 通过拉伸测试皮革不同方向的延伸性。

    ☐ 能识别皮革伤残的种类。

皮革存在着部位差、伤残、纤维编织的各向异性等缺点，会对鞋帮部件的裁断产生影响，裁断过程要充分掌握皮革的性能，合理分析所裁帮部件与皮革之间的对应关系。

一、天然皮革的性能分析

1. 天然皮革的部位划分

天然皮革的部位划分是根据动物的形体特征来进行的，一般说来，大牲畜的皮可以分为以下六个部位。

（1）臀部　纤维束粗壮，编织紧密，强度和耐磨性最好，使用价值最大。猪皮臀部最厚，局部处理后仍较硬，毛孔也较明显。马皮臀部有两块椭圆形皮，俗称"股子皮"，特别坚硬、光滑、平整，但透气和透水汽性小。

（2）背部　表面光滑，粒面细致，纤维编织紧密，面积大，质量仅次于臀部。

（3）肩颈部　纤维编织比背部松，表面粗糙，皱纹多，质量位居第三。猪皮颈部长有鬃毛，毛孔特别粗大。

（4）腹部　纤维编织更疏松，皮薄，延伸性大，弹性差，力学强度低。

（5）腋部　薄、松软，质量最差。

（6）四肢部　大牲畜才有。组织较为疏松，质地僵硬，面积小，属于次要部位。

2. 皮革纤维编织的各向异性

天然皮革是由以胶原纤维为主要成分编织而成的，其织角为 $0° \sim 90°$。

纤维编织紧密且织角大，该部位的延伸性就小；纤维编织疏松、织角小，该部位的延伸性就大。

当某一部位的主纤维走向与其受力方向垂直时，该部位的延伸性就大；反之，若某一部位的主纤维走向与其受力方向相同时，该部位的延伸性就小，如图 1-3-1 所示。

二、皮革伤残缺陷

凡是原料皮自身的伤残及屠宰和制革过程中所造成的缺陷（二维码 1-6），都会对成革的质量造成影响，制鞋过程中需要根据伤残的情况对其进行合理剪裁取用。

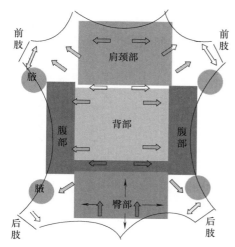

图 1-3-1　皮革各部位延伸方向示意图

二维码 1-6
皮革伤残缺陷

三、天然皮革与帮部件的裁断关系

在天然皮革上下裁鞋帮部件时，必须综合考虑部件的受力情况和皮革下裁部位的力学性能相对应。在套划前必须熟悉样板结构，对每一个部件都要进行受力分析（二维码1-7），了解该部件在生产过程中及在成鞋的穿用过程中受力的大小和方向，从而确定下裁的部位和下裁方向。

根据综合分析，得出以下结论：

① 受力强弱不同的部件要分别在革的不同优劣区段裁取。例如，前帮在臀背部位裁取，中帮、后帮、包跟、靴筒在肩背部位裁取，鞋舌、护耳皮、后垫在颈、腹、肷等部位裁取。

② 部件的受力方向与皮革的纤维走向相对应（顺丝裁剪）。

③ 鞋的美化造型与革面特点相吻合。例如主暴露部件优于次暴露件，次暴露件优于掩藏件。

二维码 1-7
帮部件受力分析

四、提高出裁率的原则

天然皮革是制鞋用主要面料，其成本占原料总成本的 $50\%\sim70\%$。因此，提高天然皮革面料的有效利用率，对降低产品成本、提高经济效益具有极其重要的意义。

天然皮革在纤维粗细和编织紧密程度、革身厚薄、粒面状态、力学性能等方面存在着部位差别，而皮鞋上不同部件对皮革外观及力学性能的要求也不相同。由于鞋帮部件样板形状各异，帮部件数量的多少和面积的大小也不一样，因此，为了寻求合理的套划方法，在套划之前必须对所划品种的全套样板进行仔细的分析研究，找出部件之间的套划规律。

提高出裁率的原则主要有先主后次、先大后小、好坏搭配、合理利用伤残、合理套划（二维码1-8）。

二维码 1-8
提高出裁率的原则

[思考与练习]

1. 皮革不同部位存在哪些差异？

2. 皮革不同部位的纤维走向有哪些规律？

3. 皮革伤残种类有哪些？如何识别皮革伤残？

4. 皮鞋帮部件的主次是如何界定的？

5. 皮革和帮部件的裁断关系是什么？

6. 提高出裁率的原则有哪些？

7. 天然底革伤残的利用方法有哪些？可以用在哪些部件或部位上？

8. 合理套划的方法有哪些？

第四节　帮料划裁

[知识点]

□ 常用帮料的裁断方法。

□ 熟悉裁断流程。

□ 掌握皮革与部件的裁断关系。

[技能点]

□ 掌握手工裁断的操作要点，能熟练完成手工划裁。

□ 部件套划部位合理、伤残使用部位准确。

在帮料上标划鞋帮部件，以机器冲裁或者手工裁剪下来，称为帮料划裁。帮料划裁的好坏、材料的合理利用以及材料质量的优劣，都对成鞋的质量有重要影响，划裁是制鞋工艺过程的重要工序之一。

帮料划裁的方法有两种：一种是将划料样板放在帮料上面，在其周边用笔或者粉袋标划出部件边缘线条，然后用剪刀沿线条将部件裁剪下来，属于手工先划后裁。另一种是运用刀模，通过裁断机直接将部件从帮料上冲裁下来，属于机器裁剪。

两种方法各有特点：手工划裁选料精细，原材料利用率高，无须制作刀模，适合小批量多品种或者造型较复杂产品的划裁；机器裁剪则能减轻劳动强度，部件裁剪规则，生产效率高，对大批量生产更为有利。

一、手工划裁

手工划裁可以使操作人员更仔细地观察皮革部位的优劣、伤残和纤维延伸方向等情况，是确保成鞋品质的最好方法。手工划裁的工艺流程如下：熟悉样板结构→分清部件样板主次→配料→标记伤残→套划→编号→裁断→分号验收。

1. 熟悉样板结构

皮鞋帮面款式千变万化，部件形状各异，部件数量的多少、大小没有统一的模式。为了寻求合理的套划方法，应首先将全套帮部件样板摆放在工作台上，按工艺要求练习拼装、试排，找出最省料的套裁规律，提高出裁率。

2. 分清部件样板的主次

按照皮鞋产品的质量标准要求，鞋帮部件样板应分清主次，并与帮料的主次部位对应，以确保成品的外观和受力都能达到最佳状态。

样板主次的区分原则是：

① 主暴露部件，属于主要部件。

② 大块部件，是主要部件。

③ 绷帮成型和穿用过程中受力大的部件，是主要部件。

④ 鞋帮弯折曲挠的部位，属于主要部件。

前帮、围盖、围条、中帮等部件，在皮鞋上承受力大，要求皮革坚韧、耐折，应在皮革臀背部裁取。外包跟绷帮时承受较大的拉力，但是其内部有主跟的支撑和补强，应为次要部件，在皮革腹部等次要部位裁取。鞋帮各部件的合理用料情况见表1-4-1。

表 1-4-1　　　　　　　　　　　鞋帮部件主次取料部位对应表

皮革部位名称	鞋帮部件名称
臀部	整前帮、围盖、中帮、围条
背部	整前帮、围盖、中帮、围条、横条、鞋带皮、前条皮、花结皮、保险皮、后帮、后中帮
颈肩部	后中帮、外包跟、后帮、鞋带皮
腹部	沿口皮、鞋舌、外包跟、包跟皮、花结底板、护口皮

3. 配料

由于皮革的张幅大小、厚薄、色泽等存在差异，划裁前，需要将领到的皮革根据订单和划裁的需求进行搭配分档，这样有利于划裁时部件的互配。

划裁过程中，同一批订货的生产，原则上应在同一批皮革上划裁，但是如果遇到天然皮革好坏差距悬殊时，可好坏两张同类皮革搭配使用。在好皮上尽量多裁取主要部件，在次皮上多裁取次要部件。并应做到同双鞋相同部件的粒面、色泽、厚薄等对称一致。

配料的原则如下：

① 同一双鞋的部件尽量在同一张皮革上划裁。

② 颜色一致的皮革搭配在一起。

③ 大号样板选大张幅皮革，搭配小张幅皮革划裁小部件。

④ 厚实皮革划裁主要部件，搭配较薄的皮革划裁次要部件，并注意使用内衬，贴衬补强后使所有部件厚度一致。

4. 标伤

标伤也叫拉皮疤，用水银笔圈点出皮革上的伤残（二维码 1-9），以避免伤残误用而出现质量问题。标记过程中要注意禁止使用易造成革面污染的笔，皮革肉面层的伤残（如剥刀伤）按其在粒面对应位置圈点和做上标记，伤残的圈划范围准确，既不扩大也不缩小，以免影响产品质量和伤残部位的利用。

二维码 1-9
标伤操作

5. 套划

套划有一个经验累积的过程，应该根据具体情况具体分析，灵活处理。

（1）用料估算　在选料套划之前，要根据皮革的具体情况，估算适应鞋号和套划双数，达到按消耗定额选划用料。原则上同一张皮上划裁出整双鞋帮，确保整双鞋质量无大的差异。

（2）确定鞋帮部件和皮革纤维走向（纹缕）　除了个别部件（如围盖、葫芦头、外包头）需要考虑成型因素外，原则上在套划过程中应保持部件的受力方向与皮革的主纤维一致（图 1-4-1）。若在套划过程中，出于省料目的需改变部件的纹缕取向时，必须将改变纹缕的部件贴衬补强，使其达到鞋帮的质量要求。鞋帮各部件纹缕取向参照表 1-4-2。

图 1-4-1　部件与纤维走向的对应关系

表 1-4-2　　　　　　　　　　　　鞋帮部件纹缕取向参照表

部件名称	纹缕取向	原　因
外包头	横纹	其两侧会自然包裹鞋楦，需要较高的强度，采用横向，可防止绷帮歪斜

续表

部件名称	纹缕取向	原　因
中帮	直纹	确保受力,并防止绷帮歪斜
围盖	横纹	皮革厚实的,其抗张强度大、延伸性小,采用横向,为围盖提供较大的延伸性
	直纹	皮革薄软的,延伸性大,采用纵向,确保受力
围条	直纹	后帮部位围条,取纵向满足较大抗张强度的需要
	斜纹	前帮围条呈U形,内外两侧纹缕必然存在差异,容易造成鞋帮歪斜,在确保外侧后部纵向的情况下,前部围条两侧可采用斜向
后帮	直纹	受纵向拉力大,需要较大的抗张强度,纹缕采用纵向
耳扇(鞋耳贴件)	直纹	因其上凿有鞋眼需要捆扎鞋带,顺捆扎方向需要比较大的抗张强度,应采用纵向
鞋口	直纹	护口皮部件,穿用时承受很大的张力,宜采用纵向裁取
	横纹或斜纹	包软口的鞋口部件,需要在弯折面上平顺和减少皱褶,宜采用横向或斜向裁取
外包跟	直纹	虽然受力较大,由于主跟等内衬的作用,选材不用太好的皮革,需直纹下裁
耳式鞋鞋舌	直纹	绷帮受力较小,可用质量次一些的皮革,一般以纵向裁取
舌式鞋鞋舌	直纹	主要鞋帮部件,需要较好的外观质量,以纵向裁取
鞋带(条带部件)	直纹	需要较大的抗张强度,采用纵向裁取
保险皮	直纹	位于后帮合缝处,经受剧烈摩擦和撑拉,需要上好部位的零碎小料,纵向裁取

（3）套划方法　套划也叫排料,操作扫二维码1-10。

标划部件的主要边口上不允许有叠线或缺角,在帮脚和部件镶接处能被压盖住的边角上,允许有适量的叠线和微小缺角。

排料要紧凑,按顺序排列,合理利用皮革伤残。

（4）套划位置　套划过程中,各部件的受力情况与皮革的部位和纤维走向要对应,同双鞋相同的部件尽量在皮革相邻的位置裁取,确保同双相同部件的粒面粗细、色泽、绒毛长短、纤维延伸方向等保持对称一致。

二维码1-10
套划

小张幅的猪、羊面革多是以整张为主,同双鞋的相同部件以背脊为界,对称划裁。划裁羊面革时,考虑到皮革的出裁率,不能完全按纵向要求套划。如皮革面积大于3ft²（0.28m²）,可在皮革上以横向对称套划（图1-4-2）;如果皮革面积在3ft²以下的,应按纵向对称套划（图1-4-3）。

图1-4-2　横向对称套划

图1-4-3　纵向对称套划

对于牛面革等较大张幅的皮革，大多为半张革，套划时要将同一双鞋同一部件在同一部位或邻近部位划裁，做到"同双同位"（图1-4-4）。

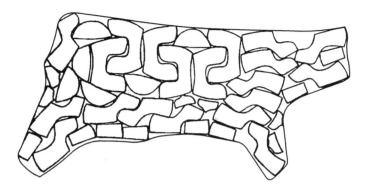

图1-4-4　牛半张革划裁示意图

（5）套划次序　在皮革上进行部件套划要根据提高出裁率的原则，同时确保套划排列规整、有序，切忌乱排、乱插，鞋帮主要部件尽量在皮革同一部位排放成双，以免出现部位差别。

6. 编号

套划好的部件按要求在每个配双部件上标注尺码和配双序号，编码的字迹要小，标记清晰、端正，或采用不干胶编码纸标注，标注的位置应在各部件帮脚等隐蔽处。编号多用两位数字，首位数字表示鞋码，尾数表示配双数。粘贴标签操作扫二维码1-11。

二维码1-11
粘贴标签

7. 裁断与检验

（1）裁断　按标划好的帮部件用手工裁剪或用刀模机器裁断。

裁断注意事项如下：

① 按部件、按鞋号、按方位进行裁断，并尽量保留线迹，以免出现"大裁小用"和错号等失误。

② 两部件相靠，遇到线与线重叠处，必须对准线迹居中裁断，以确保两个部件都能在合理范围内有小部分缺损。

③ 两部件相靠与转角伸进对方部件轮廓线内，须按主次区别对待，若是帮脚处的转角，允许有一定的缺失，来保障对方部件主要边口的线迹完整；如果是主要部位的转角，则应保持转角本身的完整，而让对方部件尽量偏移一点。

（2）验片　将裁断好的帮部件裁片按质量要求进行检验；检验裁片可以采用目测和手感检查的方式进行，必要时需用量具测量。

质量要求：裁片的色泽深浅、粒面或绒毛的粗细，必须成双鞋对称一致，镶接或隐蔽处彼此要近似；厚薄、软硬配对成双；延伸方向横纵分明、左右对称；厚度不足和纹路错误、不一致的裁片，必须配上衬料；伤残（包括背面刀伤）利用的位置恰当，缺边少角者要与样板核对无碍方可使用。

（3）点数　将裁断好的部件裁片依照生产调度流转卡上所记录的货号、批号、材料、颜色、鞋号、数量等，按部件形状、尺码大小、左右脚归类点数，并按选划料时所编写的序号顺次排列，完整捆扎或装入料袋、料盘，转入下道工序进行生产。

二、机 器 裁 断

机器裁断流程：检查刀模→调试裁断机→裁刀冲程的调节→裁断→分号验收。

1. 检查刀模

根据产品货号领取刀模，确保核对无误。使用刀模之前，应先将刀模上的防锈油擦净，然后检查刀模是否变形和刀刃有无缺口，如有上述情况，应调换或修整刀模。

裁断刀模（图1-4-5）一般有19、32、50mm三种标准高度，及2.0、2.5、2.8mm三种标准厚度。

刀模上的切口齿数代表鞋号大小，齿数由少至多表示鞋号由小到大，见表1-4-3。

图1-4-5 裁断刀模

表 1-4-3　　　　　　　　刀模切口与尺码的对应关系

男鞋鞋号	刀模切口齿号	女鞋鞋号	男鞋鞋号	刀模切口齿号	女鞋鞋号
235～240	V	225～230	255	VVVV	245
245	VV	235	260	无齿	250
250	VVV	240			

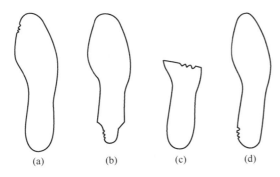

图1-4-6　底部件的切口标记部位
（a）内底　（b）带舌外底　（c）半内底
（d）鞋垫、衬垫

在对底部件进行标记时，内底的标记部位在离前尖内侧30mm处；带底舌的外底的标记部位在底舌的内侧；整只外底不做标记，只是印号；半内底的标记部位在平截头处；鞋垫、衬垫的标记部位始终都在后跟部踵心部位的内侧（图1-4-6）

2. 调试裁断机

首先在机器的运转部位加润滑油，并检查是否有影响机器转动的障碍物；然后接通电源，使机器空转1～2min，听机器在运转中是否正常，如有异常声音，则应停机检查，恢复正常后再使用。

3. 裁刀冲程的调节

将表面平整的裁断垫板（聚乙烯塑料板）平稳地放在机台上，然后将裁刀置于其上，把裁断机的上压板拉至刀模背的正上方以调整冲程。调节时上压板的下降应由高到低逐步调节准确，以刀模口压进垫板0.5～1.0mm为宜。上压板距刀模背太高时，不易将面料切断，而上压板太低时刀模刃口压入垫板太深，难以取出，且容易造成刀模变形和缺口。

4. 裁断

将材料平铺于垫板上，右手握刀模，将其放在材料的正确位置上；左手将上压板拉至刀模背的正上方，待上压板停稳后，右手即离开刀模；按动电钮，使上压板下降，完成部件的裁断动作；然后将上压板推回到原位置，右手取出刀模，并从刀模中取出裁断好的部件。重复执行上述步骤，完成其他部件的裁断（二维码 1-12）。

二维码 1-12
机器裁断

5. 编号验收

编号、检验方法和标准与手工划裁相同。

三、安全与保养

各种裁断机操作人员必须严格遵守操作规程，当刀模在机器上放置好后，必须双手离开工件，才可用双手按动开关、操纵杆或脚踏开关进行工作。严禁一只手按工件、另一只手按开关或操纵杆，避免压伤手部。

刀模用完后，按保养要求在刀口涂防锈油，然后放入刀模架上。

裁断机要定期检修、维护、保养，开工前和下班后都要擦拭机器，保持机器的清洁，并在润滑孔内加好润滑油。机器运转声音反常时，要即刻停机检修，保持机器的经常处于正常运转状态。

[思考与练习]

1. 手工裁断的工艺流程是怎么安排的？
2. 机器裁断的工艺流程是怎么安排的？
3. 半肩革与全张革套划操作有哪些区别？
4. 刀模上的切口有什么含义？
5. 皮革废料产生的原因及利用方法分别是什么？

第五节　人工革和纺织材料裁断

[知识点]

☐ 掌握人工材料的裁断方法。

☐ 熟悉裁断所用工具及使用方法。

[技能点]

☐ 掌握叠裁的操作要领。

☐ 能根据不同样板掌握互套要领。

人工革和纺织材料表面平整，质地均匀，可使用平面裁断机直接冲裁，其裁断工艺与天然皮料略有不同。

一、叠　　层

人工革与纺织材料一次可以裁断多层，先将被裁材料叠层，叠层时以一侧的自然织边为主靠齐，纺织材料如有皱褶要理平（或熨平），叠层数的总厚度不要超过平面裁断机的工作范围，叠层的长度一般是根据工作台的长度或套划样板的长度选定。

二、互套排列

使用平面裁断机裁断纺织材料和人工革，互套时要留刀口边距（一般为 3mm 左右），防止下层材料收缩导致部件缺损。互套排列必须整齐规则，不能随意错位，并计算原材料的幅宽可排列数，原则上要求可排列数与裁刀宽度的乘积正好等于材料幅宽，若出现不等时可大小号混排，以求排列宽度之和与材料幅宽相等。

在纺织材料和人工革上裁断的互套排列要求均匀一致、相互平行、移动规范。互套排列的方法如图 1-5-1 所示。

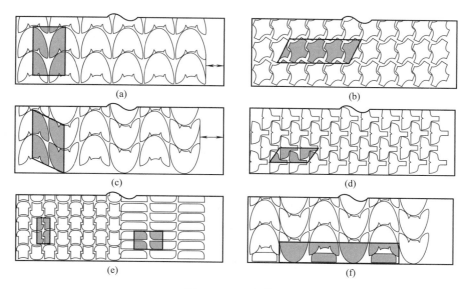

图 1-5-1 互套排列

（a）平移法 （b）倒顺平移法 （c）倒顺斜移法 （d）斜移法 （e）（f）间插法

三、经线与套板

经线与套板，是为了提高裁断质量和速度所采用的两种方法。

（1）经线 是在人工革叠层面（反面）上，按材料的经线和部件排列所需的宽度，画出若干条墨线，为裁断时提供排刀的准确方向。

（2）套板 是将若干部件样板排在纸板上，按工艺要求互套排列连接成一体，样板线外用刻刀雕空，从而制成套划样板，简称套板。

在裁断之前标划时将套板放在人工革和纺织材料的正面或反面，在镂空处用笔标划或用色粉袋扑色粉。每次可标划出较多部件的轮廓线，减少裁断时刀模摆放位置的校准时间，提高刀模摆放的准确度和裁断质量，同时也提高了生产效率，还可节省材料。

人工革和纺织材料的裁断操作方法和程序扫二维码 1-13。

二维码 1-13

人工革和纺织
材料的叠裁

[思考与练习]

1. 叠层操作方法是什么？

2. 人造材料基本排列互套的方法有哪几种？

3. 如何使用经线与套板？

第六节　其他里料的裁断

[知识点]

　　☐ 掌握其他里料的性能特点。

　　☐ 明确不同结构鞋款对里料的质量要求。

[技能点]

　　☐ 掌握毛皮、毡料等材质的裁断方法。

　　☐ 通过练习学会对不同材料的套划和裁断。

　　皮鞋的里料除了一般纺织材料之外，还有天然里革、毛皮里革、毛毡、驼绒、人造毛皮等材料。

一、天　然　里　革

　　天然里革也需要选料套划，然后裁断。由于皮鞋鞋帮式样变化繁多，鞋帮上各部位的受力情况也不同，因此应按款式结构的需要，选择使用不同的里料和部位。

　　1. 满帮鞋类里革的划裁

　　为了确保满帮鞋类的质量，鞋里用料必须要严格按要求选配。一般需注意以下几点：

　　① 后跟里皮应厚实。在穿着行走时后帮里皮因与脚后跟的频繁摩擦，鞋里需要有较强的耐磨性，应在里革的臀、背和颈肩等厚实部位选划。除鞋的后跟里皮之外，其他部位的里革可选用背侧、腹边等较柔软一些的部位。

　　② 内侧后帮鞋里应光洁无瑕。后帮较浅的皮鞋内腔，从表面看上去内侧腰窝部位比较显眼。因此，在选划里革时，后帮内侧鞋里应优于外侧，表面光洁度要好，而且避开伤残缺陷和瑕疵，而外侧鞋里可略次于内侧。

　　③ 鞋里革色泽应牢固。皮鞋在穿着时鞋里革与袜子直接摩擦，掉色的里革易沾染袜子，因此，应选用浅淡色和不易掉色的皮革。同双应色泽一致。

　　2. 凉鞋里革的划裁

　　凉鞋的鞋帮通常都是条带、网眼、雕刻结构，部件强度相对较低，因此对鞋里的质量要求较高，特别是鞋里革的抗张强度要求要好。

　　根据凉鞋结构的特点，一般全部采用皮里。由于凉鞋上条带较多，部件单位面积小，主要部件受力集中。因此，应选用质地坚韧、抗张强度大、延伸性小、表面光滑的里革。

　　凉鞋的前帮里革，一般不易直接观察到，可以合理套用有轻微缺陷的里革。鞋带里革、后帮里革一目了然，要选择皮质坚韧、光洁、无伤残缺陷和瑕疵的里革。凉鞋里革应颜色浅淡，色牢度要好，同双色泽应该一致。

　　3. 鞋垫里革的划裁

　　鞋垫是与脚底接触的部件，需要用吸汗、排汗、透气性和卫生性优良的天然鞋里革制成。一般满帮鞋的鞋垫划裁时，其后端能直接观察到，因此要求整洁、光滑；而前端皮质可略次于后端，可以有轻微的伤残缺陷。

　　凉鞋鞋垫几乎全部显露在外面，故整只鞋垫的外观与内在质量要求应基本一致。

二、毛皮里革

毛皮里革是棉鞋优质保暖材料，也称裘皮，必须采用先划后裁的方法来裁断，在未裁划之前，应将毛皮革皮板上的伤残缺陷圈出标记。裁划时皮板向上，用部件样板按顺毛（毛绒向下）方向划裁。

裁断工具有剪刀和割皮刀两种。使用剪刀裁断时，只能利用其前端，刀头略向上翘起，将皮板剪断，不允许剪断大量的毛绒。用割皮刀裁断时，按部件所划的线迹居中将皮板割开，使用割皮刀裁断，毛绒不易割断。

在不影响皮鞋质量的情况下，允许拼接使用毛皮里革的边角料。在拼接时必须注意毛绒的方向要一致，毛绒的长短、色泽和皮板的厚薄等要与整件皮里基本接近和一致。拼接毛皮使用平缝机，要求缝接平整无梗条、沟坎。

鞋用毛皮里的皮板应柔软、有弹性，无浮肉、无裂面、无臭味；绒毛光洁、浓郁、整齐、光滑；毛根牢固，不掉毛。

三、毛毡里料

毛毡是高寒地区冬季棉鞋的常用鞋里材料，要求毛毡外观平坦，无毛疙瘩，厚薄均匀，毛毡不松弛。

毛毡里料无须选划直接用机器叠层裁断，其重叠层数最多为 4 层，重叠层数过多，裁断时上面的一层因压力的作用会产生拥起，造成裁断后的上下部件大小不一致。

四、驼绒与人造毛皮

驼绒与人造毛皮都属纺织材料，其底基大多属针织缧纹布，毛绒纤维都比较长，柔软蓬松。鞋用驼绒与人造毛皮，要求厚薄均匀，不脱绒毛即可。驼绒与人造毛皮的伸缩性大，裁断时最好事先绷伸、抻平，上浆固定之后再按套划位置裁断。

[思考与练习]

1. 常用里料有哪些种类？
2. 不同里料的划裁方法有哪些注意事项？

第七节　裁划料质量检验

[知识点]

　　□ 掌握裁划料的质量检验方法。

　　□ 掌握裁划料质量检验的标准。

[技能点]

　　□ 能用感官方法完成裁划料的质量检验。

　　□ 熟悉实验室检测的仪器和设备。

裁划料的质量检验，主要针对帮面部件和鞋里部件所使用的各类材料的质量。其中皮革材料的缺陷，主要包括皮疤、菌瘢和折痕、鞣制缺陷等三个方面。

一、皮革材料质量检验的目的

鞋帮裁划料质量检验的主要目的，是检查伤残利用不当和冲划料挑选过程中遗漏及误选伤残，并予以剔除。

皮革材料的质量缺陷中，皮疤、菌瘢和折痕比较容易识别，也容易挑选出来并尽量加以利用。对于皮革鞣制加工中产生的质量缺陷的识别是比较困难的，需要认真对待，缺陷主要包括松面、管皱、裂面、僵硬、油霜、盐霜、硫霜、色差、脱色、掉浆、散光、裂浆、绒粗、露底，等等，要尽量将它们挑选出来，以免被误选和误用。

二、天然皮革的检验方法

天然皮革的质量在一定程度上可通过感官检测、实验室检测的方法来鉴别。由于感官检验法具有简便易行、速度快、效果好的特点，所以是生产中常用的一种鉴别方法。

1. 感官鉴别法

即用手感、目测的方法对革面外观直接进行鉴别。

① 眼看：用眼睛对其粒面和肉面直接观察，看其是否有各种伤残缺陷、破洞及剥刀伤，这是观察较明显伤残缺陷的主要方法。

② 手顶：对于一些较隐蔽的伤残缺陷，用手指顶的方法来识别。识别时，一手放在粒面上揿牢，另一只手在肉面下用食指、中指向上顶，并来回移动几次，就能发现伤残。也可借助仪器进行感官性能的检验（二维码 1-14）。

2. 实验室检测法

实验室检测法就是在实验室里通过机械仪器设备对革的内在质量优劣进行鉴别的方法。主要实验内容包括显微结构检验、物理力学性能测试、化学分析检验三个方面。其中物理力学性能测试是常用和有效的检验方法，主要测试内容见表 1-7-1。

二维码 1-14
冲划料感官性能检验

表 1-7-1　　　　　　　　　　　　一般鞋面皮革的力学性能指标

项　　目	一等品	二等品	三等品
皮革厚度/mm	猪、马、牛＞1.5 羊＞0.9	猪、马、牛 1.2～1.5 羊 0.6～0.9 其他革≥1.5	猪、马、牛＜1.2 羊＜0.6 其他革＜1.5
抗张强度/MPa	≥15	≥13	≥11
撕裂强度/(N/mm)	≥35	≥30	≥25
在 10N 负荷作用的伸长率%	≤55		
涂层耐折牢度	正面 20000 次无裂痕，修面 2000 次无裂纹		
颜色摩擦牢度(干/湿)/级	≥4.0/3.0		
收缩温度/℃	≥90（硫化鞋面革＞100）		
pH	3.5～6.0		
稀释差(pH 为 3.5～4.0)	＜0.7		

① 抗张强度：革在拉力机上拉断时，单位横切面积上的负荷即为抗张强度，是表示皮革产品使用寿命的重要指标。

② 撕裂强度：分为缝合撕裂强度和切口撕裂强度。前者是指皮革的接缝强度，可以了解鞋的接缝处在使用时的牢固程度；后者是皮革在已有裂口的情况下，受到张力作用裂口再撕开时的强度。

③ 伸长率：当革受到拉伸作用时，革的纤维组织在力的方向上发生变形、伸长。它是表明革的成型性能和经受作用力后产生伸长能力的一种指标。

④ 耐折性：即将革试样放在试验机上进行多次弯曲，直至粒面出现裂纹时的弯曲次数，是皮革使用性能好坏的一项指标。

三、鞋帮部件材料质量检验的内容

1. 帮面材料检验内容

① 皮鞋的鞋帮面料选用皮料是否前帮优于后帮、外侧优于内侧。

② 同双部件的皮革厚薄、粒面的粗细、绒毛长短和色泽是否基本相同。

③ 同双部件的皮革纤维延伸方向应保持对称一致。检查鞋帮部件的纤维走向，在鞋帮部件的长度方向上观察：包头、鞋盖为横纹；柔软皮革的鞋盖也可取成直纹；前帮、中帮、围条、外包跟、鞋舌、后帮、后中帮、保险皮、鞋耳、条皮、立柱等为直纹；滚口条、包边条、包跟皮等应取成斜纹。

④ 检查鞋面部件的搭叠、折边等处的伤残是否影响产品质量，是否超出范围。

⑤ 检查部件是否有暗伤。

2. 皮革鞋里检验内容

① 后跟里皮要厚实、坚韧、耐磨。

② 内侧腰窝部位的里皮表面光洁度要好，避开伤残缺陷，而且内侧应优于外侧。

③ 同双鞋里皮色泽应该一致。特别注意鞋帮内里皮与鞋垫里皮，若是同色系时应该一致无色差。

④ 凉鞋皮里质量要好，抗张强度要高，表面光滑，同双色泽应该一致；鞋带皮里应避开缺陷部位。

3. 鞋用驼绒质量

要求厚薄均匀，不脱绒毛。

4. 毛皮鞋里质量

皮板应柔软，有弹性，无浮肉、裂面，无臭味；绒毛清洁、浓郁、整齐、光滑；毛根牢固，不掉毛。

5. 毛毡质量

要求毛毡外观平坦，无毛疙瘩，厚薄均匀，不松弛。

6. 鞋垫的质量

要求整洁、光滑、柔韧、丰满。

[思考与练习]

1. 皮革检验方法有哪些？

2. 常见实验室检测的内容有哪些？

3. 鞋帮部件材料质量检验的内容包括哪些？

第八节 材料消耗定额的制定

[知识点]
    □ 掌握消耗定额制定的原则。
    □ 掌握消耗定额的制定方法。

[技能点]
    □ 能用实验测定法制定消耗定额。
    □ 熟悉计算法制定消耗定额。

在大规模的皮鞋生产过程中，企业一般都要制订材料的消耗定额，以便于生产和经营的管理。在消耗定额中，面料的消耗定额尤为重要，因为面料成本占原材料成本的 60%以上。

一、制定消耗定额的意义

根据消耗定额企业可以有计划地购买原材料，保证生产的顺利进行，减少库存积压量；便于核算产品成本和利润，提高企业的科学管理水平；考核裁断工的技术水平，从而促进员工努力提高技术水平，降低产品成本。

二、消耗定额的制定依据

消耗定额的制定应该具有先进性。在裁断工序中，员工操作的熟练程度不等，技术水平有高有低，在合理套划、有效利用伤残、提高出裁率方面差别很大。因此，在制定消耗定额时，应以先进的、在生产实际中使用的、裁断工经过努力学习能够掌握的技术水平为定额的制定基础。

消耗定额的制定应该具有科学性。制定出的消耗定额先进、合理、实用，必须以科学的理论为依据。在选用原材料时，要选用具有代表性的、综合质量（包括粒面、绒毛、色泽、纤维编织、力学性能、伤残、等级、利用率等）居中等水平的原材料；选用下料样板时，男鞋选 255 号，女鞋选 230 号；套划时遵循和灵活运用套划原则，制定出的消耗定额应经过科学的计算。

消耗定额不能一成不变。随着员工技术水平的提高，原材料的单位产品消耗也随之降低；另外，由不同供应商提供的原材料或在不同时间采购回的原材料，其质量及利用率也不尽相同，因此，必须不断地修订、调整和完善消耗定额。

三、基 本 概 念

（一）净用量

① 部件净用量 J_B：某个帮（底）部件的净用料量（单位为 m² 或 kg），包括下料样板最紧密排列时样板之间的正常缝隙——自然跑缝量。

② 部件净用量总和 J_Z：某个产品的某个部件的净用量总和（单位为 m² 或 kg）。

③ 单位产品净用量 J_D：某个产品平均每双的净用料量（单位为 m² 或 kg）。

（二）损耗量

天然皮革及产品部件的形状均不规整，在套划时样板之间不可避免地存在着空隙，原材料的某些伤残不能被利用，故存在损耗量。

$$总损耗量\ X = 皮革面积\ A\ （或质量\ m）-净用量总和\ J_Z$$

$$损耗率\ \beta = \frac{总损耗量\ X}{总用量\ A_Z} \times 100\%$$

$$单位产品损耗量\ X_D = \frac{总损耗量\ X}{产品总数\ N}$$

（三）单位产品原材料消耗定额

$$单位产品原材料消耗定额\ D = 单位产品净用量\ J_D + 单位产品损耗量\ X_D$$

四、消耗定额的制定

（一）面料

1. 实验测定法

实验测定法就是用做好的下料样板直接在一片面革上进行套划，这片面革从粒面、色泽、绒毛、伤残、等级、利用率到力学性能等方面都具有代表性。套划时，应严格遵循先大后小、先主后次、好坏搭配、合理套划、合理利用伤残、顺丝套裁等原则，并尽可能地套划成双，以便于计算。如果不能套划成双，应将剩余的材料集中起来，最后按下面的公式进行计算：

$$实测消耗定额\ D = \frac{原料总面积\ A - 剩余面积\ A_S}{套划双数\ N}$$

实验测定法的优点是简单、快速，制定出的定额比较准确，而且切实可行，适用于小批量、多品种的产品生产；缺点是无部件消耗定额，不能准确计算因皮革等级变化而引起的损耗量的变化。

2. 计算法

消耗定额的计算公式为：

$$D = \frac{单位产品净用量总和 + 损耗量总和}{套划双数}$$

但在工厂生产实践过程中，对损耗量总和及套划双数的统计既繁琐又不符合生产实际，因而往往采用单双测定计算法。

将准备好的下料样板直接在格纸上套划，同样要严格遵循先大后小、先主后次的原则，并且要尽量使样板排列成矩形或平行四边形。将一双鞋的样板套划完毕后，描绘出所有样板的轮廓线（图 1-8-1），利用平行四边形求积法，计算出单位产品净用量 J_D，按照下列公式进行计算：

图 1-8-1　单位产品净用量的计算

$$D = J_D + X_D = J_D \cdot (1 + \beta)$$

式中 β 为损耗率。损耗率的大小是由帮部件的大小和皮革的等级高低所决定的，常见的损耗率见表 1-8-1。

表 1-8-1 鞋帮部件款式与皮革损耗率

鞋帮款式	高帮靴鞋(大块)	高帮棉鞋(中块)	满帮鞋(小块)	凉鞋(条带)
损耗率/%	22～27	18～22	6～10	3～5

也有一些企业在计算单位产品消耗定额时，采用以下公式：

$$D = \frac{J_D}{\alpha}$$

式中 α 为原材料的利用率。根据原材料等级、质量的不同，天然皮革的 α 一般为 80%～97%；鞋里革的 α 为 90% 左右；合成革、无纺布、布里等材料的 α 为 90%～100%。

（二）底料

制定合成底料的消耗定额较为容易，也能做到准确，因为其面积、厚度、表面及内在质量基本一致，损耗量基本等于自然跑缝量。而天然底革的张幅大小、厚薄、外观及内在质量存在着部位差别，其消耗定额的制定有一定的难度。

1. 称重法

由于天然底革是以质量（俗称重量）为单位进行计算和销售的，因此采用称重法来制定其消耗定额。现代皮鞋生产中，底料常常不全用天然底革，或不全用头层底革，因此，工厂往往不制定一双鞋全部底料的消耗定额，而是只制定出单一底部件的消耗定额。

如果客户订单为全码，在大规模生产中女鞋取 230 号、男鞋取 255 号作为标准鞋码来制定消耗定额。若客户订单为部分鞋码，则应选取鞋号的中间号为标准鞋码。

称重法制定消耗定额的步骤是：

① 选取标准鞋码。

② 取样：在天然底革上截取一双底部件，作为某个底部件消耗定额的标准试样。要求标准试样在下裁部位、粒面情况、厚度、纤维走向等方面完全符合质量标准。

③ 部件净用量 J_B 的确定：在天平上直接称取下裁好的标准试样，所得到的重量即为净用量。

④ 部件损耗量 X_B 的确定：用直接称重法称量一块底革，得出其总重量 m_z，然后按照实际的套划方法进行排料，要求套划严密、下裁部位正确、质量符合标准，直到套划完毕。裁断后，用直接称重法称量裁断好的底部件的重量 m_B，清点裁断双数 N；底革总重量与底部件重量的差值为总的损耗量 S_Z，该值除以裁断双数所得的商即为部件损耗量 X_B。

$$X_B = \frac{S_Z}{N} = \frac{m_Z - m_B}{N}$$

⑤ 部件消耗定额 D 的确定：部件消耗定额为部件净用量与部件损耗量之和。

$$D = J_B + X_B$$

底部件消耗定额的确定一般要参考经验数据，或在试用后再进行调整和完善。

除上述单双底部件的消耗定额外，还有单位产品（即一双鞋）底部件消耗定额和单一底部件消耗定额。后两者在工厂中使用较少。

2. 面积测定法

由于合成底料是以面积为单位进行计算和销售的，而且它的表面情况、面积大小、厚薄、力学性能等都规格一致，因此往往采用面积测定法来制定其消耗定额。

合成底料消耗定额的制定方法是：在一张合成底料上按照先大后小、互套严密合理的套划原则进行套划和裁断，然后清点裁断出的部件数目，即为单张合成底料的消耗定额，其单位为双/张。

也可以按照每吨合成底料有多少张，计算出单位产品的消耗定额，其单位为 kg/双。

由于生产厂家不同，合成底料的质量也就不一定完全一致；在合成底料的储运过程中难免也会出现一些问题；加之员工的技术水平不等，操作时也会出现损伤。因此，合成底料的消耗定额往往在计算值的基础上适当调整，一般每 100 双增加损耗量 0.1～0.5 双。

面积测定法也可以用于天然底革。一般有单位面积重量法和密度法。

（1）单位面积重量法　选取代表性天然底革，截取一定面积的试片，然后称重，并计算出其单位面积重量：

$$m_D = \frac{m}{A}$$

式中：m_D 为单位面积重量（kg/m²）；m 为试片重量（kg）；A 为试片面积（m²）。

用平行四边形求积法求出底部件的面积（含自然跑缝量），然后乘以单位面积重量，即可得出单位底部件的用量，其单位为 kg/双。该值在适当放大的基础上，可以作为单位底部件的消耗定额 D。

$$D = m_D \cdot A_D$$

式中：D 为单位底部件消耗定额（kg/双）；A_D 为单位底部件用料面积（m²）。

单位面积重量法往往用于装具、皮箱等皮革制品方面。

（2）密度法　选取代表性天然底革，截取一定面积的试片，称重；选取几个部位点，测定其厚度并计算出平均厚度；由试片面积与平均厚度的乘积得出试片的体积；用试片质量除以试片体积得出试片的平均密度；按照先大后小、互套严密合理的套划原则进行套划和裁断；用平行四边形求积法求出单位底部件的用料面积（含自然跑缝量）；由该面积与平均厚度的乘积求出单位底部件的体积；再由该体积值与平均密度的乘积求出单位底部件的用料量，其单位为 kg/双。该值在适当放大的基础上可以作为单位底部件的消耗定额。

由于这种方法计算较为繁琐，故在工厂中使用较少。

五、损耗率的影响因素

消耗定额与损耗率有关，而对损耗率有影响的因素主要有以下几个方面。

1. 部件的大小及形状

大块的部件如高腰靴靴统、整帮式鞋的前帮等，由于其面积大，又位于鞋靴的明显部位，不能带有明显的伤残，因而皮革的利用率较低，即损耗率较高；而小块的部件如条带、鞋舌等，其面积小，容易避让和利用伤残，因而皮革的利用率较高，即损耗率较低。另外，损耗率的大小与部件的形状也有关系。部件的形状规整，则容易进行套划，出裁率大；部件形状不规整，则不易进行套裁，出裁率低。例如，传统的三接头式鞋，包头线为一直线或近似直线，容易进行套划，损耗率较低；而燕尾式三接头鞋，包头线线型复杂，不易进行套划，损耗率较高。

对于某种产品，由于其部件大小或形状的原因而不易进行套划时，可以将两种或三种产品进行混合套划。

2. 天然皮革的等级与质量

天然皮革的等级或质量越高，材料的利用率也就越高。因此，对于优质皮革，损耗率应低，随着皮革等级的降低损耗率也相应地增加。在某些情况下，虽然皮革的等级较高，但由于伤残的深浅、面积大小及分布情况而不适合某种部件或某种产品的套划，损耗率也会较高。因此，必须根据具体情况，灵活调整损耗率。

3. 产品品种和档次

产品的品种和档次不同，对材料的质量要求也不同，皮革的利用率也必然有差别。高档产品对皮革的要求高，损耗率则较高；而低档产品对皮革的要求不高，损耗率较低。某些产品品种如劳保鞋，要求产品具有相应的保护功能（如防静电、防穿刺、防油、绝缘、防砸等）和基本的质量要求（如不开胶、不断线、不断底等），对外观质量的要求不高，因而皮革的利用率则较高。

4. 鞋号大小

鞋号大小不同，其消耗定额也不同。对某个产品进行全码生产而言，一般采用中号鞋号计算，若进行定码生产时，基本消耗定额的制定应该按照定码的平均鞋号计算。

在制定消耗定额时，应综合考虑产品的档次、部件的大小和形状、皮革的等级与质量等因素，灵活调整皮革的损耗率，制定出准确、合理、实用的消耗定额，努力降低生产成本，提高经济效益。

[思考与练习]

1. 制定消耗定额的意义是什么？
2. 掌握"计算法"制定消耗定额的方法。
3. 了解底料消耗定额的制定方法。
4. 掌握"称重法"制定消耗定额的方法。
5. 影响损耗率的因素有哪些？

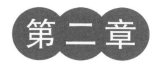

第二章

帮部件加工

　　帮部件加工是鞋帮装配生产流程中的初加工，是皮鞋加工的基础工艺。通过帮部件的初加工，可以满足现代化制鞋生产对帮部件标准化的要求，实现流水线按照标准的装配工艺进行装配化生产，以提高生产效率和产品质量。同时，通过帮部件加工，可以实现对鞋帮美化的目的，满足皮鞋款式造型的需要。

　　帮部件加工主要包括片料、折边、帮面定型、装饰性加工等工序。帮部件加工与鞋帮缝制工艺的相互关系如下：

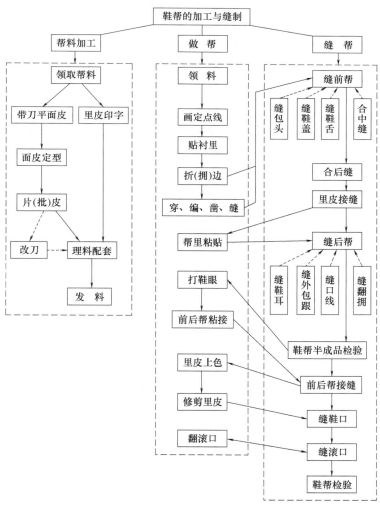

第一节　片　料

[**知识点**]
□ 掌握片料的类型及规格。
□ 掌握片料的质量标准。
□ 掌握机器片料和手工片料的要求。

[**技能点**]
□ 能根据部件加工要求完成机器片料操作。
□ 掌握手工片料和改刀的操作技法。

通过机器或手工的方式，按照工艺加工要求，对鞋帮料整体或者局部进行片削加工的过程称为片料（也称为批皮）。

一、片料的目的

① 调整鞋帮或材料的整体厚度，达到皮鞋工艺标准要求，实现部件标准化。

不同类型的皮鞋对部件的厚度要求不同；即使是同一品种的产品，其不同部位的厚度要求也不同。由裁断工序所得到的帮部件因来自于不同的皮张或同一皮张的不同部位，因而在厚度上有所差别；另外，某些需要补强的部件在粘贴补强材料后，其整体厚度超过了规定厚度，因而也需要进行厚度的调整。

② 对鞋帮部件边缘进行片削，满足折边、搭接（或重叠）、美化及鞋帮缝合的需要。

a. 鞋帮加工过程中，由于折边、部件搭接（或重叠）会导致局部厚度的增加，影响成鞋的美观度。对部件的边缘进行片削后，部件的线条流程、轮廓清晰，部件搭接（或重叠）部位平伏。

b. 鞋帮裁断后，如果部件边缘采用毛边工艺，由于皮革纤维长短不一，会影响成鞋部件边沿的美观性，经过片削，断口处毛茬不外露，因而也不会影响产品的外观。

c. 不同的鞋帮缝合工艺对部件边沿的厚度有不同的要求，例如翻缝、合缝等，需要片削部件的边缘以减少厚度，适应缝合的需要，使缝帮操作顺利流畅。

二、片料的类型

（一）通片

由于部件标准化的需要，按照工艺要求对整张原料皮或者整个帮部件厚度进行片薄处理的过程称为通片，也叫平皮。表 2-1-1 列出了常用面革的厚度要求。

表 2-1-1　　　　　　　　皮鞋面革常用厚度表　　　　　　　　单位：mm

材料	男 皮 鞋			女 皮 鞋			童 皮 鞋		
	面 料		里料	面 料		里料	面 料		里料
	满帮鞋	凉鞋		满帮鞋	凉鞋		满帮鞋	凉鞋	
猪面革	1.0～1.5	0.9～1.4	0.6～0.9	0.9～1.4	0.9～1.2	0.5～0.8	0.9～1.4	0.8～1.2	0.5～0.7
牛面革	1.0～1.8	0.9～1.5		0.9～1.4	0.9～1.2		0.9～1.4	0.8～1.2	
羊面革	0.9～1.2	0.8～1.1	0.6～0.9	0.8～1.2	0.8～1.1	0.5～0.8	0.8～1.2	0.8～1.1	0.5～0.7

某些帮部件由于功能、加工要求及产品质量要求，在厚度上也存在差异，需要通片降低厚度。表 2-1-2 列出了常用部件厚度要求。

表 2-1-2　　　　　　　　　　　常见需通片部件的厚度要求　　　　　　　　　　单位：mm

部 件 名 称	厚 度 要 求	备　注
沿 口 皮	0.4～0.5	窄口
	0.6～0.7	宽口
保 险 皮	0.5～0.6	薄型
	0.7～0.8	厚型
穿条编花皮	0.3～0.5	细型
	0.6～0.8	粗型
嵌 线 皮	0.2	9mm 宽
包 跟 皮	0.5～0.6	
鞋　垫	0.8～1.0	
鞋 钎 带	0.7～0.8	
内底包边皮	0.6～0.8	凉鞋
统包内底皮	0.5～1.0	

（二）片边

按规格要求将部件边缘片削成斜坡形称为片边。

片边的方法、规格和片削角度是根据鞋帮部件加工整型的需要分别制定。片边种类一般根据片边后截面的形状、片边后的用途及片削面来分。

1. 根据片边后截面的形状分类

片边可以分为片边出口和边口留厚两种。

（1）片边出口　片边出口一般用于折边前工序，对部件边缘进行片削，使帮部件折边后达到外观质量要求，避免因厚度太大而难以操作，给后续工艺操作造成一定的困难。

（2）边口留厚　边口留厚常用于压茬、清边等工序，为了使帮部件在缝合时平伏、顺畅；绷帮时平整无棱；穿用时不硌脚、不磨脚；避免需清边的部件网状层纤维外露而影响外观质量，同样要进行片边。边口留厚的目的是确保部件边缘不会因为片削过度影响强度。压茬时位于上面的部件叫作上压件，位于下面的部件叫作被压件或下压件。上压件如果需要进行折边，则片边出口。当多层部件压茬时，上压件则必须片得比常规片边厚度更薄一些，一般留厚为 0.4～0.5mm。

表 2-1-3 以三接头式男鞋为例给出了相应的片边参考数据。

2. 根据片边后的用途分类

片边分为片折边、片压茬（搭接）、片清边三种（图 2-1-1）。

（1）片折边　皮鞋部件的边缘除底口和不明显部位以外，一般都采用折边工艺，将部件边缘折回一部分，使轮廓清晰、线条流程、美观顺滑。

表 2-1-3 　　　　　　　　　　三接头帮部件片边参考数据　　　　　　　　　　单位：mm

材料厚度	部件名称	片料部位	片料类型	片宽	留厚	折边或压茬量
牛面革 1.2	包头	接前中帮处	片边出口	8～9	0.6	5
	前中帮	接包头处	边口留厚	9～10	0.8～1.0	9～10
		压后帮处	片边出口	9～10	0.5	5
	后帮	鞋口折边处	片边出口	8～9	0.7	5～6
		接前中帮处	边口留厚	9～10	0.8～1.0	9～10
		合缝处	边口留厚	5～7	0.8～1.1	合缝 0.6～1.0
	鞋舌	上三边	边口留厚	8～9	0.5～0.8	
		接前中帮处	边口留厚	12～14	0.8～1.0	12～14
羊里革 0.8～1.0	保险皮	中帮垫皮	通片		0.3～0.4	
		后帮护口皮	通片		0.6～0.8	
	后帮里	合缝处	边口留厚	6	0.5	合缝 1.0
		接耳处	边口留厚	5～6	0.5	5～6
	鞋耳里	接后帮里	边口留厚	5～6	0.5	5～6
		前边缘	边口留厚	10	0.2	
	鞋垫		通片		0.8～1.0	

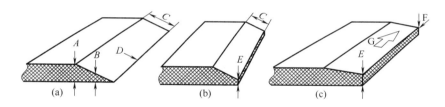

图 2-1-1　片边
（a）片折边　（b）片压茬　（c）片清边

A—皮革厚度　*B*—片边厚度　*C*—片边宽度　*D*—片出口　*E*—边口留厚　*F*—光边　*G*—片清边

　　需要折边的部位，边缘太厚难以操作，也达不到质量要求，需要将折边部位片削成坡形。这种按折边要求进行片边的类型，叫片折边。

　　片折边的截面形状为片边出口，片边出口的片削宽度一般略大于折边宽度的两倍，通常采用"片8折4"。当皮革较薄时，片宽量要适当减小，使得折边后的边缘厚度能达到规定的厚度；如果皮革较厚时，为使折边后的部件边缘精巧、纤秀，则可以适当增大片边宽度。不同品种、不同部件、不同部位的片边留厚和折边宽度，要根据设计要求或按生产工艺规程的要求，结合皮革的厚度确定片边宽度。不可将片折边的规格定为统一的标准。例如，三接头式男鞋，后帮上口要厚一些，包头则薄于后帮上口，中帮压接后帮的折边处则要薄于包头处。

　　（2）片压茬（搭接）　部件与部件相互重叠的部位叫压茬（搭接）。相互重叠的量叫压茬量，需要缩减压茬（搭接）之后的总厚度，要求搭接平伏、不露棱痕、平整圆滑。按压茬规格要求片边的加工叫片压茬（搭接）。

片压茬有两种类型：一种是上压件和被压件都片压茬；另一种是上压件折边，被压件片压茬。

上压件片压茬，只片网状层，片宽4～5mm，边缘留厚0.8～1.2mm，女鞋薄软型部件可薄于正常规格，厚度允许范围0.5～0.9mm。上压件如果是折边结构，则按折边要求片边，但是遇到多层压茬时，则必须片得薄一些，一般常用规格0.4～0.5mm。

被压件片边，网状层和粒面层都要片，网状层片边大于压茬（搭接）1mm，最低要大于缉线宽度，片边厚度应该比片折边要略厚一点，因此片压茬边的边口要有一定量的"边口留厚"。被压件粒面层的片削，宽度要小于压茬（搭接）量2mm以上，只轻轻片掉涂饰层和色面，目的是为了缝合前压茬黏合方便。如果片边宽度大于或等于压茬宽度，都会在压茬结合后造成片茬外露（即所谓的露茬），从而影响产品的外观质量。采用软面革或较薄皮革加工帮部件时，不宜片削粒面层，可改用双面胶完成上下部件的黏合。

绒面革片压茬边时，上压件只需要片接触面，被压件的绒面已经具备黏合条件，无须再片。被压件的片边宽度小于压茬宽度2mm。

（3）片清边　对于不折边的上压件，由于裁出的边缘不经任何加工处理，其肉面的纤维在边口处会带有绒毛，为避免上压件网状纤维外露影响外观质量，应按样板要求净茬，将部件边沿剪齐或片削整齐。称为片清边（也叫一刀光）。片清边的用途和片削标准有4项：

① 上压件清边（片削部位和标准参照上压件片压茬）。

② 整洁性清边。外露部件边沿不折边，为了防止网状层纤维外露，以保持部件边缘整洁，需要片清边。例如内耳式鞋的鞋舌，其下口与前帮（或中帮）结合处片压茬，其余三边需要片去一部分网状层，达到清理纤维和整洁性的目的，需要片清边。片宽8～9mm，边口留厚0.5～0.8mm。

③ 合缝与暗缝清边。为了使合缝和暗缝平整无棱，边缘厚度均匀，缝线整齐流畅，需要进行片清边。例如鞋面革合缝时片宽3～5mm，边口留厚0.7～1.0mm。

④ 滚口及装饰清边。后帮上口若不进行折边，而是进行滚口等装饰性的操作时，需要清边，清边的边口留厚需要按品种和工艺区别而定。

例如，女式浅口鞋后帮上口采用细滚口工艺时，清边后的边口留厚可薄至0.6～0.9mm；而男式鞋采用宽滚口工艺时，片清边后的边缘厚度可达1.0～1.2mm；劳保鞋后帮上口的边缘厚度甚至可以达到1.2～2.2mm。

三、片料操作

片料操作分机器和手工两种。片料加工多采用机器操作，手工片料则多用于改刀处理。

（一）机器片料操作

片料的机器根据片削要求有带刀片皮机、圆刀片皮机。

1. 带刀片皮机

带刀片皮机主要用于片削大面积的面革和部件的通片。

带刀片皮机的主要工作机构有带刀、传动轮、上下夹板、上下送料辊及磨刀装置。机器开动后，传动轮带动带刀高速旋转，上下夹板控制带刀，避免其上下波动；上下送料辊

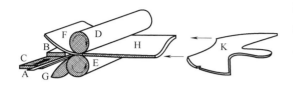

图 2-1-2　带刀片皮机工作原理

A—带刀　B—上夹刀板　C—下夹刀板　D—上送料辊

E—下送料辊　F—通片成品　G—通片二层料

H—进刀坯料　K—帮料进刀路线

将面革（或部件）送进，遇到刀刃时，面料被剖开，废料进入机器底部的废料出口，片削后的面料由上口送出（图 2-1-2）。

使用带刀片皮机时，先将上下夹板和上下辊的位置调整准确，再用零碎皮块试片，当片出的厚度达到规定值时，才能开始正式的通片。操作前先将皮摊平，用油浸棉布擦拭面革，以利于通片操作的顺利进行。双手将摊平的面革送进通片机的料辊，让面料自然进入片皮机，不要硬推硬拉，否则片剖后的厚度不匀。在通片鞋帮部件时，由于部件形状多种多样，通片时，应选择料件形状完整、缺口小的部位进刀，否则部件容易变形和厚薄不匀，甚至片破部件。

2. 圆刀片皮机

圆刀片皮机主要用于鞋帮部件的片边，也可以用于小型零部件的通片。普通圆刀片皮机主要用于帮部件的片削，重型圆刀片皮机则用于片削主跟、内包头、女鞋皮底与仿皮底等厚、硬部件。

圆刀片皮机的主要机构包括圆刀、送料砂轮、压脚、标尺和磨刀砂轮。通过调整压脚工作表面的形状和角度，可以改变片削面的形状；调整标尺的位置可以控制片削宽度。当机器开动后，送料砂轮旋转，借助摩擦力带动鞋帮部件推向圆刀刃口进行片削，废料从刀刃下的料口排除，片削后的鞋帮部件从刀刃上面的压脚空隙送出（图 2-1-3）。

圆刀片皮机使用前需要根据片削标准对机器进行调节，主要需要调节的装置有：

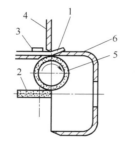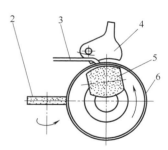

图 2-1-3　圆刀片皮机的工作原理

1—片削成品　2—磨刀砂轮　3—标尺

4—压脚　5—送料辊　6—圆刀

（1）圆刀　圆刀刃口应靠近压脚，但不与压脚接触，以免在片削过程中磨损刃口。但刃口与压脚之间的距离也不可过多，否则片削后的料件厚薄不匀，容易产生废品。圆刀刃口与压脚之间的距离应根据所片料件的种类和厚薄来决定。

对于薄型面料如羊皮，刃口与压脚之间的距离为 0.2～0.4mm；对于常用面料如牛皮，刃口与压脚之间的距离为 0.3～0.5mm；对于厚而硬的面料，刃口与压脚之间的距离为 0.5～0.7mm。

调整圆刀时，顺时针旋转圆刀调节手轮，刃口向压脚靠近；逆时针旋转圆刀调节手轮，刃口则离开压脚。

（2）磨刀砂轮　逆时针旋转磨刀砂轮的旋进螺钉时，杠杆受到弹簧的作用力而使砂轮靠近圆刀。需要进行磨刀时，将砂轮轻轻靠近圆刀，保持轻微的接触，发出少量的火花即可。如砂轮与圆刀接触过紧会使刀刃发热，也会产生震动或使砂轮破碎。

顺时针旋转磨刀砂轮的旋进螺钉时，砂轮离开圆刀。磨刀结束后，圆刀的刀刃内侧有毛刺，可在圆刀旋转时用棒形油石与刀刃的内侧平行接触，从而除去毛刺。

（3）压脚　压脚与刀盘之间的垂直距离控制着片削后的料件厚度。将手柄扳下，顺时针旋转压脚位置调节螺钉时压脚下降，逆时针旋转压脚位置调节螺钉时压脚则上升。

压脚与圆刀刃口之间的夹角决定着片边斜坡的角度。松开锁紧螺母并旋进压脚角度调节螺钉时，压脚逆时针方向旋转，压脚与圆刀的夹角减小，从而使片边斜坡角度减小；松开锁紧螺母并旋出压脚角度调节螺钉时，压脚顺时针方向旋转，压脚与圆刀的夹角增大，从而使片边斜坡角度增大。调节完毕后应重新拧紧锁紧螺母。

圆刀片皮机一般都备有多种压脚，常用的有大压脚和小压脚两种。大压脚的圆弧较长，用于小部件的通片；小压脚的弧长较短，用于片边；还可以根据需要加工特殊形状的压脚（图 2-1-4），使片削后的料件表面呈凹凸形状等。

图 2-1-4　常用压脚形状
1—小部件通片压脚　2—片边压脚　3—特殊形状压脚

（4）标尺　标尺又称为挡板、靠山。旋松标尺固定螺钉，标尺可以沿着长槽前后移动，从而调节片边宽度。调节完毕后应将螺钉重新拧紧。

（5）送料砂轮　对于不同厚度的面料而言，送料砂轮与圆刀之间的间隙也不同。通过旋进、旋出送料砂轮位置调节螺钉，可以调整送料砂轮与圆刀之间的距离。

片薄型面料时，间隙为 0.3~0.5mm；片常用面料时，间隙为 0.5~1.0mm；片厚型面料时，间隙为 1.0~1.5mm。

送料砂轮的外缘应该与圆刀的内缘保持一定的距离，并形成平行的弧线，以确保送料平稳。通过调节送料砂轮角度调节螺钉可以调整送料砂轮轴线的左右距离。调整完毕后从机器的左侧进行观察，以确定调整的准确性。

圆刀片皮机调试好后，就可以进行片边操作。用左手的拇指、食指和中指握住被片料件，使料件的一边与挡板接触，从机器的左边平稳地将料件送入压脚与送料轮之间，料件被送料轮推至旋转的圆刀刀口处，经刀刃片削后，从压脚的右侧送出，用右手将料件接住。

在大规模生产中，被片料件都是按部件的形状或种类分类捆扎在一起的，一般每 10 个料件为一捆。操作者一般都用左手一次拿 10 个料件，并连续不断地将料件送入片皮机，而右手在连续不断地接住片出料件的同时，将料件重新整理好。这样可以提高工作效率。

在片削较薄、较软的料件时，采用直压脚，圆刀必须锋利。先将部件抚平，然后再送入压脚进行片削，不可硬推硬拉，否则会出现片边宽窄不一、破洞、缺边少角等现象，造成次品或废品。

对于厚、硬的部件，在片边时应先片去一角，然后再送入压脚进行片削，否则由于皮革厚、硬而容易将送料轮压低，造成片破、片洞等缺陷。

对于发涩的部件，在片边时应先在部件表面抹油，或用蘸过机油的软布拭擦部件表面，也可以把塑料贴片粘在压脚的下端，然后再进行片削。

在空气潮湿的环境下，皮革的表面容易吸收水分，特别是用树脂涂饰的面革，在片削时往往出现送料不畅的情况，也应该按照上述方法进行预处理，如果硬推硬拉，部件容易产生变形或形成皱褶，使片出的边残缺不齐或有片洞。在整个片削操作过程中，要经常检查片削质量，防止由于刀刃磨损或送料轮、压脚、圆刀刃口三者的位置发生松动而影响片削质量。圆刀片边机片削操作扫二维码 2-1。

二维码 2-1
圆刀片边
机片削操作

（二）手工片料

在遇到机片死角或轻微的片削缺陷时，需要用手工进行修整或者补充片削，也称为"手工改刀"。

1. 改刀的基本情况

出现手工改刀的情况主要有以下几种：

① 折边边缘没有片边出口，或者片削斜面宽窄不一、厚度不匀，需要手工改刀，对过厚、过窄的地方进行片削，保证折边整齐。

② 由于圆刀刃口不锋利，导致片削面出现高低不平的波浪状，如果不进行改刀，折边后的边缘容易出现高低不平的状态。

③ 重叠部位的粒面需要片边以方便粘贴，只需轻微片去涂饰表面层，机器片边很难控制片宽和厚薄，需用手工改刀片削。

④ 部件尖角和拐弯（内凹型）处，机片难以达到片削要求，需要手工改刀。

2. 手工片料操作

（1）工具　手工片料的工具有三角刀（或革刀）、片石板（或玻璃板）。

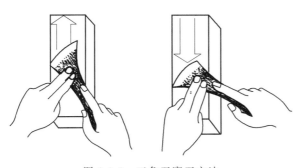

图 2-1-5　三角刀磨刀方法

三角刀是手工片料和裁切的主要工具，使用前需将刃口磨锋利。磨刀方法见图 2-1-5。

检验刀刃是否锋利可以用目测法：用眼睛俯视刃口成一条暗色的细线，从平面观察刃口无卷边，即表明刃口已经锋利。再将刀放在鐾刀皮上摩擦，使刃口滑润锋利。

（2）片料方法　手工片料的操作方法有正刀片和反刀片两种（图 2-1-6）。

① 正刀片：刀刃由部件左侧边缘向前推进的片削方法称为正刀片。将部件放在片石板上，左手拇指和食指捏紧边沿，右手握住片刀，刀尖朝前，将刀刃压住被片部件边缘，让片刀后刃超过被片部件边缘 5mm 左右，刀刃与部件边缘成 13°角。右手握紧刀片，用食指压紧片刀后刃部上方，片刀后刃口的尖部朝片石方向倾斜，刀刃与被片部件夹角为 7°～8°，按片削部位进刀并推削，进行改刀处理。片削留厚或者出口，按住刀与被片部件

进行调整，使边口规格符合工艺要求。改刀后的部件要求片削的斜面宽度、片削厚度均匀一致，达到片削标准。

②反刀片：刀刃由部件右前方边缘向左推进的片削方法称为反刀片。片刀与片石成一定角度（根据被片部件所需坡度），手腕用力将刀刃与部件压紧，保持刀与部件的角度，向前推进。控制刀的角度不变、被片部件与刀尖的距离固定，用力均衡，按规格进行片削。

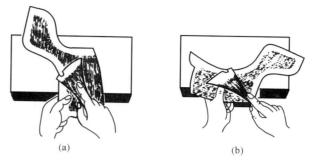

图 2-1-6　手工片料的操作方法
（a）正刀片边　（b）反刀片边

片削时双手用力，左手拇指和食指捏紧被片部件，食指第二关节抵住片石边口，右手捏紧片刀，掌心抵住刀柄，右手拇指、中指在侧下，食指在上，控制刀的方向和平稳度，推进片削，使边口规格符合工艺要求。

[思考与练习]

1. 片料的目的是什么？
2. 什么是通片？哪些部件需要进行通片？
3. 片边有哪些类型？各有何用途？
4. 皮革厚度、片边宽度、折边量及留厚之间存在着什么样的比例变化关系？
5. 简述带刀片皮机和圆刀片皮机的工作原理。
6. 用圆刀片皮机进行片边时，对厚、硬、涩的皮革应如何进行操作？

第二节　折边前段工序

[知识点]

- □ 熟悉片边检点的目的和要求。
- □ 掌握烫印的基本知识。
- □ 掌握画定位点线与刷胶的操作要点。
- □ 掌握鞋用衬料的种类及基本知识。
- □ 熟悉鞋帮定型的基本知识。

[技能点]

- □ 学会烫印操作。
- □ 掌握画定位点线与刷胶的操作方法。
- □ 能完成贴衬操作方法。
- □ 了解借助设备完成鞋帮定型的技法。

为了顺利完成折边以及后续工序的工艺要求，折边前需要完成相关的准备工作，折边前段工序主要有以下工艺。

一、检　点

经过片削加工后的帮部件，在进入折边工序之前，都必须逐一通过质检。质检人员根据工艺操作规程及产品质量要求，主要检查部件的外观及内在质量，主次部件的用料是否合理，部件在上道工序中是否有操作伤等。如发现部件较薄、较软，则必须在折边前加衬补强；片坏的部件必须剔除；对帮面、帮里部件要进行初步的检点、清理、配齐，避免不同鞋号的部件混淆。

二、烫　印

烫印是烫金和烙印的统称。烫金指的是利用金箔、银箔和镀铝膜等材质，通过机械或者加热的方式在鞋帮上印制出花纹的装饰方法；烙印是指借助热力和压力在帮部件上压制出无色图案。烫印是鞋帮装饰和印号的常用技法。

（1）烫金　利用烫金机采用高温（100～380℃）和压力把烫金纸上的颜色烫印在鞋帮上，烫金色彩鲜艳、光泽度高，鞋里印制鞋号、鞋垫印制商标等常用烫金处理。

（2）烙印　使用烙印机，在130～160℃借助压力在鞋部件上压制出图案，图案无色，有立体感。合成革、移膜革等材料的烙印常使用高频压花机，利用高频振荡电流产生的热效应，将材料涂层熔融，借助印版压印出图案。与普通烙印机相比，高频压花机印制出的图案更精细，并可以压制出特殊的纹理。激光雕刻机技术可以完成各种鞋材上的花纹雕刻，可以借助计算机对各种图形编辑，完成鞋材上的图案装饰。

三、画标志点、线与刷胶

（一）标志点、线

鞋帮部件的加工和组装必须按照工艺的标准和规定进行，需要在鞋帮部件的加工区域和安装位置画出各种标志点和标志线。标志点、线是工人操作的参照标准，在大规模的快速装配化生产过程中，标志点、线是确保部件加工的精准度和实现标准化加工的重要依据（图2-2-1）。

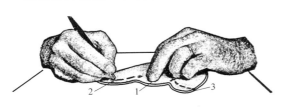

图2-2-1　画标志点、线

1—标画定位标志中点　2—标画定位
搭接标志线　3—标画定位牙尖

1. 画标志点、线的部位

前压后式的帮部件结合，在后帮部件上画线；后压前式的帮部件结合，在前帮部件上画线；部件上需要缝明线、装饰线（如后包跟线、护耳线等）的部位和需要刻洞、凿孔（如鞋眼、系带孔、装饰花孔、凉鞋帮面透气孔及手工拉线绷帮孔处打孔）等的部位都需要有标志点、线。

条带式凉鞋的条带穿编复杂，有时某个部件既是镶件又是接件，因而需要在粒面和肉面上均画标志点、线，以避免后操作的失误。

2. 工具

主要有刀模和水银笔、专用铅笔。

（1）刀模　对应于帮部件需要点标志点和画标志线的部位，在刀模上制出尖刺或刃口，在完成裁断的同时直接在帮部件上冲裁出标志点、线。这种方法操作简单，效率高，多用于一刀光的产品。但对于生产批量不大的产品，或刀模加工不便的企业来说，则不宜采用这种方法。

（2）水银笔、专用铅笔　适用于各种材料和部件。使用铅笔点标志点或画标志线时，笔芯不能太粗，否则部件镶接有偏差，甚至造成尺寸不准；所用铅笔画出的点和线要能够被擦去或被部件压盖住，否则会影响产品的外观；笔尖不宜过尖，以免划伤粒面涂饰层。目前，企业使用较多的为水基型水银笔，这种笔的笔迹可以用橡皮、苯类溶剂甚至用水擦去。

传统的点标志点的工具还有拨锥、圆珠笔和粉袋。

3. 画标志点、线的步骤和要求

① 领取片削好的帮部件，认真清点核对，如有短缺、不配对或片削不合格的鞋帮部件，及时补齐。

② 将鞋帮部件平放于工作台上，使制帮样板对正，不偏斜，按制帮标准对折边、搭接等部位进行画线和定位（二维码 2-2）。

③ 将样板在鞋帮面定位后，要按紧样板不得移动错位，避免标志点、线出现误差。

④ 由于水银笔芯和笔尖有一定的粗细，样板又有一定的厚度，沿样板边缘画标志点、线时，笔杆应稍向外倾斜，让笔尖朝样板内标画，所画点、线与样板要完全一致。

⑤ 画定位点、线时要做到不漏画、不虚画，点、线不变形、不移位。画可遮盖的点、线时用不可擦性水银笔，画外露的点、线则要用可擦性水银笔。

⑥ 标画好点、线的部件要进行清点和分类，以利于下道工序的操作。

（二）刷胶

折边、搭接、黏合鞋里、贴衬布等工艺操作，需要预先进行刷胶。刷胶要均匀，达到工艺要求，如果是使用较薄的帮面材料，折边部位刷胶可以用不干胶带来替代。

二维码 2-2
画标志点、线

1. 胶粘剂的类型

制帮用的胶粘剂主要有两种：

（1）天然橡胶胶粘剂　又称汽油胶，用天然橡胶与 120 号汽油或稀释剂按 5∶95 的比例混合制成。汽油胶常用于粘贴样板、折边、粘贴衬件、折滚口、粘贴鞋里以及部件之间的初始粘接等。

（2）氯丁胶胶粘剂　氯丁胶胶粘剂以由氯丁二烯乳液聚合而成的氯丁橡胶为主要成分，配以其他的金属氧化物、树脂、防老剂、溶剂、填充剂、交联剂和促进剂等而制成。氯丁胶胶粘剂分溶剂型、乳液型和无溶剂体型三类。

如果需要折边的部件很窄或折边后的部件边缘不缝线，以及女鞋中花结与帮面的粘贴，花结腰箍的镶接等，为保证粘接强度，可以使用氯丁胶胶粘剂。

2. 各部位刷胶操作

（1）折边刷胶　将同类形状的部件按折边实际需要的宽度，采用多层排列成梯形，排列的数量根据部件的形状和大小需要来定（图 2-2-2）。排好后，一只手按压部件，另一只手握刷子蘸上胶水，由上至下循序刷胶均匀。

图 2-2-2　多层刷胶操作

（2）贴衬刷胶　帮面材料较薄软及跗背帮面成型时需要贴满衬，在部件的背面（肉面层）和衬布的背面，将胶涂满刷匀，胶膜厚度要薄。

（3）条带刷胶　条带部件刷胶可使用简易刷胶装置（图 2-2-3），将条带皮肉面向上，利用刷胶装置均匀涂刷。

（4）衬带刷胶　将整盘衬带从一端开始慢慢散开放入胶水容器，放完后，将尾端的衬带头留在容器口外面，用工具将衬带浸入胶水。待衬带浸透后，一只手拉住容器口外的衬带头慢慢向外拉出，拿块海绵泡沫压住胶水容器口，用另一只手的大拇指和食指掐住海绵泡沫并夹住有胶水的衬带，边拉衬带边刮去衬带上多余的胶水，放于盘内晾干待用。

3. 刷胶注意事项

① 刷胶用的垫板、胶刷和盛胶容器必须保持清洁，及时清除胶团和胶粒，以免灰尘、油污等脏物沾在部件上，从而影响粘接牢度及产品的外观。

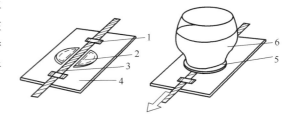

图 2-2-3　条带部件简易刷胶装置示意图
1—定位孔道　2—密封塞　3—条带皮孔道
4—工作台面　5—盛胶容器　6—胶液

② 盛胶容器必须随用随开，用完后应密闭，以免胶粘剂中的溶剂挥发，影响胶粘剂的使用，造成浪费和污染工作场所。

③ 天然橡胶胶粘剂为易燃物品，在整个刷胶过程中应切忌火种。

④ 料件刷胶后应放在通风处，自然晾干，切忌火烤、日晒。

⑤ 料件经过刷胶后（除衬带外），存放时间不宜过长，一般为 20～30min，以指触干为准。

⑥ 绒面革、磨砂革、纺织物沾上胶水后清除不掉，打蜡革表面污染会使皮革失去光泽，刷胶过程要注意表面清洁，不允许胶水污染表面。

四、粘贴衬布

（一）贴衬的作用与部位

① 帮部件边缘经过片削处理后，革的纤维组织受到一定程度的破坏，其抗张强度有所降低，这种情况如果出现在鞋口部位，必须要贴补强带，否则鞋口容易出现破裂。

② 位于脚背和脚腕的鞋帮，由于穿用过程中承受比较大的力，需要贴衬增厚及补强，以提高部件的强度和成鞋的稳定性。常见的有鞋口内衬、鞋耳内衬、靴鞋脚腕部位护口衬等。

③ 条带型部件自身的硬挺度和强度达不到工艺要求，需要增加护条衬料进行补强，如凉鞋条带、鞋钎皮、绊带等。

④ 当多个部件重叠在一起使得鞋身表面出现"凹凸"现象时，需要在凹陷处粘贴中

衬材料将其垫平。

⑤ 鞋帮采用翻缝、合缝以及挤埂等组合结构，需要对缝合位置粘贴抗撕裂的衬布，以防止开线或者边口破裂。

⑥ 对鞋帮锁口部位、装饰件安装部位，应增强鞋帮的强度，需要局部粘贴热熔型衬垫材料。

⑦ 正装鞋的帮面使用山羊皮和犊牛皮时，粘贴螺纹布软衬，既可提高成鞋的成型稳定性，改善皮面的丰满度和质感，又不会因增加厚度而影响成鞋的美观性。

（二）衬布的类型

常用衬布材料有衬布、补强（保险）带、衬里革、微孔轻泡片等。

1. 衬布

鞋用衬布按织造工艺大致可以分为纺织布、针织布和无纺布，它们各具特点和适用范围。

① 纺织布：此类衬布有经纬方向，延伸性能受经纬方向的影响，弹性小，适用于衬贴小牛皮和软质皮革材料，常用于制作正装鞋、凉鞋等。

② 针织布：针织布又称螺纹布，没有经纬线结构，伸缩性和弹性比较大，延伸方向没有规则，无方向性。适用于粘贴纳帕革，制作休闲鞋、运动便鞋、沙滩鞋或者套包工艺类的鞋产品。

③ 无纺布：无纺布的特点是薄、硬、挺，用作时装鞋的鞋舌贴衬、耳式鞋的鞋耳内衬、女条带式凉鞋等的定型和补强衬。无纺布具有各种厚度规格，适应各种皮革的添补厚度和补强。

2. 补强（保险）带

补强（保险）带主要有织带、尼龙带、金属丝等。织带主要用于鞋口边缘的补强，可以让鞋口丰满厚实；尼龙带薄而强度高，主要用于女式鞋类的鞋口边缘以及条带部件的补强；金属丝常用于较细条的凉鞋带的补强。

3. 衬里革

衬里革多使用第三或第四层的剖面革，属于真皮的网状层，不需要涂饰和染色，透气性好，主要用于添补皮革厚度的不足，也可用作鞋舌、鞋耳部件的内衬。皮纤维制成的皮浆板也可用来做衬里。

4. 微孔轻泡片

微孔泡沫片俗称切片，有 EVA 轻泡片、聚乙烯微孔片材等，厚度一般在 0.2～1.0mm，主要用于添补人造革、合成革的厚度，同时能获得丰满的手感和弹性，薄软的皮革也可以用轻泡片做衬垫。

（三）常用背胶衬料的品质和规格

常用背胶衬料主要有定型布（针织布）、热粘布（无纺布）、细布、绒衬（织绒或拉绒布）、无纺布和薄里革等。

① 帮面定型使用 0.4mm 厚的白色定型背胶布。

② 鞋带贴衬使用 0.4mm 厚的单面背胶皮纤维片。

③ 折边补强使用 5mm×0.2mm 的双面背胶保险带。

④ 鞋帮后合缝粘贴加强带使用 10mm×0.2mm 的双面背胶保险带。

⑤ 舌式鞋的鞋舌贴衬使用 0.4mm 厚的单面背胶纤维片或皮浆板。

制鞋工业装配生产中使用的各种衬条、衬料，可以制成无胶、单面背胶、双面背胶的多种内衬材料，以适应不同用途的需要。

（四）贴衬的方法与质量要求

要结合生产工艺、设备条件、皮革的特点以及鞋的品质标准来选用衬布。

1. 粘贴衬料的基本方法

粘贴衬料常用的方法有刷胶贴衬、熨烫贴衬和定型贴衬三种。

（1）刷胶贴衬　刷胶贴衬是鞋帮制造中最为常用的方法，操作灵活，遇有问题可以随时更改和变动，但比较费时，生产效率低。刷胶贴衬前要掌握贴衬的准确位置，使用衬布、切片之前要先在衬料和帮部件上刷胶，然后粘贴在一起，衬料也可以与前帮布里粘贴在一起使用。

（2）熨烫贴衬　熨烫贴衬常用于单面背胶衬布，使用方便灵活，工作效率高，便于标准化生产。而且背胶层厚度均匀一致，不会虚贴和起层，可以使用点粘的方法保持天然皮革的透气特性，贴合质量有保障。使用单面背胶衬布时，将衬布平放在鞋帮网状层的合适位置上，用电熨斗在衬布上熨烫，通过高温将衬布中的热熔胶融化，使衬布与鞋帮粘贴在一起。

（3）定型贴衬　如果衬布是粘贴在曲跷部位，在粘贴衬布时则必须使用手工搬跷或使用跷度定型机来定型，使粘贴衬布后的部件形成符合楦面形体的跷度，以利于成型，并能消除帮面跗背部位产生的皱褶。

2. 衬布粘贴要求

衬布的粘贴要根据款式的变化和部件的具体需要完成，粘贴衬布和补强衬带的操作步骤和注意事项扫二维码 2-3 至二维码 2-5。

二维码 2-3　　　　　　二维码 2-4　　　　　二维码 2-5

衬布粘贴实例　　　粘贴衬布操作　　　粘贴补强衬带操作

　　　　　　　　步骤及注意事项　　　步骤及注意事项

五、帮 面 定 型

帮面定型是将平面状态的部件，经过湿润拉伸与热风干燥、蒸汽与电热、模型贴衬等，压制成与鞋楦跗面形态接近的曲面状态并固定成型的工艺操作。

1. 定型的目的与要求

在皮鞋制作过程中，深前帮的部件（如靴鞋前帮），由于前帮鞋脸长度深及跗背，为了使鞋帮在成型操作过程中能与楦面平伏贴合，需要把跗背部位的鞋帮部件经过压制定型之后再制成鞋帮。鞋帮定型需要借助定型机完成，依靠皮革的延伸性和定型性，通过湿润和干燥工艺来完成拉伸塑变和定型。鞋帮定型的要求有四点：

① 定型后，符合鞋楦曲面，贴合平伏不起皱。

② 造型稳定，不变形。

③ 定型操作要保证鞋帮质量，不能破损。

④ 定型后能提升合脚性和舒适性。

2. 定型的类别

帮面定型的类别主要有以下几种：

（1）湿热定型　利用湿热蒸汽使鞋面革软化，并在模具的作用下将皮革部件预压成型，主要用于前帮部位以及热塑型内包头后的定型处理。

（2）热冷定型　先通过受热使皮革变软，容易拉伸和成型，而且纤维组织收缩不起皱，再急速冷却将内聚应力消除，使皮革永久性改变为曲面状态，使用这种工艺定型后，鞋帮不会变形。

（3）热整型　利用皮革受热后纤维会产生收缩的特性，将帮面部件直接加热后，再用模具拉伸变形，加工成具有一定跷度的部件。

（4）贴衬定型　在鞋面拉伸变形的情况下，利用定型衬形成内外层弧度，可以帮助鞋帮部件按需要形成曲面定型状态。

（5）模压成型　按照皮鞋成型所需要的形状制成模具，在一定的温度和压力下，将鞋帮部件压制成型。

［思考与练习］

1. 为什么在折边前要进行检点？

2. 烫印的目的和操作是什么？

3. 粘贴衬布的作用有哪些？需要在哪些部位或部件上粘贴衬布？

4. 鞋面定型的目的是什么？

5. 鞋面定型的方法有哪些？

第三节　折　　边

［知识点］

　　□ 掌握折边的目的和规格。

　　□ 熟悉常见的折边类型。

　　□ 掌握折边的工艺标准。

［技能点］

　　□ 掌握不同形体边缘折边操作。

　　□ 了解机器折边操作。

折边是鞋帮部件边缘常见的一种装饰处理工艺。将已片削的帮部件刷胶，并按照工艺标准将部件边缘的多余部分向肉面拨倒、黏合、敲平的操作叫作折边。折边又称为拥边、拨茬、抿边等。

折边后的部件边缘光滑整齐，增添了产品的美感。折边可以根据设计的需要，产生的不同的边缘厚度及形体，给人以不同的质感。

一、折 边 类 型

帮面结构或帮部件的形状不同，折边的类型也不同。常见的折边类型有直线型、凸弧型、凹弧型、尖角型、角谷型（二维码2-6）。

二、折边的常规标准要求

鞋帮部件所处的位置、鞋帮的结构以及部件的形状不同，折边的技术和质量标准要求也不相同。皮鞋常规的折边量一般为4～6mm，具体则应根据鞋帮部件的性能不同决定折边的宽度和厚度。通常，鞋的后帮上口部件边缘或拉伸受力强度较大的部件边缘，折边宽度应略宽一些，使折边厚实丰满；鞋帮内部的分割线或搭接部位的边缘，折边量应略小一些，让接头部位边缘平整和厚薄均匀。

二维码 2-6
折边类型和要求

三接头皮鞋各部位的折边量和折边后的厚度规格参见表2-3-1。

表 2-3-1   三接头皮鞋帮部件片料、折边厚度参考数据   单位：mm

材料厚度	部件名称	片料部位	片宽	片出口厚	折边宽	折边后边缘厚度
牛面革 1.2	包头	接前中帮处	8～9	0.6	5	1.26～1.35
	前中帮	两翼处	9～10	0.5	5	1.20～1.28
	后帮	鞋口折边处	8～9	0.7	5～6	1.25～1.45

各部位折边后控制的标准厚度通常有三种情况：

① 如果部件搭接边缘要求平整，折边后的厚度一般等于或略大于鞋帮面革的标准厚度（1.20～1.25mm厚）。

② 如果部件搭接边缘要求立体感强，折边后的厚度要大于鞋帮面革的标准厚度（1.25～1.35mm厚）。

③ 鞋口边缘的折边厚度，必须远大于鞋帮面革的标准厚度（1.30～1.45mm厚）。

三、折 边 操 作

1. 手工折边

① 打剪口：用左手的拇指和食指捏紧部件，中指和无名指在部件底下抵住剪刀作为剪刀的靠山；右手握剪刀，边打剪口边移动，注意打剪口的深度和密度。

② 粘贴衬带：将刷胶、晾干后的衬带对准折边样板，衬带的边口距样板边缘0.8～1.0mm，粘贴在待折边部件的肉面。要求粘贴平伏、牢固，不得有拥叠现象。

③ 折边时，将固定好折边样板（或画好折边标志线）的部件肉面朝上，左手拇指侧压部件，食指和中指扶起折边余量，并将其与折边样板的边口对齐；右手握榔头，以锤面内侧突度点将折边余量敲平、黏合。两手的动作应协调一致，从右向左，边折边敲（图2-3-1）。

折凹型弧线处时，左手的移动速度放慢，移动的间隔缩小，右手落锤轻、稳，防止部件边口崩裂。

折凸型弧线处时，可以使用拨锥或手指打褶，边拨边折边粘，做到皱褶分布均匀，曲线圆滑，与折边样板边口一致，无棱突、尖角现象，左右部件的形状对称一致。

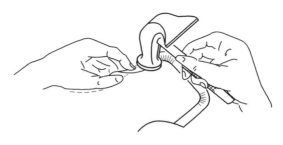

图 2-3-1　折边操作示意图

折尖角部位时，注意先打剪口后折边，剪口的方向及深度正确，不得有外露白茬和尖角歪斜的现象。

④ 对于折边后的边口必须捶敲平伏，用榔头捶边时，以榔头外侧半个锤面的中心为着力点，敲打折边部位的中心［图 2-3-2（a）］。若以锤面中心为着力点，由于锤面弧度的影响，部件边口受不到压力而悬浮，出现高低不平而影响折边质量［图 2-3-2（b）］。如果以锤面边缘为着力点，由于受力集中，往往会把帮面敲坏，出现鞋面边缘损伤或折叠部位折裂［图 2-3-2（c）（d）］。

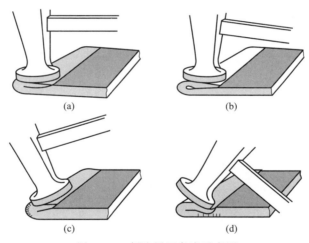

(a)　　　　　　　　　　(b)

(c)　　　　　　　　　　(d)

图 2-3-2　折边锤面角度示意图

2. 机器折边

机器折边适用于造型简单的部件，在折直线边和简单弧线边时，其折边效率远高于手工折边，但对于造型复杂、转弯较多的部件，折边效果较差，尤其是同双鞋的对应部件，很难折得对称一致。

机器折边不需要预先刷胶，而是采用热熔胶。开动机器后，喷胶口对准折边部位边喷胶边折边，包括粘贴衬带、打剪口等操作均为联动操作（二维码 2-7）。

[思考与练习]

1. 折边的目的是什么？折边有哪些类型？
2. 折边的常规标准要求是什么？
3. 掌握常见折边类型的折边方法。

二维码 2-7
机器折边操作步
骤及注意事项

第四节　帮面装饰工艺

[知识点]
　　☐ 了解帮面装饰常用的方法。
　　☐ 熟悉装饰工艺所用工具及操作要求。

[技能点]
　　☐ 掌握常见装饰工艺的操作要领。
　　☐ 能完成相应的装饰操作。

二维码 2-8
鞋面装饰工艺

　　皮鞋的装饰功能日益受到消费者的关注，帮面的美化装饰是皮鞋加工的重要组成部分，常见的有刻、凿、穿、编、缝、嵌、镶、装等操作（二维码 2-8）。美化装饰的表现方法繁多，并且可以不断引申、变幻，提升皮鞋的外观质量。

一、刻

　　刻是指利用工具和设备将帮部件刻穿，形成一定形状和规格的孔洞或切口的操作。刻穿可以采用手工或者机器完成。

　　1. 手工刻穿

　　（1）刻装饰孔洞　采用刻刀操作，为了保持孔洞边缘洞边缘光滑、整齐，一般按照孔洞的标志线缝线一周，然后下刀刻穿。要求一手按住部件，一手持刀，用力平稳、均匀地向前推进，直至与起刀处相接。要求刀口光洁，曲线圆滑，刀口距缝线 0.8～1mm。

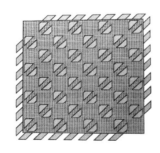

　　（2）穿条刻穿（切口）　对于穿条或者编花的帮部件，需要在帮面上切口。切口宽度应该比条带皮的宽度大 1.0～2.5mm，使得穿条、编花后的帮面平整无皱（图 2-4-1）。

　　2. 机器刻穿

　　机器刻穿可以采用专用的刻花孔机，也可以制作特制的刀模，在机器裁断的同时对帮部件进行刻穿。

图 2-4-1　切口与穿条

　　一般的刻穿工艺是将鞋帮部件按设计好的孔型和排列，连同鞋里部件一起刻穿，在孔洞的边缘需缝线，增加孔洞边缘的强度，防止孔洞部位的帮面和鞋里移动错位、分层，影响皮鞋外观。

二、凿

　　凿指的是使用冲子在帮部件上冲出花眼或花边。冲子有圆冲（圆斩）、花眼（花斩）、花边冲等。

　　1. 凿花眼

　　配合帮面整体造型，以不同孔径和不同形状花眼的排列、组合变化产生不同的节奏、韵律来装饰帮面，分为装饰性花眼和功能性花眼，冲眼操作可扫二维码 2-9。

操作注意事项：

① 冲眼需要使用高压聚乙烯板做垫板，以免冲子刃口受损。

② 冲眼时，应严格按照样板上的标志点进行，要求孔眼位置准确，眼口光洁，无毛茬，排列整齐。

③ 冲眼时，有些产品要求将帮面和帮里都冲穿（如鞋眼），而有些产品只要求冲穿帮面（如装饰性花眼）。对于帮面和帮里都冲穿的产品，应根据冲眼的部位，尽可能地在帮面和帮里组合后再冲眼。

二维码 2-9
冲眼操作

2. 凿花边

将帮部件边口冲切成各种花形，产生装饰效果，美化鞋帮部件边缘（图 2-4-2）。这种方法多用于童鞋和少女、少妇等消费群体的产品上，给人以活泼、雅致、跳跃等动感。将此手法应用于男性上，则可以赋予产品活力、豪华感等。

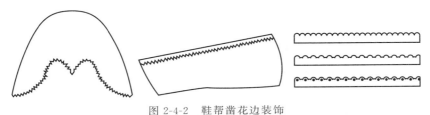

图 2-4-2　鞋帮凿花边装饰

三、穿

将折边或切割边的皮条通过帮面切口，穿、编成图案或花型，不同的穿条手法会产生不同的修饰效果，手工穿条装饰可扫二维码 2-10。

操作注意事项：

① 穿条工艺对面革和皮条厚度要求：帮面厚度 0.6～1mm，皮条厚度 0.6mm，皮条采用切割边或折边工艺。

② 穿条用的引针可以是发夹、竹针，也可以是缝纫用针。使用前要将针尖磨秃，以免在穿条时扎伤手指，另外，使用秃尖针也容易进行穿条。竹针在使用前将针尾劈开，使用时将皮条夹入劈缝即可。

二维码 2-10
手工穿条装饰

③ 由于天然皮革在粒面粗细、色泽等方面有差别，因此，在选用皮条时要保证同双鞋所用皮条的外观质量对称一致。

④ 在刻洞、凿眼及穿条等操作过程中要谨防孔眼口处起毛，以免影响产品的外观。

⑤ 在穿条操作过程中，要注意穿条的松紧程度应始终一致，以穿条后部件平伏为准，切忌忽松忽紧。

四、编

编是指用皮条或成型条带（多为塑料或橡塑材料）交叉编织，从而形成平面或立体图案的操作，分手工编花和机器编花两种。机器编织效率高，成品整齐一致；手工编花灵活多变，但是效率较差。

编花可以用于整个部件，也可以对部件进行局部修饰。编花的种类很多，编出的图案也多种多样。

五、缝

以缉线构成花型图案美化鞋帮，或者在帮部件缝合的同时，利用缝合线将缝合与装饰结合，产生一定的美化效果。

采用缝的方式进行装饰，即可缉出各种平面花型线迹，也可以缝埂、缝皱等产生立体结构的装饰效果。缝合的方法即可手缝，也可采用普通缝纫机按照设计要求缝出装饰图案，较复杂的花型则常用专用花型缝纫机完成操作。

六、嵌

嵌是指使用与主要部件近色或异色的材料，采用折边或切割边处理后的条皮嵌在主要部件边口上的工艺。嵌属于装饰性工艺，以"线"的手法产生不同的美学效果。嵌线的方法有两种，一种是粘贴嵌线（拉嵌线），另一种是机缝镶嵌中线。

1. 粘贴嵌线

粘贴嵌线主要用于部件的边缘，所以又称为嵌边线。

（1）嵌线皮的制作 嵌边线时，可以使用成型的嵌线皮，也可以自制。嵌线皮根据所选用的材料，截取一定的宽度，宽度等于嵌线皮在部件边缘的外露宽度加上压茬宽度（6~8mm）。嵌线皮外露边缘要进行折边，压茬部位要进行片边出口。如果嵌线皮为皮革材料时，则要在粒面处片边出口，以便于嵌线皮的粘贴。

（2）嵌线操作 粘贴嵌线时，将部件粒面朝上，平置于垫板上；右手将嵌线皮置于部件边口下，并根据质量要求外露一定的宽度（一般为1mm左右），从左向右开始粘贴；左手的食指和中指在部件的边缘将嵌线皮按压粘住，右手拉嵌线皮，确保线皮露出的宽度保持一致，左手的手指边移动边按压。

（3）操作注意事项

① 内凹部位嵌线需要在嵌线皮搭接边缘打剪口，并根据弧线曲率半径的大小来决定剪口的密度和深浅。

② 外凸型部位嵌线需要在嵌线皮的边口剪成三角形缺口而不是打褶，避免嵌线皮在转弯处形成棱突尖角。

③ 粘贴嵌线皮至尖角处时，同样需要打三角形缺口，剪口不得过深或过浅，过深时尖角端点处的嵌线皮易断，而剪口过浅时，嵌线皮在转角处不易形成尖角。

④ 嵌线皮的外露宽度宜窄，外露宽度应始终保持一致。嵌线皮的宽度可以灵活掌握，一般根据设计和技术要求处理。

⑤ 粘贴嵌线皮完毕后，用榔头捶平。

2. 机缝镶嵌中线

在两个部件的中间缝上一条嵌线的操作称为镶嵌中线，一般采用缝纫机操作，案板工配合粘贴，确保嵌线均匀准确。

（1）嵌线皮的制作 机缝镶嵌中线的嵌线皮是由大块面革经过通片后冲裁而成的，其宽度一般为5mm，也可以根据设计需要灵活调整。

（2）机缝嵌线操作 如图2-4-3所示，将嵌线皮条与部件1粒面相对，边口对齐，距边0.8~1.0mm缝线一道；在嵌线皮条的肉面缝线处刷汽油胶，晾干，肉面相对折回，黏合；再将嵌线皮条的另一边口与部件2粒面相对，边口对齐，距边0.8～1.0mm缝线一道；在嵌线皮条的肉面缝线处刷汽油胶，晾干，肉面相对折回、黏合，最后，将两侧的部件展开，嵌线就显露在两部件中间了。

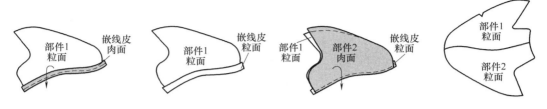

图2-4-3　机缝镶嵌中线操作（两次缝合）

（3）操作注意事项

① 机缝镶嵌中线时，要严格控制嵌线皮条的宽度及两次缝线的距边宽度，否则两部件中间的嵌线就会显得粗细不匀。

② 对于机缝细窄嵌线皮条时，可以先将皮条肉面刷胶，晾干，肉面相对，边口对齐，折回，粘牢；然后将两侧的部件粒面相对，中间夹折边后的皮条或花齿边皮条，一次缝合操作后展开，敲平即可（图2-4-4）。

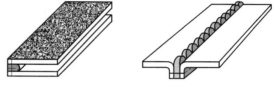

图2-4-4　机缝细窄嵌线皮操作（一次缝合）

七、镶

镶是指在一只鞋帮上有两种或多种以上的不同颜色或不同材料的搭配使用，从而组成一个多色的完整帮套，又称为镶色，多用于女鞋和童鞋。

镶色既可以用于部件与部件之间的镶接，也可以用在一个部件上不同颜色或不同材质之间的镶接。

八、装

在帮部件上安装各种装饰件和功能性配件的操作称为装。功能性配件也应体现出装饰性，在满足实用功能的同时，在造型、材质、颜色等方面要具有设计感，丰富产品的造型。

（一）功能性配件

功能性配件种类较多，常见的有鞋眼、鞋钎、铆钉、四合扣、鞋眼挂钩、带环、拉链和松紧布等。

1. 装鞋眼

鞋眼不仅能保护鞋耳上的穿带孔不被拉伸变形或拉坏，而且便于将鞋带穿入孔眼。

鞋眼材质有铝、铜、铁和塑料类等；颜色为金、银、黑、白、彩色、透明等；形状有圆形、六角形、椭圆形等。

（1）手工装鞋眼　根据安装手法可以分为装明鞋眼和装暗鞋眼。

① 装明鞋眼：从帮面上可以看到的鞋眼称为明鞋眼，明鞋眼装饰性强，安装手法有

明脚和暗脚之分。

安装鞋眼时，首先将鞋耳粒面朝上，下衬垫板；左手持鞋眼冲，使刃口对准帮面上鞋眼的标志点，右手握榔头，敲击鞋眼冲，将帮面和帮里凿通。然后将鞋眼从帮面穿入鞋眼孔内；再将帮里朝上，帮面朝下，放在垫板上；左手持开花冲，冲头套入鞋眼脚内，右手握榔头，敲击开花冲，使鞋眼脚向周边翻卷；最后用榔头将鞋眼脚敲平伏，以防在穿着过程中磨脚刮袜。

在装鞋眼之前，先将帮面与帮里揭开；鞋眼从帮面上的孔眼中穿入，并在帮面的肉面上将鞋眼脚开花、敲平；最后，将帮里对准帮面上的各个孔眼位置黏合，使鞋眼脚夹在帮面与帮里之间，这种鞋眼被称为暗脚明鞋眼。

② 装暗鞋眼：暗鞋眼装在帮里上，从帮面上看不到鞋眼，其操作方法与明鞋眼的基本相同，所不同的是安装鞋眼的部位在鞋里上，所以又叫反装鞋眼。

③ 操作注意事项

a. 鞋眼的圆孔直径是其主要的尺寸规格。为使鞋眼安装牢固，在穿着使用过程中不会脱落，一般要求鞋耳上的孔径略小于鞋眼脚的外径，这样，将鞋眼穿入鞋耳上的孔眼后，鞋眼不易发生转动或脱落；鞋眼脚经过开花、展平后，鞋眼的抗拉力就会更强。

b. 无论是明鞋眼还是暗鞋眼，在鞋眼脚开花展平时，榔头的敲击力要均匀一致，不能忽重忽轻。用力过轻时鞋眼脚棱突不平，影响穿着；用力过重时鞋眼易被敲扁或产生掉漆、镀膜脱落等缺陷，从而影响外观。

（2）机器装鞋眼　在生产线上多采用机器安装鞋眼，装鞋眼机的主要机构有鞋眼送料圆盘，冲眼、开花装置，压脚，弯头，挡板和电机等。电机接通电源后，带动鞋眼送料圆盘，将鞋眼以单行排列，自上而下地输送鞋眼；料件放在弯头上，被压脚压住；冲眼、装鞋眼及开花操作与鞋眼的输送相配合，联动进行。挡板控制鞋眼距部件边缘的距离，压脚的移动间隙决定着鞋眼孔之间的距离。

操作时，首先根据鞋帮尺寸的大小，调整好鞋眼之间的距离及鞋眼距部件边缘的距离；然后踩下左脚踏板，使压脚抬起，将鞋耳放在弯头上，鞋耳边靠紧挡板；松开左脚踏板，踩下右脚踏板，开始安装鞋眼。安装完毕时，松开右脚踏板，踩下左脚踏板，将鞋耳取出。依次循环操作，完成其他部件的装鞋眼工作。

2. 装鞋钎

鞋钎是通过与鞋带皮的共同作用来缚紧脚背或脚腕等部位，既能保证鞋穿着跟脚，同时也是一种装饰件。按结构，鞋钎可以分为钎针型和无针型两类。鞋钎通常通过形状、大小、材质等变化，增强其装饰效果。

鞋钎的安装可以用铆钉也可以用缝纫的方法，安装鞋钎需要使用鞋钎皮或高强度橡筋布把鞋钎固定在鞋帮部件上，橡筋布固定必须穿在挂钩上。

操作注意事项：

① 鞋钎皮的宽度要根据鞋钎的内径大小冲裁。鞋钎皮的宽度略小于鞋钎的内径，但相差范围不得大于5mm。

② 在安装鞋钎时，首先在鞋钎皮中间冲孔或将其刻穿，若鞋钎皮插在帮面与帮里之间时，则要将鞋钎皮的两端片削成斜坡状，以免装入鞋钎皮后帮面产生棱突不平的现象。

③ 钎针插入鞋钎皮的孔眼中，孔眼的大小应确保钎针的活动自如。

④ 将鞋钎皮肉面相对黏合在一起。在鞋钎皮的片削面上刷胶，晾干，把鞋钎皮插入帮面与帮里之间，黏合，敲平。

⑤ 将鞋钎皮缝合在帮部件上，或使用 U 形钉、铆钉等在装鞋钎机上安装鞋钎。

3. 装铆钉

铆钉主要用于口门部位，防止在绷帮、脱楦及穿用过程中将口门撕裂，起加固前后帮结合的作用，多用于劳保和军品鞋。

铆钉由子扣和母扣两部分组成。子扣为外凸立柱形，母扣为内凹收缩口形。安装铆钉时，母扣在鞋面上，子扣在鞋里下面，手工装铆钉操作可扫二维码 2-11。

操作注意事项：

① 操作时，首先在前后帮接缝处的尖角端点冲孔（防止将缝线冲断），然后将子扣从帮里向外嵌入孔眼中，将母扣对正子扣的顶端，用装铆钉机或专用冲子压合，使子扣钉杆的顶端在母扣内膨胀，从而将帮面和帮里牢固结合。

二维码 2-11
装铆钉操作

② 在用装铆钉机或专用冲子敲捶的过程中，要防止将母扣顶端的圆弧曲面捶扁或捶变形。

4. 四合扣

四合扣是由四个零件组成的具有扣合功能的按扣。与铆钉一样，四合扣也由子扣和母扣两部分组成。子扣为外凸形，母扣为内凹形，分别由上、下两个零件组成。安装时要使用专用工具——四合扣装钉器。不过，一般子扣都装在主要部件上，而母扣则装在条带部件上（图 2-4-5）。

5. 装鞋眼挂钩

鞋眼挂钩一般都用在高腰多眼鞋上，因为这类产品如只使用鞋眼时，其鞋带的穿脱特别麻烦。因此，往往在跗背及靴筒的下端装鞋眼，而在靴筒的上端装挂钩。

挂钩由子扣、母扣及挂钩三部分组成。其安装方法与铆钉的安装

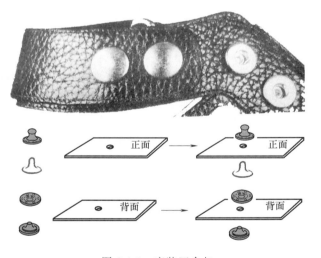

图 2-4-5　安装四合扣

基本一致，只是在将子扣从帮里向外嵌入孔眼后，要先将挂钩孔套入子扣的钉杆，然后再将母扣对正覆盖在子扣钉杆的顶端，最后压合。

6. 装带环

带环分大型和小型两类。前者可以与皮条、尼龙粘扣结合使用，做童鞋的缚紧鞋带；后者则主要用于系带鞋，其作用与鞋眼、挂钩相同。

带环有圆形、长方形、三角形、半圆形等形状，表面镀以不同的颜色，也可以使用不同的材料制作，因而具有很好的装饰效果，多用于童鞋和旅游鞋。

根据带环的结构不同，在安装时，有的要使用皮条固定，有的则需要用铆钉固定。

7. 装拉链

由于拉链开合方便，又具有装饰性，因而在皮鞋产品中广泛使用。但由于拉链头在外力的作用下容易自行拉开，因此，又往往与尼龙粘扣或铆钉、四合扣等结合使用。

从材质上看，拉链分为铜质、铝质和尼龙三类。拉链的长短及齿号是其主要规格。鞋用拉链主要是大号、粗齿。

鞋用拉链的安装有明拉链和暗拉链两种手法（图 2-4-6）。

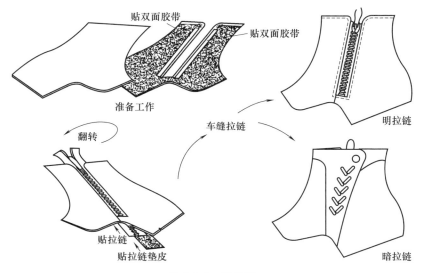

图 2-4-6　装拉链

（1）装明拉链　在鞋帮表面明显地露出拉链齿的称为明拉链。安装前，先在部件边口的肉面及拉链织物的两侧边口上刷胶，晾干后，将拉链正面朝上，平放在操作台上，然后将部件边口粘贴在拉链织物的边口上。粘贴时要使部件边口整齐，中间的宽度保持一致，拉链头上下滑动自如。最后送交缝帮工，沿部件边口缝线一周。料件在送回辅助工后，留出拉链余量，距拉链底口缝线 10mm，多余的剪去，有些企业则用 75W 的电烙铁将拉链余量熔融黏合在部件上。

（2）装暗拉链　在鞋帮表面不明显露出拉链齿的称为暗拉链。暗拉链的安装方法与明拉链的基本相同。所不同的是，在粘贴时要求部件边口严格按照拉链织物上的标志线进行黏合，确保拉链拉合后两侧的部件边口严密合拢。

（3）操作注意事项　为防止拉链上下滑动而刮袜、划脚，一般都要在拉链后齿条的下面粘贴一块长条形衬皮，在拉链缝合时一同缝住。

8. 装松紧布

装有松紧布的鞋穿脱方便，行走时跟脚。松紧布多用于童鞋、舌式鞋、棉鞋、女鞋和条带式凉鞋等品种，一般装在跗背、口门、后跟等部位。

操作时，先将松紧布的两端片削成斜坡状，以免夹在部件之间的松紧布起棱磨脚。然后在部件粘贴松紧布的部位以及松紧布的两端刷胶，晾干后，按照标志点黏合。注意同双产品粘贴松紧布的宽窄和长短要一致。

由于松紧布的弹性较大，在将松紧布与帮部件粘贴、缝合时，要在松紧布的下面粘贴衬带，防止在绷帮时帮部件被拉伸变形。待出楦后，再将衬带剪去。

（二）安装装饰件

在帮面上起美化装饰作用的部件称为装饰件。从形态上看，装饰件主要有链、节、环、穗、片、牌、编花等形式。根据结构，装饰件可以分为有脚的和无脚的两类。根据材质，装饰件又可以分为金属类、塑料类、皮质类等。少数精品也有装饰钻石、翡翠、玛瑙等高级饰品。

九、其他装饰手法

除刻、凿、穿、编、缝、镶、嵌、装等方法外，还可以使用扭花、皱塑、压印等手法，对帮面进行美化装饰。

借助于机械力（和热）的作用，在帮部件上冲压、热烫出一定花纹图案的操作称为压印。这种方法多用于商标压印，也常见于童鞋、女鞋产品。

压印方法有冷压花法、热压花法和高频压花法。

（1）冷压花法　在常温下对帮面、外底进行压花。常用的方法有机械冲击法、（气压、液压）压印法和多次搓压成型的搓压法。

（2）热压花法　在 130～160℃下对帮面进行热压印。常用设备有平板式和辊筒式两种压印机。使用不同的模板，可以产生不同的花纹和图案。对真皮外底进行烫印时的温度为 60℃。

（3）高频压花法　采用高频法所产生的热能将涂层熔化，从而产生图案、花纹。这种方法多用于合成革、贴膜革。

［思考与练习］

1. 常用的帮面装饰方法有哪些？

2. 在帮面装饰中手工缝有哪几种？

3. 了解"镶"的用途，掌握"嵌"的操作。

4. 了解鞋眼、鞋钎、铆钉、四合扣、挂钩、钩扣、拉链、松紧布、带环、尼龙粘扣等的用途，掌握其安装方法。

5. 掌握装饰件的安装方法。

6. 了解扭花、皱塑、压印等装饰方法的用途。

鞋帮缝制工艺

缝制工艺是鞋帮装配的主要手段，是指用各种类型的缝纫设备将鞋帮部件，按工艺质量要求，缝制连接加固成完整的鞋帮套的过程。

本章内容主要包括缝纫机的基本知识、鞋帮的缝合标准、鞋帮的基本缝合方法、帮面与鞋里总装规范、鞋帮缝制工艺规程和技术说明、鞋帮检验。

第一节　缝纫机的基本知识

[知识点]
　　☐ 掌握缝纫机的种类。
　　☐ 掌握缝纫机的针与线的规格。
　　☐ 了解缝纫机的保养和维护知识。

[技能点]
　　☐ 掌握常见缝纫机的使用方法。
　　☐ 掌握缝纫机的针与线的选配标准。

缝纫机是鞋帮缝制工艺的基本设备。皮鞋专用缝纫机的种类很多，除具有一般缝纫功能之外，围绕鞋帮的各种缝制工艺和装饰效果等特殊功能不断被开发出来。

一、鞋用缝纫机的种类

制鞋专用的缝纫机有如下三种分类方法。

1. 按工作台板的形式划分

按照缝纫机工作台板的形式分为平台式、圆筒式和高台式三种。

（1）平台式缝纫机　平台式缝纫机也叫平板缝纫机，其工作面板与缝纫机的台板在同一个平面上，操作者的双手可直接依托于台板，有很高的缝纫速度（2400～5000 针/min），缝纫厚度可达 7mm，操作省力，便于快速调换缝纫方向，台板上便于安装其他的辅助零部件，适合于平面缝合、收皱缝合等。

（2）圆筒式缝纫机　圆筒式缝纫机也可称之为悬臂式缝纫机，其工作面板为圆弧形，在圆筒式的悬臂上，而且高出缝纫机的台板平面并悬空，自由度大，便于筒形部件缝合时的移动不受阻碍，有长嘴摆梭、连动提线装置、平稳送料装置和可向上摆动式的滚轮压脚，针码可无级调节，针迹密度准确，刹线紧。缝纫速度 1400～1600 针/min，最大缝纫厚度 9～11mm。圆筒式缝纫机特别适合缝制皮鞋鞋帮以及曲面和靴筒等鞋帮部件。

（3）高台式缝纫机　高台式缝纫机也叫立柱式、高桩式缝纫机，它的工作面板位于立柱的顶端，立柱则竖立于缝纫机的台板上，而且高出台板很多，故称其为高台式、高桩式缝纫机。这种缝纫机可任意改换部件的缝纫方向，针码调整非常容易，可很方便地控制回车缝纫，最高缝纫速度为 2600～2800 针/min，最大缝纫厚度可达 7mm。高台式缝纫机适合缝制各种式样的皮鞋帮以及任意方向的曲面、靴筒部件。

2. 按机针的多少划分

缝纫机根据所带机针数量又分为单针机、双针机和多针机三类。

（1）单针机　即针杆、机针与旋梭等均是单独配合构成一个系统，因此，一次只能缝纫一条缝线。单针机是鞋帮缝纫最基本的、最普遍的机种。

（2）双针机　双针缝纫机可以同时安装两根机针，与之配合的旋梭和夹线系统均为两套，可同时缝纫两条缝线。使用双针机可以提高缝纫效率和产品质量，还可提高皮鞋缝纫线的美学装饰效果。

（3）多针机　针杆上可安装的机针数量为 3～4 根，多的可达 6～7 根，与之配合的导线系统也相应增加。多针机主要用在皮鞋的多线缝纫和装饰缝纫上，也可用于拼接缝纫。

3. 按缝纫机的功能划分

按照缝纫的功能可分为常规缝纫机和特种缝纫机。

（1）常规缝纫机　即用于拼接、搭接和一般装饰性缝合（如并线缝合）的缝纫机。

（2）特种缝纫机　特种缝纫机包括摆缝（之字形）缝纫机、归拢收皱缝纫机、烧麦式缝纫机以及电脑绣花缝纫机等。

① 摆缝花式缝纫机：这是一种缝合花式线迹的专用缝纫机，机内存储有多种花式线迹，可以缝出四边形、六边形、平行双线、X 形交叉线、大波浪线、丁形线、人字线、小波浪线以及墙垛线等。

② 归拢收皱缝纫机：专为归拢收皱或褶裥工序设计的缝纫机，有差动送料归拢褶裥、单双针互换、导边器等装置，该缝纫机广泛用于收皱、抽皱、打褶裥以及套帮缮中底等工序的缝纫。

③ 烧麦式专用缝纫机：专门用于缝制烧麦式鞋款的缝纫设备，有各自独立的两只压脚和可调式归拢装置，可缝多种花式线迹和各式摩卡鞋。

④ 电脑绣花机：在用针、色线控制、刺绣、成双配对、同步、故障处理等方面用电脑控制，是专门用于绣花的缝纫机，适合大规模绣花生产。

二、鞋用缝纫机的使用

制鞋常用的缝纫机即单针机，主要有悬臂式和高台式两种类型。

（一）悬臂式缝纫机

悬臂式缝纫机工作台面为圆筒状，梭心安装在圆筒侧面，为摆梭结构，其传动皮带轮位于机身左侧，又称反手车（图 3-1-1）。

1. 安装机针和穿底面线

（1）安装机针　先用左手逆时针方向转动皮带舵轮，使针杆上升到最高位置，然后用螺丝刀将针夹螺丝拧松；接着将机针尾端向上插入针杆孔的底部，机针的藏线槽朝左，与压脚轮相对；最后用螺丝刀将针夹螺丝拧紧。

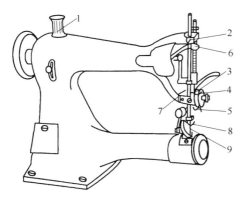

图 3-1-1　悬臂式缝纫机结构图

1—插线杆　2—顶部线钩　3—夹线板　4—挡
线钩　5—挑线簧　6—挑线杆　7—过线
斜孔　8—机针线钩　9—机针孔

（2）穿面线　从套在线杆上的（或固定在线架上的）线团中拉出线头，穿过机头顶部的线钩，向下嵌入面线夹线板中；然后绕过挡线钩，向下挂在挑线簧上；穿过挑线杆孔后，向下嵌入机体上的过线斜孔中；然后钩入机针线钩，将线头从左向右穿过机针孔。将面线拉出约 50mm，作为缝纫起针的余量。

（3）梭心取出方法　左手逆时针转动皮带轮，使机针的针尖处于压脚轮的中心位置，此时，挑线杆上升到了最高点而摆梭呈 V 状，最易取出。将梭床盖簧向外扳起脱出螺钉头，同时将梭床盖稍稍抬起，使螺钉头缩入梭床盖簧下面，这时向外即可扣出梭床盖。再从梭床中取出摆梭，将摆梭放在左手上，用右手打开梭心盖，翻转摆梭倒扣即可倒出梭心。

（4）梭心绕底线　使用位于机台一侧的绕线器，在梭心上绕好底线。先将空梭心套在绕线轴上向里推紧，然后从过线架上的线团中拉出线头，穿过挡线钩，自下而上绕过夹线板搭在空梭心的轴上，将线头在空梭心上绕几圈。再用满线板压住梭心，并使绕线轮紧贴传动皮带，在皮带轮运转过程中，传动皮带带动绕线轮旋转，空梭心则开始自动绕线。当线绕满时，绕线轮会自动脱离传动皮带，停止绕线。

（5）换梭心穿底线　将绕满线的梭心拉出一段线作为起针的线头余量，右手持绕满线的梭心，左手托住摆梭，放入绕满线的梭心，并将线头套入摆梭的 S 形套钩上，然后盖上梭心盖，拉住梭心的线头，将线头拉入梭心盖的边槽内，再将缝线经过摆梭钩线梭皮下面，从吐线眼中拉出即可（图 3-1-2）。

（6）安装摆梭　右手持摆梭，左手逆时针转动皮带舵轮，使梭床呈 V 字形，装入摆梭，线头拖在梭床的缺口内，最后盖上梭床盖。右手捏紧面线的线头，左手逆时针转动皮带轮，使机针插入梭床内，面线将底线带出针板孔。

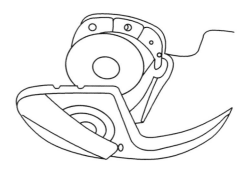

图 3-1-2　摆梭穿线

2. 缝纫机的调节

在缝帮过程中，需要根据帮部件的质地、厚薄等对缝纫机进行调节。

（1）缝线张力的调节　缝线张力的大小直接影响线迹的质量。对于一般锁缝式线迹，正确的缝线张力应使底线和面线绞合点在缝制部件厚度的中间［图 3-1-3（a）］。若面线张力大，底线张力小，底线将露于缝制部件表面，面线成一直线状，这种情况称为露底线［图 3-1-3（b）］。若面线张力小，底线张力大，面线将露于缝制部件底面，底线成一直线状，这种情况称为露面线［图 3-1-3（c）］。

调节方法如下：

① 面线张力的调节：面线被夹线器的夹线板所夹持，旋紧夹线螺母，面线张力增大；旋松夹线螺母，面线张力则减小。

② 底线张力的调节：底线张力的大小可以通过调节摆梭梭心钩簧片上的螺丝来调节。

③ 缝制薄型部件时，每一针所缝的长度会变短，故需要减少挑线簧的张力；缝制厚型部件时，则正好相反，需要加大挑线簧的张力。

（2）压脚压力的调节　压脚是配合送料牙输送被缝物件的，其压力需要随被缝物件的性质及厚薄而调节。如压力过大，会使被缝物件皱缩，针距长短不均；压力过小，则压不实物件，缝线也不紧实。

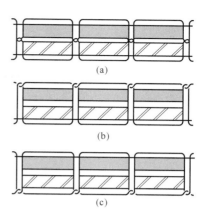

图 3-1-3　底面线张力情况示意图
（a）正确的缝线张力　（b）面线张力大于底线张力　（c）面线张力小于底线张力

旋进机头顶部的调压螺丝，压脚的压力增大；旋出调压螺丝，压脚的压力则减小。

（3）针距的调节　将机头左侧上部针码密度调节杆的锁紧螺母旋松，向上推升调节杆，针距加大；向下推降调节杆，针距则减小（平板式缝纫机针距的调节与此正好相反）。调节完毕后应将锁紧螺母重新拧紧，以免机器振动引起针码密度的改变。

（4）固针杆高度的调节　将螺丝刀插入机头针杆控制螺栓的孔内，旋松针杆连接轴内的螺丝，然后上下移动针杆，使摆梭的梭尖对准机针的中心线，梭尖距机针穿线孔上边缘约 1.5mm，然后拧紧螺丝。

（5）送料牙高度的调节　旋松送料牙的紧固螺丝，调节送料牙高度，使牙齿尖伸出针板平面约 1mm，然后拧紧紧固螺丝。

（二）高台式缝纫机

高台式缝纫机工作台面为立柱状，梭心安装在立柱上端，为旋梭结构（图 3-1-4）。

1. 高台缝纫机的基本结构

高台缝纫机结构采用连杆挑线、旋梭勾线、针杆上下直行动作，有倒顺车功能，具有运转平稳，操作方便、灵活，线迹整齐美观，维修方便，不易损耗的特点。

单针机与双针机的区别：双针机的机针、夹线板、挑线钩、旋梭等均为两套系统，而单针机只有一套系统。

2. 旋梭的缝纫原理

旋梭即为旋转梭，缝纫原理与悬臂式缝纫机基本相同，所不同的是旋梭依靠梭子的旋转钩线形成绞合线环进行缝纫的。

旋梭在梭床内作圆周运转，与此同时机针作上下运动，梭尖与面线向下形成线环钩线，底面线相互绞合形成线圈（线扣），这时挑线杆随即挑线收紧线圈，即完成一针的缝纫动作（图 3-1-5）。如此循环连续，即可将缝纫一直进行下去。

3. 缝纫机的调试

缝纫机的操纵与调试与摆梭缝纫机基本相同。

（1）机针的安装　机针的一面有线槽，起藏线的作用，当机针扎进鞋帮时，缝线可随线槽进入鞋帮材料内部，形成线环与底线交叉绞结，达到缝纫的目的。安装机针时线槽的

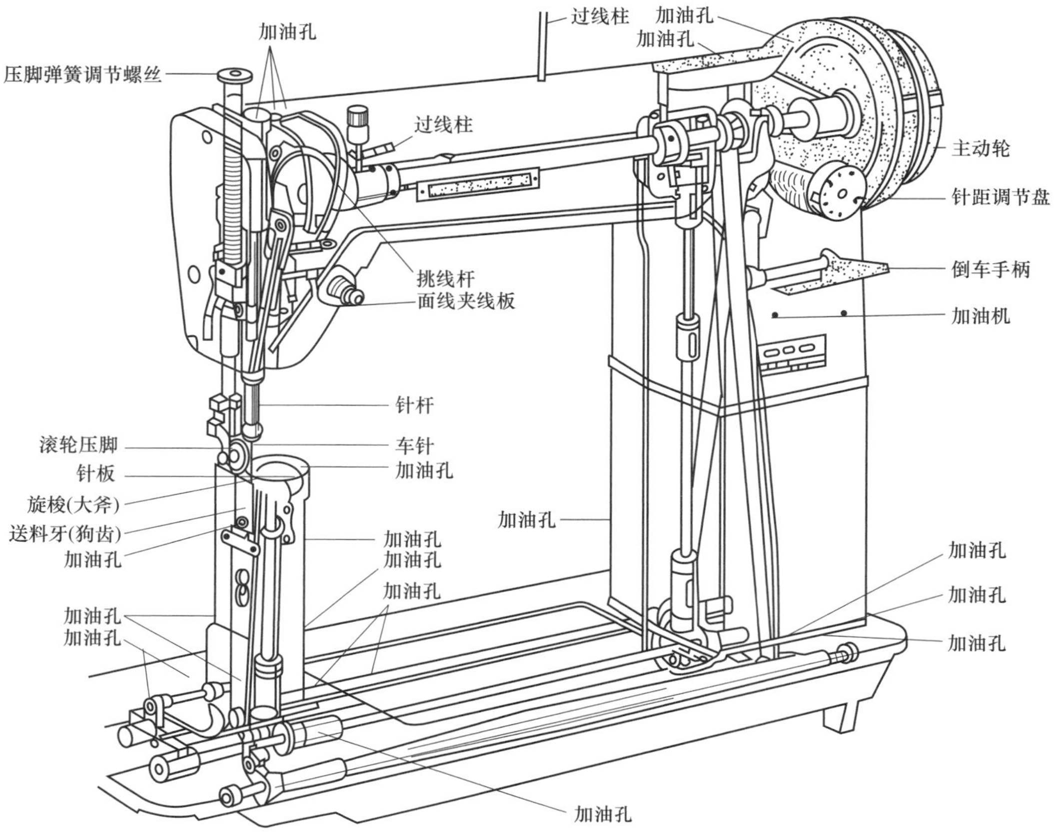
过线柱
加油孔
加油孔
加油孔
压脚弹簧调节螺丝
过线柱
主动轮
针距调节盘
挑线杆
面线夹线板
倒车手柄
加油机
针杆
滚轮压脚
车针
针板
加油孔
旋梭(大斧)
送料牙(狗齿)
加油孔
加油孔
加油孔
加油孔
加油孔
加油孔
加油孔
加油孔
加油孔
加油孔
加油孔
加油孔

图 3-1-4　高台式缝纫机结构图

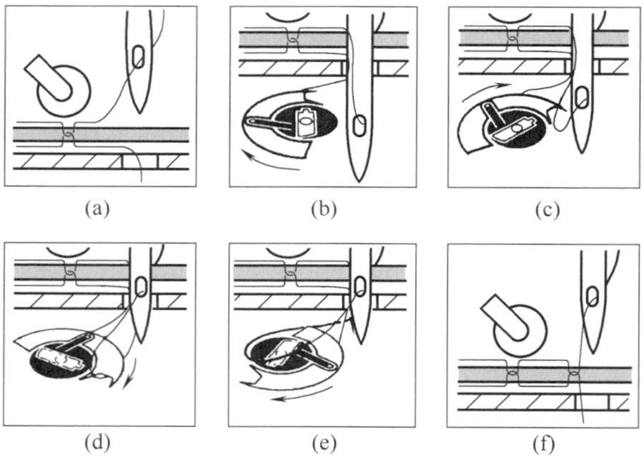
(a)
(b)
(c)
(d)
(e)
(f)

图 3-1-5　旋梭缝纫原理

（a）起针　（b）进针　（c）钩线　（d）提针　（e）绕线　（f）挑线

一面应朝左，否则容易产生断针、跳针、断线等缝纫缺陷。机针安装时，必须将针装到顶部，不得留有空间。

（2）缝线张力的调节　缝线的松紧度应该根据鞋帮的材质与结构特点的不同而有所区别，缝纫机的夹线板是调整面线的松、紧度的重要部件。夹线板的螺丝按顺时针转动车线可调紧，逆时针转动则车线调松。

旋转梭芯簧片的螺钉可对底线的张力进行调整，逆时针旋转时底线可调松，顺时针旋转底线则可调紧。调整前，必须关闭电机、踩住刹车，以防止旋梭尖被打坏或者发生操作事故。

三、缝纫机的针与线

缝纫机针与线必须按缝合部件的材料性能、厚度以及缝合强度、针脚类型和线迹的工艺要求进行合理选配。

（一）针的选配

1. 缝纫机针的针号

缝纫机针的粗细用针号表示。由于生产厂家和执行的制造标准不同，针号的表示方式也就不同，皮鞋帮缝制所使用的针号主要有以下几种：44×90（即 8 号针），44×100（即 9 号针），44×110（即 11～12 号针），44×120（即 14 号针），44×130（即 16 号针），44×140（即 18 号针），44×150（即 20 号针）。

机针粗细与缝纫线选配的基本原则如下：

① 依照缝纫材料的软硬和厚薄选定机针和缝纫线的粗细，薄、软材料采用细针与细线，厚、硬材料则选用较粗的机针和缝线。

② 缝纫线必须填满被缝材料上由机针所穿透的针孔。

③ 缝纫线的粗细必须正好充满机针上穿线孔的宽度。

④ 当穿有缝纫线的机针插进针板时，缝纫线仍能抽动。

2. 机针的针尖形状及选择

缝纫纺织材料和薄软的皮革时，应采用圆锥形和圆球形（珠形）针尖，有助于扩展纤维，不至于切割或损坏织物及皮革的粒面；对于皮革、热塑橡胶、薄胶片、帆布等，应使用有切刃的机针（俗称刀针），它比标准针（圆针）更容易刺穿皮革，使摩擦温度降低，针孔的割口不至于削弱材料韧性。

缝纫机针的针尖有各种不同的形状。其目的是为了增加穿透力，减少材料与机针之间产生的摩擦热，减少机针对材料纤维（粒面）的损害。缝纫机针的形状主要分成以下四种：

（1）铲形尖（S）　机针的针尖为铲子状，针尖有扁圆形刃口，又分为横刃铲形针和纵刃铲形针［图 3-1-6（a）（b）］。

① 横刃铲形针：在缝料上形成珍珠式线迹，机针由侧面引线，切口宽度约占针杆直径的 1/7，切口和接缝边缘方向成直角。缝纫线的线迹挺直，可以有很高的针码密度而不损坏皮料本身的结构，一般用来缝制皮鞋帮，缝线浮于鞋面上。

② 纵刃铲形针：切口与接缝边缘方向平行。由侧面引线，因而缝线深深嵌入皮料中，线道挺且直，但接缝强度较弱。这种针尖适用于拉力较小的接缝和粗长线缝纫，特别适用

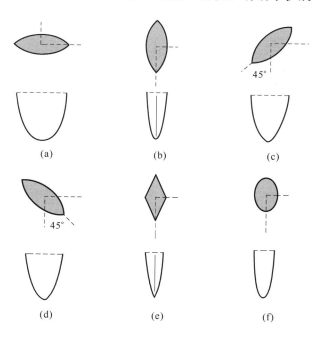

图 3-1-6　缝纫机针的针尖与截面形状

（a）横刃铲形尖　（b）纵刃铲形尖　（c）右皮尖

（d）左皮尖　（e）四面磨光尖　（f）珠形尖

较硬皮料的粗长装饰线迹的缝制，缝纫针码要适当调宽，若针码密了缝线容易拉透皮料。

（2）斜刃针尖　适合缝纫中等厚度的皮革材料以及装饰缝线的缝制，又分为右皮尖和左皮尖。

① 右皮尖（Lr）：即机针的针尖扁而锐利，切口与线缝成右倾45°角［图3-1-6（c）］，缝纫线迹在皮料上产生小角度向左倾斜的效果，并刚好能遮盖机针在皮料上的切口，针码不能过密，接缝强度介于横刃与纵刃针之间。适合缝一般皮革材料，是皮鞋最常用的针类。

② 左皮尖（LI）：机针的针尖扁而锐利，切口与线缝成左倾45°角［图3-1-6（d）］，主要用于人字（即摆缝）缝纫机缝制较硬皮料。因该机锁线角度的不同，缝线效果呈右倾45°线迹。用在平缝机和高台机上，线迹大致挺直，但不流畅，而且线不能完全盖住切口。

（3）四面磨光尖（VR）　包括向左、右倾斜的针尖在内，均属菱形针尖［图3-1-6（e）］。菱形针尖重心稳定，穿透力大而阻力小，适于缝制坚硬及干性皮革。缝纫线迹的效果分别与纵刃和斜刃效果相同，斜刃时线迹则略微向左面偏斜。

（4）珠形尖（PC）　珠形尖和球形尖均属圆形机针类。专缝细而软的皮革，如小牛、山羊、薄绒面革等。针距可以调整得很小（即针码密度大）。珠形尖针［图3-1-6（f）］也特别适用于漆皮革的缝合。

（二）缝纫线的选用

用于皮鞋缝纫线的材质和品种较多。天然皮质鞋面革缝制时适合使用蚕丝线和合成纤维长丝线（如涤纶长丝线）。用棉织物做鞋面时，应该用棉线或涤纶线。若使用化纤和混纺织物做鞋面时，应采用合成纤维线。一般情况下，缝纫的面线和底线均用同一种类型的线为佳。

1. 常用缝纫线的种类及特点

（1）棉缝纫线　棉缝纫线强力较高，没有光泽，伸长率低，耐热性高，缝纫性能稳定，抗静电性好，有良好的通用可缝性。但缩水率大，染色牢度差，不宜缝制高档皮鞋。用于皮鞋的棉缝纫线有棉丝光线、棉蜡光线两种。棉丝光线主要用于布面鞋帮的缝线，以及可与丝线（面线）配合作为皮鞋帮的底线。棉蜡光线的质地较硬，缩水率大，主要用于布面鞋帮缝制、毛皮鞋里拼接以及缝制鞋垫等。

（2）蚕丝缝纫线　蚕丝缝纫线的强力较高，极具光泽而美观，收缩性小，耐高温，且韧度高不易断线，缝纫性能好，但价格贵，主要用来缝制高档皮鞋和皮靴。

（3）苎麻缝纫线　苎麻线强力大，伸长率小，吸湿和排湿快速，耐磨性和韧度高。苎麻线的伸长率一般为5%左右，潮湿时强度增加40%～60%，主要用于皮鞋、皮靴的缝埂和缝底。

（4）涤纶线　涤纶线又有涤纶短纤维线和涤纶长丝线两类。涤纶线强力高，缩水小，弹性好，耐（酸、碱）腐蚀、耐磨、耐气候及耐霉变性好，热稳定和尺寸稳定性好，可缝性好，美观。

涤纶短纤维线主要用作各种皮鞋和运动鞋的缝帮装饰线以及靴子毡里缝线，也可广泛替代棉线，用作与面线配合的底线。

涤纶长丝线是蚕丝线的理想替代线，而且缝纫效果大有提高，用作各种皮鞋帮的面线。

（5）锦纶缝纫线　锦纶缝纫线（俗称尼龙线）均为长丝，有光泽，手感有蜡质感，收缩率大，强度和耐磨性高，弹性、耐疲劳性、耐（碱）腐蚀性、染色性、可缝纫性及耐霉变性好。但伸长率大，耐热、耐光和耐黄变性、保型性等较差，不适于高速缝纫机使用。锦纶缝纫线主要用作较低价位皮鞋、皮靴的缝纫线，以及缝埂线、缝帮装饰线和靴子毡里缝线。

（6）涤棉包芯线　用涤纶长丝作为芯线，用棉作为外包线。涤棉包芯线强力高，耐热、可缝性均好，美观，能适应 4500r/min 以上的高速缝纫，但价格高，一般用于高档皮鞋。

（7）混纺线　即棉或麻与尼龙的混纺线。此线为多股，无光泽，线股会起毛。大多用来作为缝纫底线，不易扭卷。因为缝线扭卷易阻塞底梭，送线不顺，造成沉线或断线现象。

2. 缝纫线的规格

缝线的规格包含粗细和合股数两项内容，应根据缝制材料的密度、厚薄、重量和缝合结构进行选择。线的粗细规格选用不当，影响缝纫效果。如缝皮鞋时选线较细时，影响强度；针线不匹配产生跳针；过粗容易产生皱缩等。

缝纫线的规格由单纱或单丝的特数和合股数来表示，如 14.8tex×3 涤纶线，167tex×3（150den×3）涤纶长丝线。通常鞋用织物或皮革材料越厚用线就越粗，而且面线稍粗于或接近于底线。

皮鞋缝纫线的粗细规格，也有使用简单的线号表示的，如 80、60、40 细线（线号越大线越细）；1×3、2×3（即 30 号）、3×3 粗线（线号越大线越粗）。

3. 缝纫线的断裂强度

缝纫线的断裂强度均以单线强力指标表示。鞋用线单线强力较高，如鞋面线一般不低于 490cN/50cm，底线不低于 295cN/50cm。

另外，对缝纫线的强力变形系数也有较高的要求。如棉线的强力变形系数不大于 10%，涤纶线不大于 13%。

各种材质缝纫线的强度比较的情况如下：

① 按照缝纫线的材质：蚕丝线＞短纤维线。

② 按照缝纫线的纤维长短：锦纶长丝＞涤纶短纤＞棉。

③ 按照各种线的耐磨性高低：锦纶＞涤纶＞棉。

4. 缝纫线的捻度和捻向

缝纫线的加捻作用是为了提高强度。捻度太小即捻度不够，容易断线；捻度太大则在形成线环的过程中，绕机针垂向轴心回转，造成棱尖钩不住线环而引起跳针，或产生绞结现象，影响供线从而导致断线。总之，无论面线的捻向如何，其捻度均不可太大。

（1）检验捻度的简便方法　取 1m 长的缝纫线，抓住线的两端连成一个环，并让其自然下垂形成一个大圈，由于缝纫线的捻度作用，大圈会向单一方向旋转，大圈旋转的圈数越多，表明捻度就越大。一般情况下，缝纫线比较合适的捻度应该是大圈旋转的圈数在 6 圈之内。

（2）线的捻向　分为左捻和右捻。左捻即"Z 捻"，也称反（逆时针）捻，用右手食指在拇指腹上由右向左或由下向上搓捻，将线头竖起察看其纱支呈左下右上的走势。右捻即"S捻"，也称顺（顺时针）捻，用右手食指在拇指腹上由左向右或由上向下搓捻，将线头竖起察看其纱支呈左上右下的走势。

在合股数相同的情况下，S捻比Z捻的直径大，所以选择针号粗细时要考虑捻向对线粗细的影响。使用Z捻线时可选配较细的机针。

S捻的耐磨性要比Z捻的高，但它的重复弯曲疲劳性能比Z捻的小。在实际应用中，锁式缝纫机的缝纫线广泛使用Z捻线，特别是锁式线迹单针缝纫机，其面线一定要选用Z捻线，若用S捻线会使断线率上升，同时线的强度有所下降。而在链式线迹缝纫机上，则Z、S捻均可使用。

5. 缝纫线的其他理化性能

（1）颜色和色牢度的选择 要经常检查选用的缝纫线在帮面样品上的缝制情况和颜色情况。缝纫线的颜色比帮面材料的颜色深半级至1级为宜。

线的色牢度目前分为耐光色牢度和摩擦色牢度（包括干/湿），一般为4级或3级。

（2）耐腐蚀性的比较和选择

耐酸性：涤纶线＞锦纶线＞棉线。

耐碱性：棉线＞锦纶线＞涤纶线。

耐老化性：涤纶线＞棉线＞锦纶线。

（3）吸湿性和弹性的选择 缝制皮鞋、皮靴时，应选用弹性较大的高强力涤纶长丝线和锦纶长丝线。皮鞋缝底线应选择吸湿性好的苎麻线，能保证针孔密实、不漏水。

6. 缝纫线消耗用量的计算

鞋帮缝纫线的消耗用量简称"线耗"。线耗的影响因素与针码的长度、针距、线迹尺寸、线的张力、织物与线的强度都有关系。一般情况下，可按下式计算：

$$线耗=单位距离内的针数×2倍（针距+材料厚度）×线迹长度+5\%损耗$$

在同样线迹条件下，由0.5mm厚的单层料改用1.0mm厚的双层材料，线的用量增加12%；而在同样的材料上，针码由4针/cm缩小至5针/cm时，线的用量增加10%。

7. 使用缝纫线的注意事项

① 使用化纤缝纫线时，需用3号机油浸渍，可避免摩擦生热和打卷。

② 需进行熨平和熨烫帮面操作时，应在化纤线上刷些冷水，防止缝纫线熔断。

③ 使用烘线头机时不宜靠得太近，更不能烘得太久。

四、缝纫机的保养与维护

① 加油是维护缝纫机正常运转的一项保护性措施，由于缝纫机不停地高速运转，产生磨损，加油就是为了减少磨损，延长设备的使用寿命。上午、下午、晚上各加一次油，每次加5~8滴为好，旋梭部位需要适当增加2~3滴。

② 在生产中必须避免或少踩空车，否则会加剧送料牙和滚轮压脚的磨损。

③ 倒底线要保持中速，尽量减少对机器的磨损。

④ 下班时关掉电机开关，加油，清洁机头、机台，压脚打开，盖好机车护罩，熄灯。

⑤ 在生产中，听到或发觉机头和电机异常声响，应立即关闭电机，及时请检修人员进行检查和修理。

⑥ 鞋帮不能堆放在机上过夜。

五、缝纫过程中常见问题以及排除方法

缝纫机在使用过程中，不可避免地出现断针、跳线、断线、针距不匀等问题，必须采取措施予以排除。

1. 断针

① 缝制部件厚、硬，机针太细，应更换机针。

② 缝制部件厚薄不匀，缝纫速度太快，机针发生偏移。应根据缝纫部件的厚薄情况，适当掌稳部件，控制缝纫速度。

③ 缝纫时推拉部件用力过大，引起机针弯曲，碰撞针板导致断针。应扶正部件，均匀推拉。

④ 压脚与针板孔位置不正，应将压脚调整适当。

⑤ 梭尖与机针的间隙、高低位置不当，需维修缝纫机。

2. 跳线

缝纫过程中，面线不能把底线钩上来称为跳线，产生的原因如下：

① 机针的粗细与缝制部件的厚薄不相称，或机针的粗细与缝线的粗细不相称，应更换针线。

② 机针弯曲，机针安装高低不正或方向歪斜，造成梭尖钩不住面线，形成跳线。应更换机针或者重新装正。

③ 机针使用时间过长，导致针槽磨平，应更换机针。

④ 缝制部件上有黏性或刷胶时胶水过多产生黏性，应及时清除黏性物质或在部件表面上擦拭机油，或用白蜡给缝线增加光滑度。

⑤ 挑线簧弹力过大，应放松挑线簧弹力。

⑥ 压脚压力过小，应旋进压脚螺丝，增强压力。

⑦ 反手线应重新穿线。

3. 断面线

① 面线太紧，使缝线起毛。应旋松面线夹线板上的螺丝，或调整线轴位置。

② 穿线步骤错误，应重新按正确顺序穿线。

③ 机针孔粗糙，有毛刺，应更换机针。

④ 缝制部件太厚，机针太细，应更换机针。

⑤ 机针粗细与缝线粗细不相称，应更换匹配的针或线。

⑥ 缝线质量差或粗细不匀，应更换缝线。

⑦ 机针靠压脚轮边口过近，压脚摩擦缝线，应调整压脚与机针的距离。

4. 断底线

① 梭心绕线不匀，有松、乱、散的现象，应重新绕底线。

② 底线太紧，应适当旋松锁壳螺丝，并相应调整好面线。

③ 针板孔有毛刺或送布牙太锋利，造成同时断面、断底线。应用细砂布将针板孔及送布牙打磨。

5. 针距疏密不一

① 送布牙螺丝松动，应及时更换螺丝并旋紧。

② 被缝部件前有阻力，应清除障碍物。

③ 缝制部件厚薄不匀，甚至部件厚度忽高忽低，应两手扶正部件，适当推拉。

[思考与练习]

1. 按工作台板的形式划分，缝纫机种类有哪些？

2. 按机针的多少划分，缝纫机种类有哪些？

3. 按缝纫机的功能划分，缝纫机种类有哪些？

4. 掌握悬臂式和高台式缝纫机的结构和操作方法。

5. 机针粗细与缝纫线选配的基本原则是什么？

6. 机针的针尖形状有哪些？

7. 常用缝纫线的种类及特点是什么？

8. 掌握缝纫线的规格及相关理化性能。

9. 掌握缝纫线消耗用量的计算方法。

10. 常见缝纫过程中造成的缺陷有哪些？分解简述其排除方法。

第二节　鞋帮的缝合方法

[知识点]

□ 掌握常见的缝合种类。

□ 掌握不同缝合方法的特点。

[技能点]

□ 掌握不同缝合种类的操作方法。

□ 根据缝合方法的不同制定缝合规格。

□ 明确不同缝合方法的操作注意事项。

缝合的目的是为了鞋帮组合装配，是帮面构成的主要手段，也是装饰鞋帮、美化帮面的重要方法，缝合的质量直接影响皮鞋结构的牢固性、定型的持久性。

缝合的形式变化较多，归纳起来，都是由基础结构形式排列组合而成，常见的缝合基本结构形式可以分为七大类型。

一、合　　缝

两个部件正面相对，边口对齐，并沿着边口缝一道线的方法，即合缝。由于只缝一道线，同时为了避免缝埂太大影响舒适性，缝线距边口的距离一般都比较小，容易出现断线的现象，因此还需要用其他部件（如立柱、后条或补强条、尼龙带等）进行补强和加固。

合缝一般用在后帮合缝、后跟里合缝、前帮围条与盖合缝，前帮围条前端中缝的合缝、前帮围条与后帮的对接合缝等，有时也用在前帮中缝的合缝上。其特点是缝线不外露，可避免缝线被磨损或磨断。

合缝一般有三种方式，即通常采用的普通合缝法、合缝压线缝法、合缝压贴条（立柱）缝法。

1. 普通合缝法

普通合缝法常用于女式鞋后帮中缝部位的合缝、鞋帮里怀腰窝部位的两部件的对接合缝、后帮外包跟（件下部中心）部三角叉的合缝（图 3-2-1）。

（1）操作方法

① 两片部件按同一编号和内外侧搭配妥当，粒面相对，上口与边缘轮廓对齐，防止产品内外怀高低不平。

② 用手握紧两片部件，送入压脚轮下压住，防止松动错位。

③ 距边 1.0～1.2mm 处缝一道线，起止位置打 2～3 针回针加固，防止缝线松散，针距 10～11 针/20mm，一般使用 9 号机针配 60 号线。

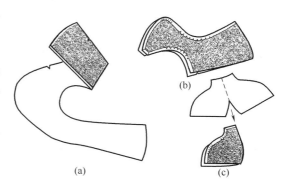

图 3-2-1　普通合缝法示意图

（a）内怀对接合缝　（b）后帮合缝　（c）后包跟合缝

④ 缝完后肉面刷水回软，用竹片顺合缝将棱茬刮平，在案板上用锤子轻轻敲平合缝的棱茬。

⑤ 补强处理。在鞋帮后缝的肉面上，沿合缝的棱茬粘贴 10～12mm 宽的尼龙补强带以增加牢度，或用 10～15mm 宽的衬布条在肉面棱茬处覆盖粘贴加固。

（2）注意事项

① 在搭配内外侧时，两个合缝部件的软硬厚薄要一致，避免绷帮时两侧延伸性不一致，造成鞋帮歪斜。

② 操作时，边口（尤其上口）要对齐，并注意防止下层部件收缩，导致下层部件缝线过窄，影响强度。

③ 缝线距边必须一致，最窄不能少于 1mm。如果缝线距边太窄，在绷帮受力后会使帮面皮革产生针孔断裂，影响产品质量。

④ 不得有跳线、断线等缝纫缺陷，如果出现断线，必须重缝，缝线接头应按原针眼打回针 2～3 针接牢，不能松散。

⑤ 合缝处压粘 10～12mm 宽的尼龙单面胶补强带，要贴平粘牢。

2. 合缝压线缝法

针对强度要求较高的皮鞋，为了加强后帮合缝后的强度，需要将后缝敲平并粘贴补强衬带或皮条，然后再在帮面合缝的两边各缝一道压线，以防止后缝的合缝线被拉开（图 3-2-2），这种方法称为合缝压线缝法，常用于男式皮鞋、劳保鞋、军用皮鞋、登山鞋等后帮合缝。

图 3-2-2　合缝压线缝法示意图

操作方法如下：

① 两片后帮左右搭配好，粒面相对，上口对齐，防止产品内外怀高低不平。

② 用手捏紧两片部件，送入压脚轮下。

③ 距边 1.2mm 处缝一道线，起止处打 2～3 针回针，针距 10～11 针/20mm，一般使用 9 号车针配 60 号线。

④ 肉面刷水回软，刮平缝棱，用锤子轻轻敲平缝棱。

⑤ 补强处理。在鞋帮后缝的肉面上，沿合缝的缝棱粘贴 10～12mm 宽的衬布条或薄皮革鞋里，距中缝 1.0～1.1mm 两边各缝一道压缝线，将鞋面与衬条缝合在一起。

3. 合缝压贴条（立柱）缝法

常用于男式皮鞋后帮合缝，操作方法同普通合缝法，合缝操作结束后，在合缝部件帮面上压缝贴条加固（图 3-2-3）

图 3-2-3　合缝压贴条（立柱）缝法示意图

二、拼（平）缝法

两个部件边缘并齐后，使用摆针缝纫机沿后缝轮廓线缝"齿形线"（也称之字线）。拼缝后，两个部件平整无棱地拼接在一起，所以叫拼缝法（图 3-2-4）。

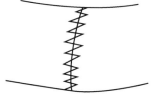

拼缝法常用于花式、自由分割式、内外怀两片式等鞋帮的拼接，直接将"之字线"暴露在鞋帮表面上，具有独特的外观缝合效果。

拼缝法也常用于毛皮鞋里的拼接上，可使毛里拼接后毛绒平整，不露痕迹。

图 3-2-4　拼缝法示意图

为了确保缝合强度，也可在拼接的"之字线"上再覆盖诸如保险皮、立柱、外包跟等部件，可以大大提高鞋帮的接缝强度，同时能遮盖拼接的线迹。因此，拼缝法也常用在运动鞋、休闲鞋、登山鞋、军用鞋和劳保鞋的后缝上，拼缝操作可扫二维码 3-1。

二维码 3-1
拼缝操作

1. 明拼缝

操作方法如下：

① 将内、外怀后帮的后弧轮廓边缘对齐，使用拼缝机（摆针缝纫机）沿后弧中线拼缝，起针和收针处必须打 2～3 针回针，防止缝线松散。

② 拼缝机使用 14 号针、40 号线，针距为 5 针/10mm（10mm 长度内左右摆动的针数），线宽 5mm（左右摆动缝线的宽度）。

2. 暗拼缝

如需对拼缝位置加固，必须在拼缝之后再在面上加装立柱、保险皮、外包跟等部件，加装部件后，拼缝"之字线"被遮盖，因此称为暗拼缝。

操作方法如下：

① 贴缝立柱、保险皮时，一般鞋类应该距边 1.3mm，沿其边缘缝一道线，将部件缝合即可；对于劳保鞋、军鞋、登山鞋等重型鞋类，贴缝立柱边沿必须缝合 2～3 道缝线，第一道线距边 1.0～1.5mm，第二道线距边 2.0～2.5mm，第三道线距边 3.0～3.5mm（或缝离线）；第三道线缝至上口边 4～5mm 处时，缝成三角形状。

② 在镶接并粘贴好的立柱部件上面其边缘若是折边时，距边 1.3mm 缝一道线；若上面部件边缘为毛口时，距边 1.5～2.0mm 缝一道线。

③ 一般男鞋帮采用 11 号针、40 号线，针距 9～10 针/20mm；女鞋帮采用 9 号针、60 号线，针距 10～11 针/20mm。

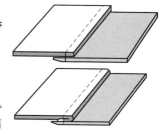

图 3-2-5　压茬缝法

三、压 茬 缝 法

一个部件压在另一个部件上，沿面上部件边缘缝一道或几道缝线的接缝方法，也叫搭接缝法（图 3-2-5）。压茬缝法的结合牢度最强，表面较为美观，一般应用于鞋帮的明显都位和对牢度要求较高的部位，如三接头式的包头线、镶盖式的前帮盖线、耳式的镶鞋耳线，以及镶外包跟、前后帮的总装缝接等，压茬缝法操作可扫二维码 3-2。

在部件压茬缝合前，需要将两个部件临时黏合镶接在一起，使鞋帮部件装配结果达到设计要求并便于缝帮的操作。部件与部件的边缘相互重叠在一起时，上面的部件一般称为上压件或镶件（部件边缘可采用毛边或折边处理），下面的部件则称为被压件、下压件或接件。在下压件上相对重叠的边缘宽度称为压茬量。

二维码 3-2
压茬缝法操作

由于镶接是缝帮前期各种零部件组合的基础工序，镶接得准确与否将直接影响缝帮及成鞋质量。因此，镶接操作必须严格按照样板或部件上的标志点进行，以确保成品鞋帮符合设计标准，使批量产品的规格一致。镶接的方式有两种，部件之间呈平面状态的镶接称为平面镶接，呈曲面状态的称为有跷镶接。

1. 平面镶接

平面镶接的部件多处于鞋楦较为平坦的部位，也常用于在大部件上镶接小的部件或用在装饰部件上。平镶时多采用双面胶带，部件与部件之间采用平铺法粘贴搭接后进行缝合。

平面镶接的基本粘贴定位方法有按样板镶接（图 3-2-6）、按标志点或标志线镶接（图 3-2-7）、按组合的图形镶接（图 3-2-8）等。

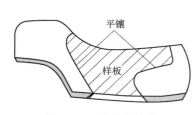

图 3-2-6　按样板镶接

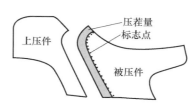

图 3-2-7　按标志点或标志线镶接

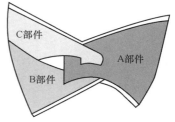

图 3-2-8　按组合的图形镶接

操作方法如下：

① 镶接时，按照标志点（线）先在部件的粘贴面上刷胶或粘好双面胶带，然后按顺序粘贴好镶接部件，上压件边缘盖住下压件上的标志点、线约 0.5mm，要求粘贴平坦、顺畅。

② 在部件间镶接结束、核对无误后，用榔头敲打镶接的粘贴部位，粘贴牢固后进行

缝合。

2. 有跷镶接

有跷镶接的部位大多处于楦面跷度变化较大的部位，也是部件需要进行曲跷处理的部位，如鞋盖与围条之间以及鞋舌与后帮部件之间的镶接。

以鞋盖与围条之间的镶接为例（图 3-2-9），在鞋盖部件镶接时，一般需要将鞋盖部件两侧的跖趾部位边缘（鞋背转弯处）分别拉长 3～4mm，然后再与围条部件镶接，使镶接部位（即跖跗部位的跗面）呈曲面状。通过有跷镶接，可使部件组合后的形体更接近鞋

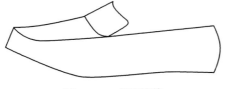

图 3-2-9　有跷镶接

楦，有利于绷帮和定型。

3. 压茬缝法的缝合标准

① 镶接并粘贴好的上压件，边缘若是折边时，距边 1.2mm 缝一道线；上压件边缘为毛口时，距边 1.5～2.0mm 缝一道线。

② 男鞋帮采用 11 号针、40 号线，针距 9～10 针/20mm。女鞋帮采用 9 号针、60 号线，针距 10～11 针/20mm。

③ 部件镶接缝合线道数的多少，可根据压茬部位受力情况而定，穿着受力大的部位缝线道数可适当增加，最多可缝 4 道线。镶接缝线的具体线道数按设计的技术说明书执行。

4. 操作方法

① 在下压件上将搭接的标志点或线描画清晰（或直接粘上做帮样板），刷胶（或粘贴双面胶），胶指触干，待用。

② 上压件边缘折边（或将毛绒清理干净的毛边），在反面的边缘粘贴处刷胶，胶指触干，待用。

③ 将上压件的镶接边缘对准下压件上的标志点、线（或样板轮廓），注意边缘应压过标志点、线 0.5mm，平面或有跷粘贴准确，用榔头轻捶粘贴部位使其镶接牢固。

④ 将镶接粘贴牢固的部位送入缝纫机的压脚轮下，沿上部件的边缘轮廓距边 1.2mm 缝一道线，若有两道缝线时，待缝完第一道线后，再距缝线 1.0～1.2mm 缝第二道线。

5. 线迹模式

缝线的基本线迹有单线、并线、离线和混合等四种模式（图 3-2-10）。

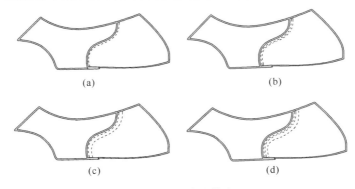

(a)　　　　　　　　　　(b)

(c)　　　　　　　　　　(d)

图 3-2-10　线迹模式

(a) 单线　(b) 并线　(c) 离线　(d) 混合线迹

（1）单线　使用单针缝纫机，沿镶接部件的边缘缝一道线即可。其特点是线条细小、柔弱、含蓄、单纯与简约，但缝纫强度较低。

（2）并线　使用单针或双针缝纫机缝两道相互并列的线迹。一般情况下，并线的线距为 0.8～1.2mm。并线线迹的轮廓分明，清晰爽朗，温馨素雅，而且具有较好的缝纫强度。

（3）离线　使用单针缝纫机缝合两道相互离开的线迹。其缝纫顺序和方法与单针并线不同，首先按离边较宽的边距缝第二道离线，然后回转过来再缝靠边的第一道线，一般离线的线距为 3～4mm。离线缝法的最大优点是缝线紧扎平整，离线缝的皮革不会扭曲和错位，具有很高的缝纫强度和坚固性。

（4）混合线迹　即并线与离线同时存在的一种缝线模式，集两种线迹特点于一身，线迹清晰，轮廓突出，多用于男式正装鞋类。

6. 压茬缝法的注意事项

压茬缝法是最常用的缝帮工艺。第一道缝线的边距，应根据款式结构的不同而变化，具体确定的边距标准，需注意以下几点：

① 包头与前中帮压茬时，包头上的第一道缝线要求距边宽度为 2mm。因为包头镶接边口厚，距边稍宽一点，可显得轮廓线条圆润丰满。

② 内耳式的前帮口门轮廓缝线要求距边 1.5mm。因为前帮口门攘接处的重叠层数较多，口门呈现弧形弯曲，距边线稍窄一点，显得平整、圆滑。

③ 鞋盖压接围条时，前帮盖上的第一道缝线距边 1.5mm 为好。

④ 前帮围条压接鞋盖时，围条上的第一道线距边为 1.2mm。

⑤ 压茬缝线的线道数较多时，第一道缝线距边不宜过宽，一般距边 1mm。

压茬缝合的第一道缝线距边宽窄，应根据鞋面材料的特性和鞋帮式样的结构特点而定。鞋面材料薄软的边距应窄一点，面料厚实的边距应略宽；鞋帮结构受力较大的部位，第一道线应距边宽些，以确保它的缝合强度，如包头线、鞋盖线等；压茬部件边缘要求平整的，其第一道缝线距边则适当窄一些；鞋帮式样结构线条的风格要求不同，第一道线的边距也应该有所区别，清秀素雅型的边距可窄一些，端庄厚重、粗犷型的边距可适当放宽一些。

四、翻　缝　法

翻缝多为二次加工工艺，第一次按工艺标准进行部件缝合，第二次则根据要求，对部件进行翻折。通常翻缝有三种方法，即暗线面翻缝、暗线里翻缝和明线里翻缝。

1. 暗线面翻缝

暗线面翻缝的基本缝法与合缝法都是鞋面对合之后沿边缝一道线，但这两种缝法的区别还是较大的。主要表现在以下三点：

① 鞋面对合后状态不同。合缝时是一次性完全对齐，暗线面翻缝则要根据部件缝合过程中的具体情况，边缝边对齐。

② 缝合的边距不同。合缝时缝线距边 1.0～1.2mm，而暗线面翻缝的边距有 3～4mm。

③ 缝线之后鞋面处理的方式不同。合缝法是将鞋面向两边同时翻转后轻轻敲平棱茬，并粘贴补强带，而暗线面翻缝缝合后只是上压部件向外翻折至缝线边口，并要求不能露出

针脚，先将缝口敲平，然后在缝线处涂刷胶水或贴上不干胶双面胶带，再将缝线的边口粘牢敲平成折边状态。

暗线面翻缝的特点是部件表面不露缝线，可避免缝线受到磨损，而且帮件相接处线条清爽、素雅，表面光滑美观。

以前帮围条与前帮盖的暗线面翻缝为例（图 3-2-11），操作方法如下：

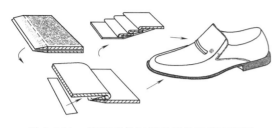

图 3-2-11　前帮围条与前帮盖的暗线面翻缝

① 前帮盖为被压件，其边缘需要片边留厚；前帮围条为上压件，它的边缘按折边要求片边出口，边缘较薄。

② 在前帮围条的反面，按照做帮样板的边缘轮廓距边 3～4mm 画好折边标志线或者事先沿折边线轻轻敲捶一下，使其出现折痕线，然后按折痕线边缘缝合，以利于缝后容易翻折，其边缘均匀平伏。

③ 将前帮围条与前帮盖部件的粒面相对，围条放在上面鞋盖放在下面，边口对齐，沿前帮围条反面的折边标志线（或折痕）缝一道线。需特别注意要一边缝线一边对齐围条与鞋盖的边缘。

注意起针和收针处必须打 2～3 针回针，防止缝线松散，以增加牢度。一般使用 9 号车针配 60 号线，针距 10～11 针/20mm。

④ 在围条边缘缝线处的肉面刷上胶水，晾干（或者粘贴 5mm 宽的双面不干胶带），再将前帮围条向外翻折、展开、黏合、敲平。

注意在围条的凹弧轮廓边缘打剪口，否则翻折时会不平整。并要求前帮围条折回后的边口将缝线遮盖住，不露针脚。

⑤ 若暗缝围条翻转后需压缝宽边线或再并线的（图 3-2-12），暗缝时可事先沿着鞋盖边缘距边 2～3mm 向里画一条线（注意鞋盖边缘应适当放宽搭接量），然后围条边缘与这条画线对齐缝合，并将围条按折边的折痕翻转黏合，最后再依照折边轮廓距边 3～4mm 压缝宽边线。

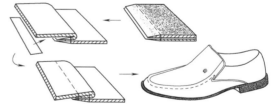

图 3-2-12　暗线面翻缝后压缝宽边线

⑥ 压缝宽边线时，一般男鞋帮采用 11 号针配 40 号线，针距 9～10 针/20mm；女鞋帮采用 9 号针配 60 号线，针距 10～11 针/20mm。

2. 暗线里翻缝

暗线里翻缝是处理鞋口部位帮面与鞋里边缘缝合的方法之一。在鞋口边缘，将帮面与鞋里粒面对合，边缘对齐，沿边缝一道暗线，然后将鞋里连同鞋面翻转之后，再将帮面与鞋里同时折边，也称为"鞋口双折边缝法"。缝合后要求鞋里的折边必须低于帮面折边后的边口 1.0～1.5mm。暗线里翻缝可根据鞋口功能的实际需要，按照素雅、挺括或者丰满、柔软两种不同的结构方式处理，丰满的鞋口需要填充海绵（或填充薄薄的一

二维码 3-3
暗线里翻缝操作

层轻泡片），使鞋口既丰满又柔软，挺括的鞋口则无须填充物。

操作方法如下：

① 翻缝折边的帮面部件应按鞋里部件的轮廓边缘加放 5mm 的折边量，而鞋里部件的边缘则只需加放 3～4mm 的折边量。

② 后帮部件的鞋口边缘应为折边，故边缘需要片边，其片口要薄。鞋里部件的上口边缘为毛边或片切割边（边口留厚）。

③ 后帮部件的上口边缘，事先沿鞋里部件的边缘距边 3mm 均匀折边，并用榔头捶出折痕。

注意事项：若翻里后需要塞海绵时，里皮边缘不需片边，里皮边口需要足够的强度以适应海绵的弹力，此时，帮面应超出鞋里粒面边缘 1.2～2.0mm 与之对合后缝线。

若暗缝翻里后需要平整顺滑的后帮上口时，需缩减上口厚度，故不必填充海绵，而且鞋里皮边缘需要片边，此时恰好与填充海绵的鞋口相反，鞋里皮应超出帮面边缘 1.2～2.0mm 与其对合后缝线。

④ 缝纫机的压脚轮按鞋里上面的折痕缝一道线，应注意将鞋里部件的边缘牵引拉长一些，并在缝纫过程中将鞋里略向后牵引，而将帮面相反向前推送，以利翻转折边均匀平伏，并让帮面折边轮廓高于鞋里缝合边口 1mm 而且鞋里内层平整不出皱褶。

⑤ 一般使用 9 号针配 60 号线，男鞋针距一般控制在 10～11 针/20mm，女鞋针距为 11～12 针/20mm。

⑥ 沿后帮鞋口折边处刷上胶水，或者粘贴 0.5mm 宽的双面不干胶带，按事先的折边痕迹折边，并注意在凹弧轮廓边缘打剪口，折边后敲平粘牢。

⑦ 需要填充海绵时，可在翻折的同时进行，填充后应在海绵下边缘用双面不干胶带将帮面与里皮贴牢，并依照标画好的软口压线缝一道或两道线，将海绵封固在鞋口边缘部位。

⑧ 一般翻缝折边时鞋面的折边量为 5mm，而填塞海绵时翻折的折边量应为 4mm，填塞海绵后应使鞋口饱满、平伏，不漏空。

3. 明线里翻缝

采用明线里翻缝法制作的鞋帮部件，在鞋帮的表面能看到缝线，但在里面却看不见底线（图 3-2-13）。此种缝法也叫搭接翻里、反口线翻里缝法，大都用于男式正装、绅士鞋后帮鞋面与鞋里的缝合，其特点是底线不易摩擦，而且后帮上口边缘光滑整齐，提高了男鞋档次。

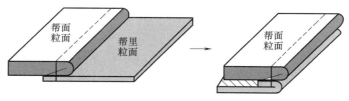

图 3-2-13 明线里翻缝

操作方法如下：

① 在后帮鞋里上口边缘的粒面上，距边口线 3.5mm 画一道标志线。

② 将后帮鞋面与后帮鞋里的粒面都朝上，把后帮鞋里的上口边缘放置于后帮鞋面折

边轮廓之下，让帮面的折边轮廓压盖鞋里边口的标志线约 1mm。

③ 沿着后帮鞋口折边轮廓边缘缝线，应注意边缝边对准和压盖鞋里边口上的标志线。

④ 针线搭配：女鞋使用 9 号针配 60 号线，针距 10～11 针/20mm；男鞋使用 11 号针配 40 号线，针距 9～10 针/20mm。

⑤ 缝合完毕，在帮面和鞋里缝合线及其边缘附近的鞋口肉面上刷胶。

⑥ 在鞋里的凹弧轮廓边缘上，需要按折边要求打剪口，剪口深度为鞋里缝线外边缘宽的 1/2 左右，深度大约 2.5mm。

⑦ 将帮面与鞋里的肉面对合，逐段将鞋里按帮面鞋口折边轮廓缩进 1mm 折边，边缘折边整齐、捶平粘牢。

五、滚 口 缝 法

滚口是一种缝边方法，先将滚口皮（也叫沿口皮）缝到鞋口边缘，然后将滚口皮向肉面翻折并包紧边缘，最后再紧贴滚口边缘缝一道线。这种缝法的特点可将鞋帮上口毛糙的边缘包裹住，使边缘变得光滑、丰满和圆润。

滚口根据造型需要可以分为滚宽口和滚细口，基本缝制过程如图 3-2-14 所示。

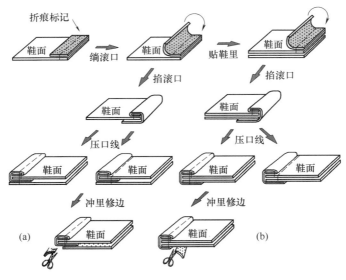

图 3-2-14　滚口基本缝制过程
（a）滚口包帮面　（b）滚口包帮面、鞋里

1. 操作方法

① 帮面部件需滚口的边缘为一刀光（毛边），滚口皮宽度为 10～12mm。

② 绱滚口皮。滚口皮粒面与帮面粒面相对，滚口皮边缘与帮面上口边缘对齐，送入压脚轮下压住，女鞋距边 0.8～1mm、男鞋距边 1.2～1.5mm 缝一道线。

③ 男鞋一般采用 11 号针配 40 号线，连同滚口宽度距边 1.3～1.8mm 或紧靠滚口边缘缝一道线，针距为 9～10 针/20mm；女鞋采用 9 号针配 60 号线，连同滚口宽度距边 1.3mm 或紧靠滚口边缘缝一道线，针距为 10～11 针/20mm。

④ 在滚口皮的肉面及帮面上口边缘的肉面刷胶，晾干待用。

⑤ 将滚口皮翻起来，刚好盖住滚口皮的线脚，然后再将滚口皮和帮面边缘一起按压捏紧，使其边缘粘贴在一起，并将滚口条翻到鞋的里面，多余部分与帮面的肉面层黏合，用滚口皮包裹住鞋口边缘；捏好的滚口一般宽度为 1.0～1.5mm（细滚口），也可按工艺说明缝合宽滚口。

注意：捏压滚口时用力要均匀，以确保滚口边缘粗细一致，并注意不要露出缝线的线迹。

⑥ 将鞋里部件之间镶接，形成完整的鞋里内套待用。

⑦ 粘贴鞋里。采用胶粘剂或双面胶带，将帮面与鞋里内套在鞋口处黏合固定，使鞋里上口边缘与帮面上口边缘对齐，并将滚口皮的多余部分夹在帮面与鞋里之间（或者先贴鞋里部件，然后再折滚口皮并将鞋里和帮面一起包住）。

⑧ 在捏好的滚口上距下边缘 0.5mm 或在帮面上紧贴滚口皮下边缘缝一道线，将帮面、滚口皮与鞋里缝合固定。

⑨ 沿缝线的边缘，距缝线 0.8mm 左右冲掉或修剪多余的鞋里。如果是滚口皮将鞋面与鞋里一起包住的滚口结构，也可不修剪滚口皮。

2. 注意事项

① 滚口皮一般可使用皮革、人造革、罗纹丝带等材质。

② 缝（绱）滚口时右手扶住鞋帮部件，左手牵引滚口皮与鞋帮部件边缘对齐，边对齐边缝线。

③ 在缝绱滚口的过程中，当缝至凸弧形轮廓时，左手大拇指将滚口条向前顶紧，使滚口条放松，向前缝制，凸弧弧度越小则滚口条越要放松。当缝制内凹形轮廓时，要将滚口条微微拖住，控制前进速度，内凹弧度越小则滚口条越要拖紧。

对滚口皮的牵引力应做到凸弧放松，内凹拉紧，直边均匀。否则会出现凸弧不平伏、凹弧起皱、直边粗细不一的质量问题。

④ 缝线距边必须一致。如果缝线距边进出不一，折滚口时就会粗细不匀，距边窄的部位凹进，待捏口之后，缝线针眼易爆裂，影响美观和牢度。

⑤ 底面线松紧必须调节准确，才能保证滚口质量。如果底面线过松，待捏好滚口后，容易外露缝线针脚。

⑥ 男鞋缝绱滚口的缝线与上述操作方法基本相同，区别在于滚口的粗细，男鞋缝滚口线的距边，一般控制在 1.5mm 较为适宜。

六、包边缝法

包边缝法有两种：一次缝合包边和二次缝合包边。

1. 一次缝合包边法

一次缝合包边（也叫包口）是指先将包边滚口条粘贴到位后一次性沿边缝合，或者直接将滚口条包缝在部件边缘上（图 3-2-15）。先包边粘贴后缝合的一般为手工操作，而直接将滚口条包边缝合的，采用包边机对部件实施包边操作。

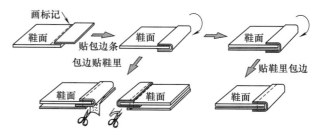

图 3-2-15　一次缝合包边

采用手工进行包边操作方法如下：

① 按设计的包口宽度（男鞋 5～6mm，女鞋 4～5mm）的要求，先在鞋帮正面上口画出标志线，按照标志线涂刷胶水，晾干后待用。

② 将包边滚口条的边口按所画的标志线粘贴整齐。

③ 将包边滚口条另一边向肉面折齐包紧，然后，在滚口条上面距边口（下边缘）1.2mm 缝一道线即可。有时，为了增强牢度也可沿包边滚口条坎下再缝一道线。

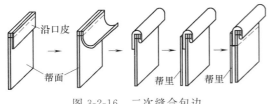

图 3-2-16　二次缝合包边

沿口皮

帮面

帮里　帮里

2. 二次缝合包边法

二次缝合包边即分两次缝合才完成的包口操作过程（图 3-2-16），其操作方法与滚口包边基本相同，所不同的只是包边的宽度比滚口包边要宽一些。

具体操作方法如下：

① 将包边滚口条的一边按宽度要求（一般距边 4～5mm）画出标志线，或将包边条的一边事先按折边宽度折边捶一下，使其出现一道折痕。

② 将包边滚口条与鞋帮部件的粒面相对，边口对齐，顺滚口皮肉面上的折痕缝一道线。

③ 在肉面边口涂刷胶水，然后将包边滚口条向上翻起，折边整齐并向鞋帮内部包紧。随后粘贴鞋里部件，或先贴好鞋里再进行包边。

④ 在包边滚口皮上面或靠紧滚口皮坎下缝一道线，也可以同时在包边皮的上面与坎下各缝一道线。

七、立埂缝法

立埂缝法即在鞋帮面上竖立起一条埂棱，其缝法有对缝立埂、平面抓缝立埂、绕缝捆埂、包边缝埂、挤埂等多种形式。特点是相对缝合出埂、有棱，具有强劲、粗犷、稳健的风格。立埂缝法大多采用专用缝纫机进行缝制，也可事先冲好针眼孔采用手缝完成，或者机缝与手缝配合缝制。

一般情况下正装鞋大多使用较细的针和线，可以使用一般缝纫机完成操作。休闲鞋和便鞋类因鞋帮皮革面料较厚，故使用较粗的针和线，多使用专用缝埂的缝纫机（马克车）操作。

1. 对缝立埂

对缝立埂是将鞋帮的两个部件边缘对齐，肉面相对，然后沿边等距离（约 3mm）缝一道线，再将其展开，轻轻敲平立埂。这种方法的立埂不宜太高，以免两部件的边缘外翻。因此，这种缝法要求边口具有一定的厚度和硬挺性，使用的针线不宜太细。

通常情况下，对缝立埂时采用的针线和针距情况如下：

① 细线对缝立埂采用 11～12 号机针（即 44×110），配 40 号细线，一般缝纫针距为 9～10 针/20mm。

② 粗线对缝立埂用 16 号机针（即 44×130），配 2×3（即 30 号）号线，缝纫针距为 6～7 针/20mm。

对缝立埂也可将对缝两部件的边缘片成 45°角之后再进行对缝，其立埂比较平滑。

2. 抓缝立埂

抓缝立埂即在平面上同时缝纫两道线，每当完成一个缝纫线扣后，由于两道缝线的底线相互绞合，产生拉力，使两道缝线之间的帮面被抓起而形成缝埂。

通常抓缝立埂是在一个部件的中部或两个部件镶接的边缘上进行的，可以使用摆线缝纫机也可以用双针缝纫机，当底线收紧后，在鞋帮部件的平面上即可形成立埂。

由于抓缝过程中线的拉力很大，因此用于抓缝立埂的针和线都比较粗，如若线太细，缝纫线之间的立埂揪不起来，即使揪起了立埂，也会因线的张力过大出现揪断线的现象。

通常情况下，抓缝立埂时使用缝纫机针 16 号（即 44×130），配 2×3（即 30 号）号线，缝纫针距为 6～7 针/20mm，摆线针距为 3.5～4 针/20mm，线宽 6～7mm。

3. 绕线捆缝立埂

将鞋帮的两个部件边缘对齐，肉面相对送入专用缝纫机的压脚轮下进行绕缝，然后将其展开，绕缝部分可出现立埂。也可将部件边口片削成 45°角，然后绕缝，形成的立埂比较低矮、平滑。

绕线捆缝立埂的针、线不宜太粗，以免捆绕之后针眼过大。一般采用 16 号（即 44×130）缝纫机针，配 2×3（即 30 号）号线，缝纫针距为 6～7 针/20mm，摆线针距为 4～5 针/20mm，线宽 4～5mm。

4. 包边缝埂

将一个部件的边缘包裹住另一部件的边缘进行缝纫，或者在两个部件边缘用一包边条包缝，之后再将其展开，形成包边缝埂。

包边缝埂多用于鞋盖与围条边缘之间的相互包边缝埂，可以是鞋盖包住围条，也可以用围条包住鞋盖（图3-2-17），分为一次包边缝埂和二次包边缝埂两种形式。

（1）一次包边缝埂　一次包边缝埂的特点是在帮面上可看到包边部件的毛边。主要用于围条包盖鞋和鞋盖包围条的立埂缝合。

手工包边操作方法：根据包边的宽度（男鞋 5.5～6.0mm，女鞋4.5～5.0mm），

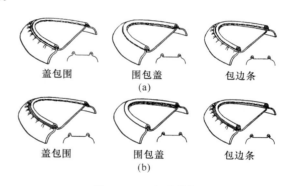

盖包围　　围包盖　　包边条
(a)

盖包围　　围包盖　　包边条
(b)

图 3-2-17　包边缝埂
(a) 一次缝埂　(b) 二次缝埂

先在帮面上画出缝合标志线，并事先进行预缝抽皱处理，在抽皱边缘缝上固定褶皱的压条，然后按照标志线在帮面两部件包口处的肉面刷胶；胶指触干后，按标志线将包边的边缘部分粘贴在另一部件的帮面上，然后再向内折回包紧另一部件的边口；最后，沿部件包边部分的边缘缝一道线。

采用专用包边缝纫机，可以非常方便地实现一次包边缝埂。将事先抽皱的围条部件与鞋盖黏合好（或者先靠近缝线固定），在使用包边条缝埂时，必须将包边条穿进卷边筒中，并将需包边的部件（如鞋盖与围条）紧靠卷边筒，在缝一道线的同时即可完成对其边缘包边缝埂。

（2）二次包边缝埂　二次包边缝埂即采用滚口包边的缝法，或者将需包边的部件边缘

与包边条事先缝合，然后再与另一部件边缘黏合、包边，随即缝埂。因此，二次包边缝埂有两种形式，即与滚口缝法相似的包边缝埂以及毛口二次包边缝埂。

类似滚口法二次包边缝埂，与一次包边缝埂的区别在于包边部件的边口看不见毛边，而是呈折边的形式。

包边缝埂的方法较多，因此缝纫针、线的选择也比较灵活多变。一般情况下，一次性包边缝埂时，因为皮革层数较多，缝纫厚度较大，所以选用的针线比较粗，通常采用18号（即 44×140）缝纫机针，配 3×3 号线，缝纫针距为 $5.5 \sim 6$ 针/20mm，或 $4 \sim 5$ 针/20mm。

若是二次包边缝埂，在第一次缝埂时所用的针、线比较细，采用 $11 \sim 12$（即 44×110）号机针，配40号细线，一般缝纫针距为 $9 \sim 10$ 针/20mm 即可，或者用14号（即 44×120）针，配 3×1 号线，缝纫针距为 $7 \sim 8$ 针/20mm。第二次缝埂则必须选用较粗的针和线。

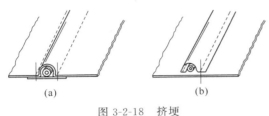

图 3-2-18　挤埂
（a）整帮挤梗　（b）贴条挤梗

整帮挤埂和贴条挤埂等（图 3-2-18）。这种挤埂缝法主要用于鞋盖边棱的立埂，以及腰帮部件、外（后）包跟部件的装饰立埂。

5. 挤埂

挤埂是在整块部件中间采用两边缝线或缝暗线的方法，在两侧通过挤压而立埂，所以称其为挤埂。挤埂的方法主要有

（1）整帮挤埂操作方法

① 在鞋帮部件的粒面和肉面需立埂的位置画出标志线。

② 在其反面的立埂标志线处刷胶，等胶干后粘贴上埂绳。

③ 将埂线连同包埂的鞋面部件肉面朝上放在有槽的垫板上，按照所画标志线，将埂线嵌入垫板的槽内；工作垫板的槽宽应与挤埂的粗细相适应，再将衬条皮贴在包埂绳与肉面上加以封固。

④ 先在立埂的里侧一边按照标志线缝一道线，将鞋帮部件与下面的衬条皮缝合在一起。

⑤ 将鞋帮部件粒面朝上，用光滑的竹片（或硬塑料棍）挤压立埂的两侧根部，使立埂与衬条皮粘贴平整、牢固、结实，无皱纹，无松壳，不歪斜，不随意弯曲。

⑥ 最后，沿着挤埂的另外一侧边缘根部再缝上一道线。

（2）贴条挤埂操作方法

① 在鞋帮部件的粒面（正面）需立埂的位置画出标志线。

② 将包埂条皮的粒面与鞋面相对，并将其边缘对准鞋面立埂标志线，距边 $3 \sim 4$ mm 均匀缝一道线。

③ 在包埂条皮的肉面刷胶，待胶干后粘上埂绳。

④ 将包埂条皮翻起，包住埂绳并与鞋帮面黏合牢固。

⑤ 将鞋帮部件粒面朝上，用光滑的竹片（或硬塑料棍）挤压立埂外侧埂绳根部的条皮黏合面，使包埂粘贴平整、牢固、结实，无皱纹，无松壳，不歪斜，不随意弯曲。

⑥ 最后，沿着挤埂的外侧边缘根部缝一道线。

由于挤埂的缝纫厚度比较薄，选用一般的机针和用线即可。采用贴条挤埂缝法以及女

鞋整帮挤埂时，使用9号针，配60号线，针距为10～11针/20mm。男鞋挤埂采用11号针，配40号线，针距为9～10针/20mm。

[思考与练习]

1. 常见的缝合方法有哪几种？
2. 不同的缝合方法各有什么特点？
3. 不同的缝合方法的具体操作步骤是什么？
4. 不同缝合方法的操作需要注意哪些问题？

第三节　缝合操作实例

[知识点]

☐ 掌握装饰线的种类。
☐ 掌握锁口线的种类。
☐ 熟悉保险皮的基本类型。
☐ 掌握接帮的类型。

[技能点]

☐ 掌握装饰线的缝合操作。
☐ 掌握锁口线缝合的操作方法。
☐ 掌握保险皮缝合的操作方法。
☐ 掌握接帮缝合的操作方法。

一、缝装饰线

为了丰富鞋帮的表现力，展现鞋帮的花色品种和装饰效果，通过在帮面缝假线、花线和纹线等方式对鞋帮部件进行装饰（图3-3-1）。

装饰线并无连接、缝缀效果，纯粹是为了装饰，因此有各种不同的表现手法。

1. 装饰线的种类

（1）缝假线　帮面上本无分割线，而是采用缝线的方式产生分割效果。这种装饰方法主要用在一些具有基本形状和固定位置的鞋帮部件轮廓上，如包头线、鞋耳下边线、外包跟线以及其他的任意分割线等。

（2）缝花线　用缝纫的方法勾画出帮面上的各种装饰花纹。它具有一定形状，但无固定位置，可以是具体的某种图形如蝴蝶、花朵、兰草、树叶等，或某种几何图形，也可以是自由绞绕的线迹。

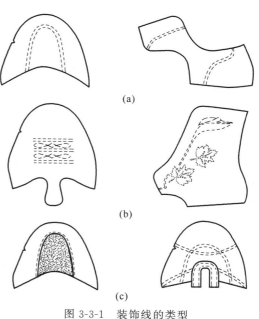

(a)

(b)

(c)

图3-3-1　装饰线的类型
（a）假线　（b）花线　（c）纹线

75

（3）缝纹线　用缝纫的方法装饰或刻画鞋帮表面的某种意境，这种意境不像有规律的花纹图案，而是一些抽象的图形和任意的一些线条组合，如云纹线、自由缝线等。

2. 装饰线的缝法

由于假线、花线和纹线都没有部件轮廓边缘作为依据，因此缝线时，必须严格按照帮面上标画的标志点、线进行缝纫，并确保缝纫线迹的对称性。

缝线的各种弯曲弧度不同，因此，在缝制时存在内外针距差异的问题。如鞋盖正中的花孔夹边花线，当缝纫机的压脚轮向圆弧圈内运转时针距密，而当压脚轮转到圆弧圈外运转时针距就会变稀，这种现象称为内外圆弧针距差异。具体操作应遵照基本要领，采用灵活与适当的手法进行。当压脚轮在圆弧圈内运转时，双手可稍微控制帮件向前移进的速度；当压脚轮在圆弧圈外运转时，双手将帮件向前推进，移动速度可快一些。操作时，视力集中于鞋帮部件与压脚轮之间的间距上，双手掌握帮件要顺势自然，快慢适当。线道不能有跳线、浮线。

由于装饰线的种类、表现方法、线道的粗细以及针距大小都是自由设定的，因此，在用针、配线、针距上均无特定要求，可根据设计标准设定。

二、缝锁口线

通常情况下，前后接帮与锁口线存在直接联系，接帮时必须缝锁口线加固，或先缝锁口线再缝接帮线，两者可以相互独立缝制，若能连通缝制则应尽可能连通缝制以减少接线。比如外耳式的前后接帮线与锁口线采用连通缝制的方法。

锁口线有细线与粗线两种。

1. 细锁口线

细锁口线的形状有方框形、一字形、U字形、三角形和半圆形等多种。细锁口线的缝法，主要分为摆线锁结和缝锁口线两种形式。

（1）锁结　又称为打结，即来回摆缝重针。常用在内耳式的鞋耳前端正中以及前帮中缝式的鞋帮上口处。这种缝法只是单独缝制，与前后接帮等其他缝线无任何联系。

（2）缝锁口线　即在缝前后接帮线的同时，附带地缝锁口线。这种锁口线具有固定的规格和形状，主要用于外耳式、舌式盖鞋。

另外，还有单独在前帮横条部件上直接缝锁口线的，常用在舌式鞋的跗跖部位两侧，使鞋帮的上下结构连接牢固。

2. 粗锁口线

粗锁口线的形状有口字形、日字形、目字形、X形和田字形等多种，可手缝或者用专用缝纫机缝制。

三、缝保险皮

保险皮是鞋帮部件合缝之后，在上口部位或后帮中缝面上为了防止开线而加装的补强部件，附带有装饰作用。保险皮的形状有多种，可分为线形、三角形和立柱形三类。按照产品外观的不同要求，可确定保险皮的形状和基本类型。

1. 线形保险皮

线形保险皮是宽度为16mm左右的一截滚口条皮，缝合时不需要预先粘贴，可以像缝滚口皮一样与后帮翻缝结合，也可以在缝上口边线时，把保险皮夹在鞋面与皮里之间，然后包住后缝的上口缝合，最后修去多余的部分。其外观效果就像后缝上端边缘的一段滚口或包边一样（图 3-3-2）。线形保险皮使用的针、线及针距，与缝口线相同。

图 3-3-2　线形保险皮

　　2. 三角形保险皮

　　三角形保险皮又叫三角筋或三角巾（图 3-3-3）。需要将部件进行匀皮片薄，其边缘不

图 3-3-3　三角形保险皮

需折边，用一刀光（毛边）处理即可，一般男鞋的三角巾较长，女鞋的三角巾较短。内外侧对称，但也有单面非对称的。通常三角巾的长度为 30～40mm，宽度为 10mm 左右，单面的非对称型三角巾的长度为 16～22mm。

　　① 对称型三角巾缝法：以合缝好了的后缝线为轴，事先将三角巾粘贴在后缝线顶端，必须端正、对称、粘贴牢固；沿三角巾的下口边缘缝一道线，然后将三角巾向鞋帮的里面翻折包住上口，要包紧，粘贴牢固，不能出现松壳；最后随后帮鞋口缝线时一道缝合。

　　② 非对称型三角巾缝法：事先合缝后，将三角巾处按搭接处理，需要注意将单面三角巾的边口与鞋口包紧，以免出现后帮上口高低不一的现象。

　　女鞋使用 9 号针配 60 号线，针距 10～11 针/20mm，边距控制在 0.8～1mm；男鞋选用 11 号针配 40 号线，针距为 9～10 针/20mm，边距控制在 1.0～1.2mm。

　　3. 立柱形保险皮

　　立柱保险皮的形状有直条形、塔形、花瓶形、Y 字形等。由于位于鞋的后端，为了从侧面观察时鞋帮美观，一般需要对立柱的边缘进行折边处理。立柱的高度以后帮中缝高度为准，其宽窄差异不大，最窄处一般控制在 18mm 左右，最大宽度可达 40mm（图 3-3-4）。

　　操作方法：先将后帮合缝部位展开、刮平和轻捶，捶后缝时注意用力要适度，避免损伤帮面或将合缝线捶断。然后将立柱的粒面对折，两侧边缘对齐，对折后轻轻捶出中线折痕。将中线折痕对准后帮中

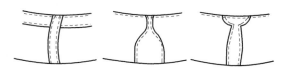

图 3-3-4　立柱形保险皮

缝，两侧对称地粘贴于后帮合缝面上（注意对齐两边的标志点），然后沿立柱边缘缝线，一般情况下缝 1～2 道线，对于劳保鞋、登山鞋等重型鞋类，则需要缝 3～4 道线。

　　对于折边后的立柱，距边 1.2mm 缝一道线；若立柱部件边缘为毛口时，距边 1.5～2.0mm 缝一道线。一般情况下，男鞋帮用 11 号针、40 号线，针距 9～10 针/20mm；女鞋帮用 9 号针、60 号线，针距 10～11 针/20mm。

四、缝　接　帮

　　所谓接帮即前、后鞋帮总装缝合，将鞋帮缝制成型为帮套。

　　1. 接帮缝线的类型

　　鞋帮的结构形式有两大类型，即前后帮结构与上下帮结构，接帮线迹一般分为以下五

种类型：

（1）"零"型接帮 这种鞋为整帮结构，最典型的式样是浅口式、带式、通帮舌式和耳式，鞋帮前后和上下都比较完整，没有对接缝合的结构。

这类鞋帮的接帮线与锁口线是各自分开缝合的，而且锁口线多缝成"口"字形。对于浅口式、带式鞋帮，由于鞋帮结构的原因，无须缝锁口线，但必须对鞋口实施补强。

（2）"1"型或单线接帮 这类鞋帮一般是两大部件对接缝合的形式，即前后帮对接、上下帮对接的内耳式结构，或内外侧对接的中缝前开口结构。一般采用单线模式对接缝合，缝线的坚牢度较小。

这类鞋帮的锁口线也是与接帮线分开的，一般在内耳式后帮正中以及中缝式正中开口处，必须缝合"一"字形（摆缝线）锁口线。

（3）"2"型或双线外接帮 鞋帮多为前后对接缝合的形式，即沿鞋帮部件边缘缝合一道并线或离线，并连带着缝出"U"形锁口线，常见于日常前后接帮的外耳式鞋类。

（4）"3"型或三线接帮 即采用三道线缝合对接的鞋帮。传统采用一道并线和一道离线的接帮缝合并带锁口线，也可以使用三道并线缝制。这类鞋帮一般是前后帮或上下帮对接，锁口线可以是勾形、三角形或田字形等多种形式。这种缝法通常是在传统式样上或者重型、高强度的鞋类上使用。

（5）"4"型或四线接帮 鞋帮一般为前后帮对接缝合，采用两道并线的方式缝合四道线，而且连带缝合呈"n"形的锁口线。即沿鞋帮部件边缘缝一道并线之后，再离开 3～4mm 缝一道并线。这种缝法多见于运动鞋、防护鞋、棉鞋、登山鞋等重型鞋类的前后接帮。

2. 接帮缝法

按鞋帮的结构类型，接帮缝法分为前后对接、上下对接和左右对接等三类。

（1）鞋帮前后对接缝法 必须将鞋的前帮与后帮分别进行帮面与鞋里缝合之后，再进行前后帮的搭接缝合。

前后接帮缝法必须做到全双鞋帮端正，缝纫的线道整齐，针距均匀。接帮缝合是鞋帮最后的组装成型，是鞋帮端正与否的关键操作之一，皮鞋成型后出现歪斜大多因为接帮不正。

（2）鞋帮上下对接缝法 由于鞋帮没有前后断开，因此，需要帮面与鞋里分别缝合成帮套和里套后，再相互套合缝上鞋口线，最后独立进行锁口线的缝制。

上下接帮缝法的关键在帮套与里套配合的准确度上，因此，要求帮套与里套的设计以及单独缝制时做到对位准确，内外层差恰当，鞋口配合紧密，无错位、扭曲现象。有时，由于鞋帮结构比较复杂，对位与配合困难，可将鞋里分成前后结构，但不相互缝合，只将帮套配合粘贴好再接帮和锁口，使鞋里的前后搭接部位处在无缝线状态。

（3）鞋帮左右对接缝法 鞋帮为左右两片，必须先将帮面和鞋里分别缝合，再套合缝制成帮并锁口。一般左右对缝接帮时只需将帮面部件的肉面对齐，沿前部中缝轮廓边缘缝单线或并线，此时缝纫机的底线与面线必须使用相同的线。也可在前帮中缝轮廓边缘切口之后相互对插平整，再沿中缝互插的轮廓两边缝单线或并线。

3. 前后接帮的缝法与注意的事项

① 传统外耳式和内耳式鞋前后接帮的缝线方法不只有一种形式，根据式样的风格要求不同，可采用等"4"～"1"型线迹中的任何一种形式。

② 前后接帮的"4"型缝法。为了能一次缝完四道线，必须以压脚轮背向鞋帮折边轮

廓边缘折返缝合。

当沿鞋帮部件边缘缝好第二道边线后，将鞋帮在压脚轮下折返，使压脚背对鞋帮部件边缘和已缝好的第一道缝线，以帮面上遗留下来的压脚轮痕迹为依据，进行离线的线道宽度预测，或者事先在部件边缘画好离线的标志线（距部件边缘 5～6mm），然后反向缝离线（即距边的第四道线）。

缝离线后，再次将压脚轮面对鞋帮部件的边缘，靠近已缝好的第一道线缝并线（即距边的第二道线）。

缝完靠边的并线后，将压脚轮背对鞋帮部件边缘轮廓而面对已缝好的第四道线，再缝并线。

由于折返（转圈）缝制，存在一个圆弧有内外针距差的问题，在缝线时需要控制双手掌握鞋帮的推拉动作来解决针距稀密均匀。

③ 前后接帮的"3"型与"4"型缝法基本相同。唯一不同的地方是缝完第一道边线后转到缝离线时，距部件边缘 4～5mm 缝第三道离线，接着转到缝边缘并线即可。

④ 前后接帮的"2"型缝法可沿边分两次直接缝并线。

接帮的左右侧位置不同，其缝法应该有所区别。一般左侧接帮比较容易缝制，线路也顺畅，而右侧缝制时必须倒过来。

外耳式鞋前后接帮的"2"型缝法：缝左侧时先从帮脚起针，沿后帮轮廓边缘缝靠边的第二道线，至锁口线处开始缝锁口线，然后折转回头靠第一道线缝并线即完成左侧接帮缝合。在缝右侧接帮时，同样先从帮脚起针，必须倒过来先缝距边的第二道线，至锁口线处缝完锁口线，折回后才缝第一道线。这种倒缝法打乱了正常的操作，而且压脚压不住鞋帮就无法缝纫。

使用普通缝纫机缝制右侧接帮线，可从锁口线前下方起针，先依照部件边缘缝第一道线至帮脚处收针，再从锁口线前下方起针缝锁口线，然后折转回来依照第一道线缝并线，到帮脚处终止。这样，在锁口线处就留有两个线头，需要将线头挑向鞋帮里皮一面，并要求在里皮上扎孔将线头埋好（为了鞋帮缝线的美观，不能打回针）。

接帮缝法可以采用双针缝纫机，但必须妥善处置锁口线处的两个线头。

⑤ 接帮线的缝纫标准：一般女鞋通常使用 60 号线配 9 号针，针距为 10～11 针/20mm，边距为 1.2～1.3mm；男鞋用 40 号线配 11 号针，针距为 9～10 针/20mm，边距为 1.3～1.5mm。

若接帮的上部件边缘为毛口时，第一道接帮线的边距应适当加大，通常控制在 1.5～2.0mm。

有时为了风格创新，可以改变缝纫针、线的粗细和针距的大小。使用粗线缝制，接帮线必须符合设计说明和实物样板的规定。

五、缝帮重点工序应掌握的技能与操作方法（二维码 3-4）

[思考与练习]

1. 装饰线有哪些种类？

2. 锁口线的基本类型有哪几种？

3. 保险皮的形状有什么类型？

4. 接帮线迹有哪些类型？

二维码 3-4
缝帮重点工序应掌
握的技能与操作方法

第四节　鞋帮总装缝合实例

[知识点]
　　□ 掌握三接头鞋帮缝合流程和技术要求。
　　□ 掌握外耳式鞋帮缝合流程和技术要求。
　　□ 掌握整体舌式鞋帮缝合流程和技术要求。

[技能点]
　　□ 掌握三接头鞋帮缝合操作方法。
　　□ 掌握外耳式鞋帮缝合操作方法。
　　□ 掌握整体舌式鞋帮缝合操作方法。

　　本节以三接头、外耳式、舌式三种传统鞋帮结构为例,介绍帮面与鞋里的总装程序和基本工艺。

一、三接头鞋帮的总装缝合

　　1. 分别进行前后帮镶接
　　按前后帮各自部件的标志点镶接黏合后缝合。

　　2. 片里皮和画标志点、线
　　(1) 片里皮　鞋里皮的鞋口翻折时片边的要求:
　　① 鞋里皮的上口边缘由鞋耳后边至后帮上口沿边需均匀片边,一般片边宽度为3～4mm。
　　② 内耳式鞋的里皮片边留厚在0.6mm左右,确保鞋里翻转折边后的厚度均匀一致。
　　③ 耳式皮鞋的鞋耳下边缘皮里的边缘应该片薄,确保前后帮总装接帮后跖趾部位的平整性。
　　(2) 画标志点、线　先将两只鞋耳的鞋里皮镶接缝合在后帮鞋里上,按鞋里样板距上口边缘3～4mm画出边界线,作为缝纫标志线。
　　同时按照帮里样板的规定,在左右两只鞋耳后部标画出后帮翻里的起点、后中缝点和终点。

　　3. 缝鞋口线、绱鞋里
　　帮面与鞋里正面向上,帮面的鞋口压在鞋里边口上,两者交叉搭叠5～6mm,对准鞋里上口边缘画出的标志线,并确保对准帮面与鞋里上的缝纫起点,启动缝纫机,用中等速度缝纫;缝至最凹处时需将帮面和鞋里上的两个中点相互对应,确认无误后方可继续进行缝纫;缝过中点后,需将帮面与鞋里上的终点进行比照,必须保证帮面与鞋里对准要求线道,距边均匀一致。

　　4. 刷胶
　　将帮面和鞋里的肉面向上,在鞋口缝线的两边以及鞋耳上刷胶。要求刷胶均匀,无胶粒、纱线断头和其他杂质(图3-4-1)。

　　5. 打剪口
　　后帮鞋里的上口边缘凹陷处,因缝鞋里后需要折边,故必须打剪口。

6. 鞋里折边与贴鞋里

（1）鞋里翻折 待胶干后，沿着帮面缝合的鞋口线将整个鞋里翻转过来，并顺着鞋口线折边黏合，鞋里折边略低于帮面边口，轻轻捶平（图 3-4-2），使帮面与鞋里粘牢。

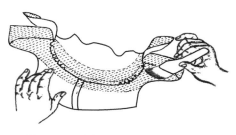

图 3-4-1 后帮面和鞋里缝合后刷胶

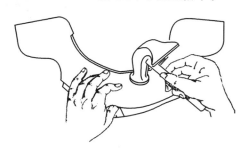

图 3-4-2 鞋里折边

（2）粘贴里皮 左手食指尖夹在后缝处帮面与鞋里之间，与拇指配合拿起后帮，左手中指在下托住后帮皮里，将后帮的一只鞋耳放在工作台上，先用右手把皮里拉伸平整，然后将鞋耳与鞋里黏合平整，再用锤子轻捶鞋面黏合牢固。同样，再换粘另一只鞋耳，将帮面与鞋里粘贴平伏（图 3-4-3）。

7. 装鞋眼与缝鞋耳边线

① 依照样板上鞋眼的准确位置（所画出的标志点），连同帮面和鞋里一起凿出装鞋眼的孔洞，然后将鞋里揭起（不装鞋眼时不必揭起），按设计要求明装或晴暗装鞋眼。

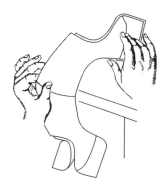

图 3-4-3 粘贴里皮

② 按照鞋耳帮面上的标志线，缝好鞋耳假线和鞋耳边线。清理后帮鞋耳上的线头，修剪鞋耳边缘上多余的里皮边缘。

③ 待装鞋眼、缝合、冲里等三工序完成后，将两只鞋对齐拼拢，按前帮口门轮廓的镶接标志点、线对齐理顺后，再将鞋舌安装到位，用夹子将鞋耳、鞋舌夹住。

④ 在前帮口门轮廓的镶接标志线内（被压接部位），缝鞋舌安装线，并用摆线法缝锁口线（图 3-4-4）。

8. 粘贴前帮布里与鞋面

粘贴前帮布里与鞋面时必须注意内外侧（左右脚），切勿粘错。

① 在后帮鞋里的鞋耳线（即鞋耳假线）前端，左右各打一个剪口，剪口深度为 10mm 左右，可事先设计成三角缺口；将前帮布里的中点对准鞋舌的中点，粘贴端正，把前帮布里的两翼

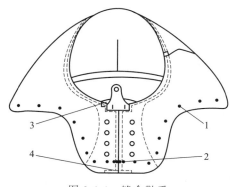

图 3-4-4 缝合鞋舌
1—定位标志点 2—锁口线
3—固定夹子 4—鞋舌安装线

插进鞋里皮的剪口处，与后帮两翼搭接粘贴牢固（图 3-4-5）。

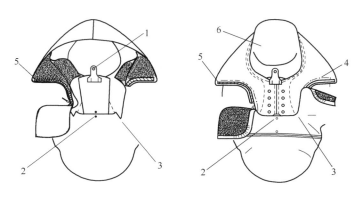

图 3-4-5　粘贴前帮布里与鞋面

1—固定夹子　2—定位中点　3—鞋里耳线处剪口　4—定位标志点　5—后帮定位标志线　6—跷台

② 粘贴前帮鞋里后将鞋帮套在膝盖头或马鞍形的跷台上，鞋耳朝上，将帮面的前帮口门中点对准鞋耳中点，口门轮廓线端正，分别用左右两手拿着前帮两翼，按后帮上的标志点、标志线对准后粘贴到位。

9. 接帮缝纫

将粘贴好前帮鞋里和帮面的整体帮套送入缝纫机的压脚轮下，沿着前帮与后帮镶接处的边缘缝接帮线。接帮注意事项如下：

① 在起针缝纫之前，必须将压脚轮下的帮面与鞋里整理平顺，特别是在假线两侧所打的剪口处，后帮的鞋里必须放在压脚轮的最下面，由下而上是后帮鞋里、前帮布里、后帮的帮面、前帮的帮面，必须将各层的搭接部分整理平顺再启动缝纫机进行缝纫。

② 内耳式鞋帮多采用并线"2"型缝法，用双针机按照前帮部件边缘轮廓一次性缝纫即可。若使用单针机，缝完第一道边缘线后必须断线，然后再从起针处重新起针缝并线。若是"3"型缝法，应注意在第一道缝线尾针处停针，并回转90°至第三道线的标志线处（或按压脚轮的压痕）开始缝第三道离线，到第三道离线尾针处停针，再回转90°至第一道线起针处附近缝第二道并线，直到并线缝完后终止。

10. 整理鞋帮，完成总装

整理鞋帮包括修剪接帮缝线外多余鞋里、清理线头等。

二、外耳式鞋帮的总装缝合

一般情况下，外耳式鞋类后帮鞋里多数采用修边工艺，因此，前帮必须先与布里和鞋舌里皮粘贴并缝合，然后再进行前后帮的组合总装。

1. 粘贴后帮里

粘贴后帮鞋里的操作可参见三接头鞋帮缝合操作，直接将鞋里粘贴在后帮鞋面的肉面上。然后敲凿鞋眼，揭开鞋耳部位的里皮，装上鞋眼，开花并回脚，对正鞋眼孔覆盖上鞋耳里皮。最后，缝好后帮边线与鞋耳线。

2. 粘贴前帮布里与鞋舌皮里

先在前帮鞋面肉面的两翼和鞋舌部位刷胶，将前帮布里对正鞋面粘贴在前帮肉面上，再将鞋舌皮里贴在鞋舌和前帮鞋里上（图 3-4-6）。

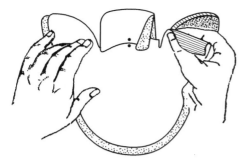

图 3-4-6　粘贴前帮布里与鞋舌皮里　　　　　　图 3-4-7　搭接前后帮

3. 搭接前后帮和接帮缝合

将前帮鞋舌部位以及后帮的鞋面与鞋里分别单独缝合好，修剪里皮余边。

外耳式鞋前后帮总装是分左右进行的。在后帮鞋耳锁口部位斜向打一剪口，剪口深度为 12～15mm（或预先设计成三角缺口）。将后帮锁口部位对准前帮口门的锁口标记线，翻开剪口部位的皮里，把前帮两翼部位的鞋面与鞋里夹进后帮的帮面与鞋里之间（图 3-4-7），并按前帮搭接部位的标记点、线对准后方可放入缝纫机的压脚轮下缝制。当鞋帮一侧的鞋耳与前帮缝合好后，再按同样的方式和方法缝制另一侧鞋耳。

三、整体舌式鞋帮的总装缝合

整体鞋帮是指鞋帮的腰帮部位无横向分割线与缝线，整个鞋帮为上下结构。缝合过程必须将帮面与鞋里分别缝合成套，然后再将帮面套与鞋里套叠在一起进行总装缝合（图 3-4-8），称为"套合总装"或者叫"套合接帮"。

图 3-4-8　鞋帮面与鞋里套合

装配步骤如下：

① 在帮面与鞋里上口黏合处刷胶，刷胶宽度约为 10mm，胶干后待用。

② 把帮里后跟对折，用锤子顺着对折中线轻捶，使其产生对折的中线痕迹。

③ 将鞋后帮的中线与鞋里后跟的对折中线折痕对准，左手抓住后帮中线部位，右手五指分上下将后帮从旁侧扶起至口门中心点并对准，轻轻粘住。

④ 把里布理平，同时用手摸的方法检查帮面与鞋里是否服帖，并使鞋里上口边缘超出帮面鞋口 3～5mm。

⑤ 后跟部位的帮面与鞋里之间，要求上口服帖，下部必须预留出安放主跟的空位。只有帮面与鞋里粘贴服帖，不扭不歪，空位适度之后，才能正式将其粘牢。

⑥ 缝合鞋口线。

⑦ 整理鞋帮，完成总装。

［思考与练习］

1. 简述三接头鞋帮缝合流程和技术要求。

2. 简述外耳式鞋帮缝合流程和技术要求。

3. 简述整体舌式鞋帮缝合流程和技术要求。

第五节　鞋帮整理、检验及常见缝纫缺陷分析

[知识点]

　　□ 掌握鞋帮整理的方法。

　　□ 掌握鞋帮整理的工艺要求。

　　□ 了解鞋帮质量所涉及的问题。

　　□ 掌握鞋帮检验的方法与基本要求。

　　□ 掌握常见缝纫过程中造成的缺陷以及排除方法。

[技能点]

　　□ 熟练完成鞋帮整理工序操作。

　　□ 按工艺标准完成鞋帮检验。

　　□ 能对缝纫过程产生的缺陷原因进行分析，并排除缺陷。

一、鞋 帮 整 理

　　在鞋帮完成缝制后，为适应后续工艺的加工及解决缝制瑕疵缺陷，对缝制过程产生的遗痕需进行必要的技术处理，使鞋帮缝制更加完善和美观。

　　1. 修边

　　鞋帮采用折边工艺，在帮面与里革缝合完成后，需要修剪掉缝合边线外多余的里革，修边也叫冲茬、冲里皮。

　　(1) 机器修边　使用专用冲茬机修边，或在缝纫机上附加修边装置，随着缝纫机的转动，修边刀直接将多余的里革削割掉。

　　(2) 手工修边

　　① 用剪刀修边：先在底线外侧距缝线 0.8～1.0mm 处剪一个小切口，左手拇指和食指捏住余边，中指和无名指压住帮部件，右手持剪刀沿剪开的切口依线路向前冲剪。要保持剪口角度适宜不变，避免误伤边口粒面或冲断底线。

　　② 用冲茬刀修边：先将里革余边拨起，与帮面产生一点间隙，使冲茬刀能准确卡住里革余边，用冲茬刀向前推剪即可（图 3-5-1）。小弯弧和角谷等不易冲剪的地方，需用剪刀补修。

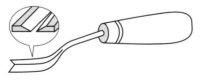

图 3-5-1　冲茬刀

　　(3) 修边质量要求　里革要低于帮面 0.2～0.5mm，确保里革不外露；里革距第一道缝线 1mm 左右，防止留边过少造成溃边，影响缝合强度；修边光滑流畅，无漏冲死角；不允许损伤帮面和冲断缝合线。

　　2. 线头处理

　　缝合过程中，在起止针和断线处都会在帮面和鞋里留下线头。为防止开线和保证鞋帮外观整齐美观，必须对外露线头进行处理。

　　(1) 挑抽线头　将线头抽向鞋面和鞋里之间，即面线线头应挑抽到帮面部件的肉面层粘好固定，底线线头挑抽到面向帮面一侧粘好固定。面里结合的线头，无法挑抽到面里之间，则需挑抽到鞋里一侧，避免线头的存在影响鞋帮外观质量。

（2）系线头　鞋帮的起止线头、手缝线线头以及面线、底线全用丝线的线头等，多采用系线头的处理方法，将面线、底线系结，线头留 2mm 左右，其余全部剪掉，以免受力开线。

（3）烫线头　使用化纤类缝线缝合鞋帮，可在缝帮结束后用热风烘烤线头，彻底将线头清理干净（二维码 3-5）。烫线头过程中，要注意热风的温度、烘烤帮面的距离、烘烤位置等，避免控制不当将鞋帮、缝线等损坏。

二维码 3-5
烫线头操作

（4）塞线头　用锥子（或拨针）蘸上胶水，将线头塞入针眼中，用锤子敲平。一般部位能挑抽到面里之间的线头，用胶水粘住即可，不能夹入面里之间的线头，则挑抽到鞋里一侧，沾胶水塞入针眼即可。

3．修整

（1）帮面和帮里的修整　部件在组装过程中，不可避免会出现部件帮脚间参差不齐，粘里、粘衬时也会因为前后、上下不齐，造成鞋里和衬布过长或过短，因此必须要予以修整。

胶粘鞋帮里底边沿应短于帮面 4～6mm，如果短于帮面 8～10mm，可接里修整，若短于帮面超过 10mm，则需返修鞋帮。

线缝鞋要求帮面与帮里底边整齐，如果帮里短于帮面 3～5mm，可接里修整。

直围条前帮里要长于帮面，以适应绷帮过程中帮里收缩，不得剪掉。

衬布多余边角应修整合适。

（2）针码修整　缝合总装后，发现跳线、针码短缺等瑕疵时，要进行针码补修。应注意补修后的线头处理，补缝的针码大小、线的规格等必须与原缝合规格一致。

堆积底线的部位，要拆除原缝合线重新补缝。反底线 3 针以内，如不堆积，微露底线可不拆，只需抹上和线的颜色相同的涂料掩饰即可。

4．去污

在装配过程中，鞋帮容易沾有各种污渍，如划裁时的笔痕，镶接和折边时的残胶，缝合过程中产生的油渍、尘污等，需要清除干净。

① 胶水渍可用生胶块擦除。

② 油渍可用纱布蘸上汽油轻轻擦拭去除。

③ 笔渍可用专用清洗笔去除，圆珠笔渍则用酒精擦拭去除。

去污过程中应注意避免损伤帮面涂饰层，装有金属装饰件或有较硬棱角的装饰件，要用软纸或塑料膜缠裹，防止伤污帮面或损伤装饰件的光洁度。

二、鞋帮质量检验

鞋帮缝制装配后，要按批次进行质量检验，经检验合格后的鞋帮才可进入下道工序。

我国皮鞋行业标准对鞋帮质量标准有详细规定，归纳起来皮鞋鞋帮的质量要求主要有以下六个方面：

（1）帮面材料方面　同双鞋帮相同部位的色泽、厚薄、花纹、绒毛粗细基本一致，伤残利用合理，不允许有裂浆、裂面等。

（2）部件结构方面　鞋帮结构要端正、对称、平整、牢固，以及同双鞋帮的大小、长短必须一致。

（3）缝线规格方面　缝线要线道整齐，针距均匀，底面线松紧一致，不允许有跳针、重针、断线、翻线、开线及缝线越轨等。

（4）工艺操作方面　折边和滚口要沿口整齐均匀、圆滑，无剪口外露，不许有裂边、捶伤、剪伤、划伤等。

（5）帮里整洁方面　鞋帮内外无线头，无胶渍胶粒，无溶剂浸渍，无油渍和污迹，鞋帮内外整洁，烫印清晰。

（6）品种、数量、规格与标记方面　需按照生产工序流转卡上的品种、规格、数量、颜色，以及货号、批号、鞋号、商标等，仔细核对配双，标注齐全。

三、鞋帮检验的方法与基本要求

1. 鞋帮面材料的质量

将鞋帮放在工作台上，目测同双帮面，再结合手感和使用厚度仪，检验鞋帮的感官质量，发现问题需及时调换。要求：

① 鞋帮必须符合生产通知单规定的品种、规格、比例。

② 同双鞋同部位皮纹粒面粗细一致，软硬、厚薄符合标准，色泽、绒毛一致，伤残利用合理。帮面前帮优于后帮，外侧优于内侧。

2. 检验皮鞋帮面的结构

采用生产封样对照法进行检验。要求：

① 同双部件镶接（尤其是镶色）的位置以及形状对称一致。

② 内外侧搭配无误。

③ 帮面部件长短、大小基本对称一致

④ 部件缝合牢固，商标的缝制及装饰件的安装端正牢固。

3. 检验鞋帮的缝线

① 缝线针距、边距、线距均匀准确，符合工艺标准。

② 线路流畅，无跑线（缝线越轨）、返线（露底、面线）、跳线（漏针）、断线等缝纫故障。

4. 检验鞋帮制作工艺

① 鞋帮部件上无操作损伤，如敲破边口、擦伤、碰伤、剪口外露、冲里边断线以及冲破帮面边口等。

② 核对部件的圆正性、对称性，以及整双鞋帮的端正、平伏程度。

5. 检验鞋帮内里部件

对于鞋帮内里材料，主要用感官检验，要求：

① 后部优于前部、内侧优于外侧，同双鞋里色泽基本一致。

② 鞋里规整、清洁、平伏，修边整齐均匀。鞋里搭接平整，无缺损和皱褶，边口流畅，无伤。

6. 检验鞋码标记

鞋码标记包括货号、编号、鞋号等字样，检查鞋号标记是否打在鞋帮内侧鞋里规定的位置上，标记盖印清晰、完整。

7. 检验完毕后清理鞋帮

当一批鞋帮检验完毕后，应该进行以下内容：

① 将鞋帮按编码大小排列理整齐，捆成一串。

② 在鞋帮上缚上与鞋帮相同编号的流水卡。

③ 核对鞋号、双数是否与任务单要求相符。

④ 确认无误后，成品鞋帮成箱进入中转仓库。

[思考与练习]

1. 鞋帮整理的方法有哪些？

2. 线头处理的方法有哪些？

3. 如何进行帮面修整？

4. 帮面不同的污渍应该分别如何去除？

5. 鞋帮质量所涉及的问题包括哪几个方面？

6. 鞋帮检验的方法与基本要求是什么？

鞋底部件的加工整型

鞋底部件包括底结构主件（如外底、内底、鞋跟）、固型支撑部件（如半内底、主跟、内包头）、连接部件（如沿条）。裁断后的底部件料件在规格、尺寸及形体等方面还不完全符合产品的技术要求和工艺要求，必须根据产品的性能、工艺和造型的要求进行料件的加工整型。

底部件加工整型是根据不同的帮底结合法，将裁断好的各种底部件剖成规定的厚度，压成一定的形状，为帮底结合做好准备。

通过底件的整型加工，可使部件规格化、标准化、系列化，便于帮底的组合装配，这是提高生产效率和质量的有效途径。产品品种不同，部件结构不同，规格要求则不同，加工程序与方法也各不相同。

第一节　底部件的片剖加工

[知识点]

　□ 掌握常见底料的片剖类型。

　□ 熟悉片剖加工的流程。

[技能点]

　□ 能熟练掌握片剖加工操作。

　□ 能熟练操作片剖设备。

天然底革的厚度存在着部位差别，因此不可能在同一片底革上下裁同一种部件。生产企业是根据部件的规格要求，在不同的部位下裁不同的部件。所以，在裁断前将整片底革通片片匀的操作是不可取的，那样只能造成材料的浪费。

另外，由于造型和工艺的需要，一些底部件的形体尺寸有特殊的要求。如半内底从前端到跟部的厚度由薄到厚，因此，必须按部件的规格要求进行片剖加工。

一、片剖的类型

底料的片剖分通片、片边和剖割三种类型。

（一）通片

将一块底料或料件全部片成统一厚度的操作称为通片，也称片匀。通片有两种操作：

（1）先通片后裁断　将大块的底料进行通片，然后再裁断。如将裁断沿条用的底料块通片后再裁断，沿条的厚度则均匀一致。

（2）先裁断后通片　当在一块底料上要套裁多种部件时，由于部件的厚度要求不一致，因而不能先通片后截断。但在裁断后，料件则必须通片，使每一种底件的厚度规格一致。如外底、内底、鞋跟面皮等，都是在裁断后进行通片的。

通片操作是在平刀机上进行的，手工难以完成。

（二）片边

为了便于组合装配操作，或根据美化造型的要求，需要将料件进行片边处理，使其各部位的厚薄有一定差异。如主跟和内包头经过片边变成中心厚、四周薄的形体，使装置主跟和内包头后帮面平整无棱。

与帮件片边加工相似，将料件边缘片薄成斜坡状的操作叫片边，也称片茬。片边操作分手工和机器两种。

（三）剖割

将一块底料或料件垂直或斜剖成两个底料块或两个底件；或者借助于胎具对底件进行片剖，使其各部位厚度产生变化，从而形成不同规格和不同形体的部件的操作称为剖割。

如盘条和外掌条的形体是一侧厚一侧薄，为了节省原料和工时，将一根底料进行斜剖，就可以形成两根盘条（图 4-1-1）。

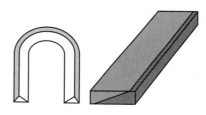

图 4-1-1　盘条剖割

再如将裁好的主跟、内包头，放入锅底状的胎具内进行剖片，就可以一次达到四周片薄、整体通片的目的。半内底、胶粘卷跟鞋外底等底件，也可借助于胎具进行片剖，使各部位的厚度符合标准（图 4-1-2）。

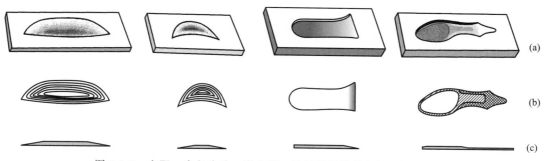

图 4-1-2　主跟、内包头片、半内底、胶粘卷跟鞋外底的片剖及胎具
（a）胎具　（b）部件　（c）部件纵剖视图

二、片剖加工与设备

片剖加工的方法可分为机器片剖和手工片剖两种。

（一）机器片剖加工

1. 片剖设备

在底部件的片剖加工中，机器片剖质量好、效率高，应用也最为普遍。常用的片剖设备有圆刀片边机、带刀片皮机、平刀剖皮机等。

圆刀片边机是用来片削底料件边缘的设备，其片削刀具是高速旋转的圆刀，加工原理和机器构造与帮料片边机相同，只是机体大于帮料片边机，片削力也强于前者，主要用来片削主跟、内包头等底料。

带刀片皮机的片削刀具是在水平方向上高速运动的带刀，主要用来片剖软质材料和轻革底件，如包跟皮等。

平刀剖皮机与带刀片皮机的工作原理相似，只是其片削刀具是位置固定不动的平刀。

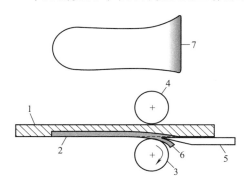

图 4-1-3　平刀剖皮机片削原理
1—底部件胎具　2—底部件坯料　3—平刀
剖皮机送料辊　4—上压辊　5—平刀
6—片削废料　7—片削成品

被片料件送进后，由光辊和槽辊夹持，并送向平刀，进而被片削成上下两片。平刀剖皮机主要用于将大块底革或料件剖片成规定的统一厚度，即通片；或者利用胎具进行剖割，例如内底、外底的通片；盘条、斜坡形中底等的剖割；主跟、内包头等的定型剖片等（图 4-1-3）。

2. 机器片剖程序

了解被片料件的性能→调试机器设备→试片→片剖→检查片剖质量。

天然皮革的纤维编织因动物的品种、性别、年龄、产地以及部位和加工工艺的不同而有所差异，因而成革的软硬程度也不一样。在片剖之前，必须根据材料的软硬程度调整好片刀与送料齿轮间的间距、压力以及送料速度。对较硬的底料，应采用较大的压力和较高的送料速度；而对较软的底料则宜采用较小的压力和较慢的送料速度。并根据料件和部件的尺寸规格，调整好片刀与送料齿轮间的间距。

3. 操作注意事项

① 采用胎具进行片剖加工时，必须提前制作标准的胎具，并验证胎具的准确性和可用性。要求胎具耐用，不变形，避免因胎具失误造成料件被片废。

② 选用边脚碎料进行试片，根据试片质量对机器设备做进一步的调整，直至符合要求。

③ 操作中要注意抽检底件的片剖质量，防止刀刃变形、刀位错位或胎具变化等造成废品。

④ 要保证片剖质量，必须保持刀刃锋利。

⑤ 注意人身安全。凡使用片剖设备，都必须制定安全操作规程。操作工人必须经过技术培训，设备由专人使用。

（二）手工片剖

手工片剖的劳动强度大，效率低，质量不稳定，一般用于小型部件（如主跟、内包头等）边口的片剖，目前已较少使用。

操作注意事项：

① 为了便于片剖，操作前需要将被片料件浸水回软，然后进行湿片，而机器片剖则均采用干片。经过浸水，底革由硬变软，由薄变厚，弹性降低，塑性增强，从而改变底革的物理力学性能，以便于片剖加工。

②　浸水时要注意控制浸水时间、水温和浸水后的静置时间。水温过高会使底革料件收缩，增大底革内鞣剂的浸出量，故一般控制温度在 18～25℃。浸水时间过长同样可以增加底革内鞣剂的流失，一般黄牛底革浸泡 2min，水牛底革浸泡 1min。过硬的料件则可适当延长时间（如牛头革等）。如果达不到回软目的，浸水后可用湿布覆盖，使水分充分渗透到内层。浸水后要静置 1～2h，使料件的含水量达到 20%～30%。料件的粒面朝内弯折 90°，表面无水珠时，片剖和整型加工的效果最好。浸水部件易受微生物的侵蚀，造成部件霉烂。因此，在浸水时（尤其是夏季）可加少量防霉剂，以防止霉变。

③　手工片剖或剖割时都要求垫板表面清洁，无碎屑。使用三角刀和革刀均可，刀口必须锋利。

［思考与练习］

1. 底部件加工整型的目的是什么？
2. 什么是通片？是否所有的底料都需要进行通片？为什么？
3. 为什么有先通片后裁断和先裁断后通片之分？
4. 手工片边时需要注意哪些问题？
5. 举例说明什么是剖割。
6. 湿片的用途及应注意的问题有哪些？
7. 简要叙述片剖设备的种类及用途。

第二节　外底整型加工

［知识点］

☐ 掌握线缝鞋外底整型加工流程。

☐ 掌握线缝鞋外底开槽的种类。

☐ 掌握胶粘鞋外底不同的结构类型。

☐ 掌握胶粘鞋外底整型加工流程。

［技能点］

☐ 能完成线缝鞋的外底整型加工操作。

☐ 掌握胶粘鞋不同结构外底的整型加工操作。

外底是主要的底部件。因为外底材料和产品品种、款式、结构及装配工艺不同，外底的整型内容及方法也有所不同，必须根据产品的技术要求进行整型加工。

一、外底材料和帮底结合工艺

从材质上看，外底可分为皮革、橡胶、塑料、橡塑并用及热塑性弹性体等五种。

用橡胶、塑料、橡塑并用及热塑性弹性体等材料制作外底，一般都是借助于模具一次压制成型。这类外底都不需要预先整型，而是在帮底组合装配之前对其黏合面进行砂磨或用处理剂进行处理，以提高黏合强度。

从帮底结合的结构看，制鞋工艺包括线缝工艺、胶粘工艺、硫化工艺、模压工艺和注压工艺。

线缝工艺一般都使用皮革及橡胶外底。皮革外底要求先进行加工整型，制成标准件，然后再进行帮底组合装配；而橡胶外底则是成型外底，其加工整型的内容及操作比皮质外底要简单。

胶粘工艺可以使用不同材质的外底，直接用胶粘剂完成鞋帮和鞋底的固定。选择组合外底或者成型外底，底部件的加工根据所用材料的不同而有所区别。

模压及硫化工艺都使用未经硫化的混炼胶料。在模压之前，混炼胶料经过返炼出型、裁断，再放入模具内进行模压成型，同时实现帮底结合。因此，模压工艺无外底的加工整型操作。硫化工艺是先将混炼胶料用模具压制成成型外底，经黏合后再送入硫化罐内进行硫化，使外底胶料发生质的变化，同时实现帮底结合。因此，其外底只需要在黏合之前进行简单的处理即可。

注压工艺使用受热后具有流动性的橡胶、塑料、橡塑并用及热塑性弹性体等材料。借助于注压机将这类材料注入模具内，在形成外底的同时实现帮底结合。因此，注压工艺无外底的加工整型操作。

二、线缝工艺外底的整型加工

线缝工艺鞋多使用皮革或橡胶外底。天然革外底的整型工艺流程为：辊压→通片→铣底边→浸水→破缝开槽→压型。

（一）辊压

皮革纤维间存在空隙，通过辊压可以增加底革纤维密度，增强鞋底耐磨性、可塑性和成型稳定性。除采用机器辊压加工外，也可用往复式冲床，以冲锤捣实代替压实。

（二）通片（片腰窝、后跟部）

1. 将外底片剖成统一的厚度规格

片剖规格见表4-2-1。在平刀片皮机上进行片剖。片剖之前先按工艺要求调整好片削厚度，试片合格后，进行正式片削。片削时要先从外底的后跟部位进刀，如发生片削质量问题，可以将片坯的外底改为前掌；若先从前尖部位进刀，则易形成废品。通片后的外底必须同双对称一致。

表4-2-1　线缝工艺外底厚度规格

单位：mm

产品品种	厚度规格
男鞋	3.5mm以上
女鞋	3.3mm以上
童鞋	2.5mm以上

2. 片腰窝、后跟部

为使产品的外观显得轻巧、美观，高、中跟鞋的外底要求从前掌后端点向腰窝及后跟部位逐渐片薄，一般都在平刀片皮机上进行通片。

由于平刀片皮机辊轮与片刀之间的距离在机器调整后是固定不变的，因此，要使外底的厚度逐渐变薄，则必须使用特制的由薄到厚的托模，与外底一同进行片剖。

另外，由于在片削时外底与托模是一同被送入平刀片皮机中的，那么，每片剖一只外底，托模就要承受一次机器的辊压。因此，制作托模的材料必须具有良好的成型稳定性（耐压、强度高、延伸性小），以免影响片剖质量。托模一般都使用红钢纸或优质底革制成。

片削过程中要注意调控好机器设备，避免片削后的外底一侧厚一侧薄或先后片剖的外底厚度误差过大。

（三）铣底边沿

1. 标准模板的制作

标准模板是按照底样设计中的标准底样准确无误地复制而成的，要求周边光滑，与底面垂直，且正反两面均可使用。制作标准模板的材料必须坚硬、耐磨性好，以确保经反复使用后仍不变形，不会影响底边沿的铣削质量。

2. 标准模板的固定

在标准模板的前后两端距边 40mm 处，分别钉两根方向相反的五分钉固定。为防止钉尖穿透外底的粒面层，可将多余的钉尖用钳子钳去，前端钉尖留出 2mm，后端钉尖留出 1mm，以便与外底钉合。将标准模板复在外底的肉面，目侧周边留出的余量一致后，用榔头轻击外底前后端的定位钉，将标准模板与外底钉合。

3. 铣削

外底边沿的铣削是在靠模铣底沿机上进行的（图 4-2-1），切削工具是铣刀。由于外底边沿的形体有直形、弧形、尖角形等，因此，铣刀必须符合底沿形体的要求（图 4-2-2）。铣刀装置在靠模铣底沿机的主轴上，铣刀的旋转速度越高，铣削后的外底边沿就越光滑。一般铣刀的转速为 2800r/min 左右。

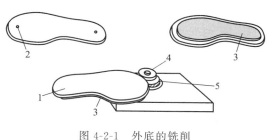

图 4-2-1　外底的铣削

1—真皮鞋底　2—固定钉　3—标
准模板　4—铣刀　5—靠模

图 4-2-2　铣刀结构

4. 铣削底沿

将固定好标准模板的外底边沿靠在铣底沿机的靠模上，沿模板的边缘将多余的外底边缘铣削掉。一般铣削操作是从腰窝的内怀部位开始进行的，铣削至头部转弯处时要放慢速度。铣削完毕后要检查铣削质量，要求底沿与底面垂直，表面光滑平整，无刀痕波纹，子口清晰，同双对称一致。

（四）浸水

同手工片剖一样，在破缝开槽前外底部件需要进行浸水处理。浸水时要注意控制浸水时间、水温和浸水后的静置时间。

（五）破缝开槽

线缝鞋是用线将帮部件与底部件缝合在一起的。为防止缝线不被过早地磨损，且缝合后底面仍然保持平整，需要在外底上破缝开槽，以便将缝线容纳在槽中。外底的破缝开槽可分为开明槽和开暗槽两种（图 4-2-3）。

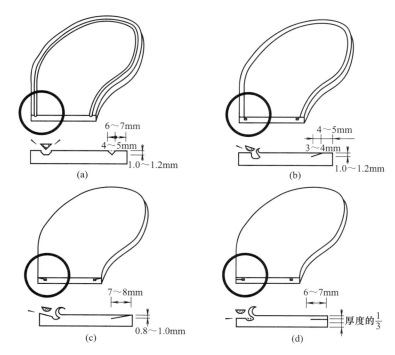

图 4-2-3　容线槽类型及加工规格

（a）开明槽　（b）开正暗槽　（c）开斜暗槽　（d）开侧暗槽

1. 开明槽

① 划开槽线：在外底面上划开槽线，第一道线距边 4～5mm，第二道线距边 6～7mm。

② 起止刀位置：全明槽从跟口线后 5mm 处起刀，前掌部位明槽则在前掌以内 8～10mm 处起止刀。

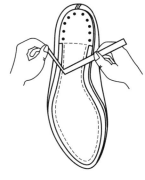

图 4-2-4　开明槽

③ 开明槽：左手握住楦身，使外底面朝上，右手持刀，刀与底面呈夹角 45°夹角，沿开槽线从里怀由起点至终点刻出第一刀，刀深 1mm；然后从外怀由起点至终点刻出第二刀；最后用左手从两刀之间取出一条等腰三角形的皮条，底面上即可形成一条与底边沿等距离的明槽（图 4-2-4）。

④ 刮槽：沿外底面上已刻出的槽痕，用刮槽锥（图 4-2-5）进行刮槽，使容线槽的槽深达 1.0～1.2mm，槽宽 1.2～1.5mm。此项操作可在合外底后进行。

2. 开暗槽

尽管外底面上开了明槽，缝线嵌入了容线槽中，不易被磨损，但在穿用过程中，缝线仍然要与水、其他有腐蚀作用的液体以及地面凸起物等接触，使其强度降低，进而影响产品的使用寿命。开暗槽则可解决这一问题。

能暗藏缝底线的容线槽称为暗槽。暗槽有三种类型，即正暗槽、斜暗槽和侧暗槽。暗槽加工一般在皮革外底上进行，只有侧暗槽可以在合成底革上进行。

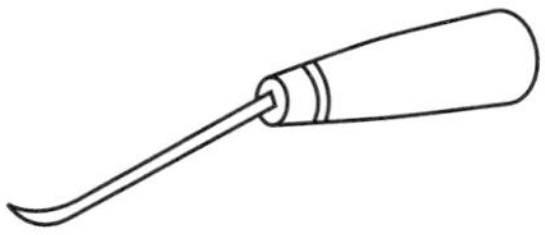

图 4-2-5　刮槽锥

① 开正暗槽：底面刷水回软，以便于进行破缝和刮槽；距底边 3～4mm 处划开槽线；刀与底面成 30°～35°夹角，斜割出坡形刀口，刀深 1.0～1.2mm，斜切宽度 2～3mm。

在破缝处刷水，先用螺丝刀把刀口上的槽皮拨起，然后用刮槽锥将坡形槽中底部的皮纤维挖除，形成凹形槽沟。

② 开斜暗槽：正暗槽的破缝是在外底的底面上进行，而斜暗槽则是在外底的底边沿上进行破缝。

操作方法：a. 外底边沿刷水回软；b. 在外底边沿距粒面 0.5mm 处斜切进刀，刀与底面成 30°的夹角，斜切宽度 7～8mm，刀深 0.8～1mm；c. 用螺丝刀将槽皮拨起，在刀口处刷水回软，用刮槽锥在距边 4.5～5.5mm 处刮槽，形成凹形槽。满条鞋的斜暗槽均在跟口线后 8～10mm 处起止刀。

③ 开侧暗槽：同开斜暗槽一样，侧暗槽也是在外底的底沿上进行，操作要求：a. 外底边沿刷水回软；b. 距粒面 1/3 处，水平横切，进刀深度为 6～7mm；c. 在距边 3～4mm 处用刮槽锥刮槽，使槽深达 0.5mm。横切深度也可只有 1～2mm，斜向将外底与沿条缝合，使外底边沿上出现一个沟形纹或半隐线。

（六）压型

皮革外底呈平板状，如不进行处理，在合外底及缝外底时，由于跷度不符，会给后续操作造成一定的困难。通过压型可以使外底符合楦底的跷度，便于在装配外底时与帮脚和内底结合紧密，边缘严紧平伏，同时也便于缝线操作。

外底压型可借助于模具在压型机上进行，也可用往复式冲锤冲砸。

如果是已开暗槽的外底，要先将槽皮复位，然后再压型，以免损伤槽口。

三、胶粘工艺外底的整型加工

使用胶粘剂将鞋帮和鞋底黏合在一起的帮底结合工艺称为胶粘工艺。胶粘鞋的外底多数是成型外底，容易变换花色品种，成品鞋轻巧美观，而且加工工艺简单，劳动强度低，易于大规模的工业化生产，是现代制鞋工业采用最多的帮底结合法。除成型外底外，胶粘工艺也使用皮革外底，其加工整型及装配的操作较为复杂。

外底根据结构的不同可以分成压跟式外底、卷跟式外底和坡跟式外底。这里以皮革外底为主，介绍这三种外底的整型加工。

（一）压跟式外底

压跟式外底的跟部被鞋跟压住，其中外底形状完整的称为全压跟，外底形状不完整而只被鞋跟压住少许的称为半压跟。由于被鞋跟压住的这一部分外底的形状像舌头，故被称为底舌，底舌长度为 5～20mm。

压跟鞋外底的整型加工工艺流程：片腰窝、后跟部→砂磨黏合面→粘沿条→铣底边沿（容帮槽）→砂底面、底边沿→涂饰底面、底边沿→压印。

1. 片腰窝、后跟部

为使产品的外观显得轻巧、美观，高、中跟鞋的外底要求从前掌后端点向腰窝及后跟部位逐渐片薄。一般都借助特制的专用胎具，在平刀片皮机上进行通片，也有使用凹型上压辊，在平刀片皮机上直接对外底的腰窝及后跟部位进行片剖的。片剖规格见表 4-2-2。

表 4-2-2   外底腰窝、后跟部位的片剖规格   单位：mm

产品品种	外底材质	片剖部位		
		前掌	距趾线后 15mm 至跟口线处	后跟部、底舌
男鞋	黄牛底革、猪皮底革	＞3.5	逐渐片薄至 1.5mm	片边出口
	水牛底革	＞4.0		
女鞋	黄牛底革、猪皮底革	2.8～3.0		
	水牛底革	＞3.5		

根据外底的形体尺寸制作出片剖托模后，将托模复在外底的粒面上，送入平刀片皮机中进行片剖。由于外底是从腰窝部位开始片剖的，因此在进刀时要注意先送入头部。

2. 砂磨黏合面

胶粘工艺是用胶粘剂将帮底黏合在一起的。为便于胶粘剂的扩散和渗透，达到黏合牢固的目的，需要对黏合面进行砂磨。

砂磨操作在外底砂磨机上进行。砂磨设备有逆拉大底起毛机、顺拉大底起毛机、卧式砂带机、双头砂带机、变速砂轮机、双头砂轮机等，其中砂带机适用于大面积的起毛砂磨。

对于皮革外底而言，应在砂布轮上先包垫一层海绵，然后再包裹砂布，这样在砂磨时有一定的缓冲作用。如果外底的皮质较为松软，砂磨后绒毛较长，反而会影响粘接牢度。这时就必须用较细的砂布再砂一次，直至砂磨面上的绒毛呈现短而密的状态。

对于代用材料的外底而言，由于在砂磨时产生的热量会使外底发热，出现黏粒现象，因此，一般采用处理剂替代砂磨操作。如使用砂磨方法时，则应使用粗粒砂布或铁皮刺进行砂磨。

在砂磨片剖过腰窝、后跟部的外底时，应注意控制砂磨的力度和速度，避免将较薄的部位砂破。

砂磨后的外底应呈现浓密均匀的绒毛，无漏砂、砂坏、砂磨面不平等缺陷。

3. 粘沿条

成型外底自带装饰沿条，故无粘沿条这项操作。如果使用组合式外底时，则需要进行粘沿条操作。在外底的边缘上黏合皮质的或合成材料的沿条，使成鞋的外观与缝沿条鞋相似，且操作简单、劳动强度低。

皮革沿条在黏合之前需经过砂磨、浸水和成型等预加工；黏合之后还需要进行压印和铣削加工。合成材料如橡胶、塑料或橡塑制成的沿条易于盘折，买来的成品表面已压印有条纹或缝有假线，故只需要进行砂磨和黏合操作。沿条的砂磨操作与外底黏合面的砂磨操作相同。

为了便于沿条的盘折，对于较宽的和皮质较硬的沿条要浸水 1min，取出后再静置30min，使其含水率达到 25％～30％即可。较窄的和皮质松软的沿条不需要浸水，以免影响黏合操作。

将沿条按照外底边沿的形体预先盘折成型，以利于沿条的黏合。在盘折成型时，位于前尖部位的沿条里侧会出现皱褶，故在盘折之前先在沿条的里侧打几个三角剪口。盘折时，将沿条放在操作台上，两手拇指按在沿条的里侧，其余手指在沿条的外侧，从外向内盘折。注意边盘边用榔头敲击弯折处，使其定型。

按照黏合沿条样板在外底的黏合面上画出标志线，然后沿标志线在外底及沿条的肉面上刷两遍胶，每刷一遍都要晾至指触干，黏合后用榔头敲平粘牢。

为美化沿条的外观，黏合沿条后在其表面用手工或机器压印出花纹或线迹，使其外观更像线缝鞋。

4. 铣削底边沿及沿条

在天然底革上裁断出的外底往往有毛边和底沿偏斜的问题，经过铣削可以使外底边沿与底面垂直，部件规格化。

同线缝鞋一样，胶粘鞋外底边沿的铣削也必须使用标准模板，在靠模铣底沿机上进行。标准模板的制作、固定，外底边沿的铣削操作及要求与线缝鞋相同。对于粘有沿条的外底，在铣削外底边沿的同时，对沿条的外侧边缘也进行了铣削，使沿条边沿与外底边沿整齐一致，符合外底的标准样板。

为确保合外底后沿条与帮脚严密、平整，需要对宽型沿条进行铣削。将标准内底样板复在外底的中间，使样板边缘与沿条的外侧边缘呈等距离的平行线，然后沿样板的边缘在沿条的表面上画标志线；将外底的边缘靠在铣削机的靠模上，沿条的内侧边缘靠近铣刀，沿标志线将多余的沿条内侧铣去即可。

5. 砂底面、外底边沿

由于天然底革的粒面上不可避免地带有各种伤残和缺陷，因此，必须根据外底粒面的质量好坏确定是否砂底面。如底革粒面花纹均匀、色泽一致或订单要求保留外底的粒面，则可不砂磨底面。如外底粒面粗细不匀或有明显的伤残缺陷，则需要进行砂磨。合成材料的外底面一般都不需要进行砂磨。

与外底黏合面的砂磨一样，外底面的砂磨也是采用机器砂磨。砂轮要宽，木盘轮与砂布之间垫衬海绵，以缓冲砂磨时产生的削磨振动，使砂磨均匀、细腻、深浅一致。砂布的砂粒要细（一般为 0 号砂布），以免将较薄的天然底革粒面砂坏，形成一道道的砂磨痕迹。操作时，一般先砂磨前掌部位，然后再砂磨腰窝和后跟部位。

另外，无论是天然皮革的还是合成材料的外底，其边沿在铣削之后形状虽已达到标准，但光洁度不够，必须经过砂磨处理。砂磨也是在砂轮机上进行，砂轮的形体必须与底沿的形体相吻合，如半圆形底沿就需在有 U 形沟槽的砂轮上砂磨。所用的砂布一般为 0 号细砂布。在外底边沿处刷少量的水，并让水分渗入底沿纤维中，可以降低皮纤维的韧性和弹性，将底沿砂磨光滑，不会出现绒长和不光滑的缺陷。

6. 外底面、底沿的涂饰

外底面经过砂磨后，表面平整，并带有一层极短的绒毛，使得光滑度和光亮度不足，需要进行涂饰。外底面的涂饰分为无色涂饰和有色涂饰两种。

无色涂饰可以保持天然皮革的本色，具有很强的真皮质感，但不能掩盖轻微的伤残缺陷，故对外底的质量要求高。早期的无色涂饰剂是用不加色料的光浆、石花菜水和防霉剂等配制而成，涂饰后再用鬃刷轮或布轮抛光；也可先将石蜡块靠在旋转的鬃刷轮或布轮上，使其粘上蜡屑，然后对外底面进行抛光，摩擦产生的热量使蜡屑融化并渗入到皮纤维中。如欲加重皮革色泽，可刷涂肥皂水，然后再抛光，底面则呈现出红棕色。

有色涂刷可以掩盖伤残缺陷，涂饰剂的组成与无色涂饰剂的基本相同，只是要加入色料。用板刷或海绵擦将涂饰剂涂刷在底面上，或用喷枪喷涂，然后再用蜡刷抛光。

铣削外底边沿后，其外露的纤维较粗，所用的涂饰剂须浓于底面涂饰剂。除用光浆、虫胶液和防霉剂配制的涂饰剂进行刷涂外，也可用快干漆喷涂。涂刷完第一遍后，自然晾干，然后再涂刷第二遍，待自然晾干后，用软性硝基清漆罩光，最后自然晾干。

也可使用羊毛轮上蜡，将外底边沿及外底面靠向羊毛轮进行抛光。

外底面及外底边沿的涂饰要避免污染黏合面，否则会使成品开胶掉底。整个涂饰过程要注意防尘。

7. 压印

在皮革外底面上的规定部位压印商标和鞋号，合成材料的外底则无此项工序。除商标和鞋号外，外销产品有时还要压印材质、性能等（如真皮制造，防酸防碱防油，中国制造）。有些产品的商标及鞋号是在砂磨外底面之前进行压印的，待底面砂磨、涂饰后，底面和商标、鞋号的色泽不同，压印效果更为自然、醒目。

商标图案的压印位置一般在外底的前掌部位，鞋号的位置则多在腰窝部位的跟口线处。

商标的压印是在商标机上进行的。只需要将外底面朝上置于垫板上，把加热的商标凸模压入外底面中，经数秒钟的热定型后，即可印上清晰的商标图案。鞋号则使用钢制的号码模在机器上冲压而成。要求商标和鞋号的形体、规格、位置、深浅等完全对称一致。

（二）卷跟式外底

卷跟式外底在鞋跟跟口线处向下折回、黏合在鞋跟跟口面上，又分为卷压皮式、卷顶皮式和卷皮金属跟套式三种。

卷跟式的外底多用于中、高跟产品，其整型加工的工艺流程及加工方法与压跟鞋相同，只是规格要求不同。

1. 卷压皮式外底

多用于女式高跟鞋。前掌部位厚度为 2.8～3.0mm，由跖趾线后 10～15mm 处起向后跟部位逐渐片薄，至跟口线处时厚度为 1.5mm，跟口线以下为 1.0mm。卷皮尖端压入鞋跟小掌面下的长度为 3～5mm，厚度可片削至 0.5mm。有些产品还需要保留腰窝处中心部位的厚度，而在距边 10mm 的范围内，从中心向底边处逐渐片薄。

2. 卷顶皮式外底

多用于男、女式中跟鞋。女鞋在跟口线以前的规格与卷压皮式外底的规格一致。男鞋前掌部位的厚度为 3.5mm 以上，仿皮底厚 4mm 以上；从跖趾线后 10～15mm 处起向后跟部位逐渐片薄，至跟口面处厚度为 1.0～1.5mm；黏合在跟口面上的卷皮长度要大于鞋跟跟口面的高度 0.5～0.8mm，以便卷皮能严密地顶在鞋跟小掌面的肉面上，防止与小掌面有间隙而在穿用中被蹭开。

3. 卷皮金属跟套外底

多用于高跟女鞋。其整型加工与前两种卷跟鞋的外底相同，只是卷皮既不被压在鞋跟小掌面下，也不顶在跟面皮的肉面上。由于鞋跟的下部有金属套，跟口面处的部分外底插入金属套中，所以从跖趾线后 10～15mm 处起向后跟部位逐渐片薄，至跟口面处厚度为

1.0mm，插入金属套中的部分厚度为 0.5～0.8mm。

（三）坡跟式外底

坡跟式外底也称楔形底，鞋底自鞋跟向前厚度逐渐降低，鞋底呈斜坡状。坡跟鞋底多以发泡材料制成，具有轻软和增高的双重效果。

由于坡跟鞋在跟高、跟体结构和所用材料等方面存在有多样性，所以没有统一的整型加工程序。这里仅介绍较常见的中跟坡插形平外底的整型。

中跟坡插形平外底由坡芯、外底和跟面皮三部分组成。其整型加工及装配程序一般为：通片→坡芯整型→外底整型→跟面皮整型→跟面皮与外底组合→坡芯与外底组合。

1. 通片

外底、跟面皮和坡芯均需要通片达到规定的厚度，其中坡芯一般是由微孔发泡胶片制成，应使用胎具片剖成型；如坡芯用软木制成，则不能用通片的方法进行整型，可以使用砂磨或铣削的方法进行加工。

2. 坡芯整型

严格按照芯面样板、芯底样板和侧弧样板进行砂磨，使坡芯的形体规格符合标准。

3. 外底整型

常用的坡跟鞋外底有皮外底、仿皮底和橡胶底。无论哪一种外底，都需要将其与坡芯的结合面进行砂磨。

皮外底还需要铣削、砂磨和涂饰外底边沿。另外，应根据粒面质量及订单要求决定是否要进行外底面的砂磨，但不论砂磨与否，都需要对外底面进行涂饰。铣沿、砂磨、涂饰、抛光、压印等加工方法及要求与线缝鞋皮革外底相同。

仿皮底需要进行外底边沿的铣削、砂磨和涂饰。

橡胶底只对结合面进行砂磨，其边沿经铣削、磨光处理即可。

4. 跟面皮整型

从材质上看，跟面皮有皮跟面、仿皮跟面和橡胶跟面。它们与外底的结合面都需要进行砂磨，以便刷胶黏合。皮跟面和仿皮跟面的边沿还需要在铣削后进行砂磨涂饰；橡胶跟面皮只需铣磨成型即可。

5. 外底与跟面皮的组合

一般采用黏合法及钉钉结合法。

6. 外底与坡芯的组合

微孔发泡胶片制成的坡芯可采用胶粘法与外底结合；而软木坡芯则采用粘钉结合法与外底进行组合。

[思考与练习]

　　1. 从材质上看，外底可以分为哪几种？

　　2. 线缝、胶粘、模压、硫化和注压工艺可分别使用哪些材质的外底？

　　3. 为什么在片剖外底的腰窝及后跟部位时要使用托模？

　　4. 机器片剖和手工片剖是否都需要对外底部件进行浸水？浸水时要控制哪些条件？

　　5. 外底刻槽的目的是什么？容线槽有哪些种类？

　　6. 外底粘沿条的操作过程中需要注意哪些问题？

7. 卷跟式外底有哪三种类型?

8. 坡跟式外底由哪三个部分组成?

第三节　内底整型加工

[知识点]
  □ 掌握勾心的种类及应用方法。
  □ 掌握特殊内底的应用范围。

[技能点]
  □ 能进行天然革内底的整型加工操作。
  □ 能完成代用材料内底的整型加工操作。
  □ 熟悉线缝内底的加工操作流程。
  □ 掌握特殊内底的加工操作。

内底又称为膛底，位于外底（或中底）之上、鞋垫之下，既可以使用天然底革又可以使用代用材料制成。

帮底结合工艺不同、所用内底材料不同、产品品种不同，内底的整型加工工艺和规格标准也不同。

一、胶粘鞋内底

胶粘鞋主要使用天然底革和合成底革类的内底。

（一）天然底革内底的整型、组合工艺流程

工艺流程：通片→砂底面→装勾心→粘半内底→压型→修削。

1. 内底通片

由于天然底革各部位的厚度有差异，裁断后内底的厚薄不匀，甚至同一只内底的不同部位其厚薄也不相同，因此，必须将裁断后的内底剖成规定的统一厚度。

与外底一样，内底也是在平刀片皮机上进行通片的，其操作方法及要求可参照外底的整型加工部分。

2. 砂底面

为美化内底表面，掩饰革面的伤残，确保鞋垫与内底面粘接牢固，需要将内底的粒面层砂磨掉。对于只粘后跟垫的产品而言，砂磨内底面不仅可以减少穿着行走时的打滑，还可以避免前掌及腰窝部位处的栲胶被汗液浸出而沾染袜子。

内底面的砂磨是在砂内底机上进行的，也可以在砂带磨削机上进行，或使用外底砂磨设备。要求砂磨光滑、平整，均匀一致，无厚薄不均、砂坏底边和砂露底等缺陷。

3. 装勾心

勾心是一种固型支撑件，装置在鞋的腰窝部位，对脚的腰窝部位起支撑作用，能减轻在站立和行走时人脚足弓的疲劳程度，并使产品保持一定的形状而不发生变形。

（1）勾心的材质　有钢勾心、硬质塑料勾心、竹勾心和纸勾心等。

（2）勾心的选用　根据产品而定，平跟鞋和男式正装鞋、军品鞋、劳保鞋使用普通碳钢勾心；中跟、高跟皮鞋必须选用富有弹性的锰钢勾心；休闲鞋和运动便鞋可选用塑料勾

心；注塑、模压鞋则常用弹性硬纸板和钢纸板勾心；竹勾心可用于劳保和军品鞋。

（3）勾心的形状与结构　勾心一般为薄型条状，以不过度增加内底厚度为宜，除钢勾心外，其他勾心都是平板状的（图4-3-1）。钢勾心呈拱桥形，其弯度与楦底腰窝分踵线形状相同。

勾心纵向正中间加工有凸棱，起增加勾心强度的作用，称为加强筋。勾心在前、后端或两端设置有定位用的固定孔眼，装勾心时，用铆钉将勾心固定在内底上，使勾心不会前后移动。根据铆钉数量，勾心可为双铆钉勾心、单铆钉勾心和无铆钉勾心。

为了方便鞋跟安装时钉入装跟钉，勾心后端定位孔一般采用较大的方孔或"U"形孔。"U"形孔勾心后端呈分叉状，目的是让螺钉由分叉中心穿过并旋进鞋跟正中，考虑到分叉结构会降低勾心在螺钉安装部位的强度，容易造成分叉处的断裂或扭曲，因此螺钉安装过程一定要仔细，注意对准分叉部位（图4-3-2）。

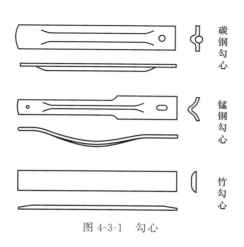

图4-3-1　勾心

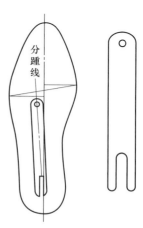

图4-3-2　叉型勾心

（4）勾心的规格　钢勾心长度标准见表4-3-1，允许误差为±1.0mm；勾心宽度分别为12、14、16mm，允许误差±0.1mm；勾心厚度分别为1.0、1.1、1.2、1.3mm，允许误差为−0.1mm；勾心增强筋槽深不超过2.3mm。

勾心表面无毛刺、无锈蚀，表面不得镀锌；勾心前端两个直角必须倒圆；勾心跷度曲线符合鞋楦。

表 4-3-1　　　　　　　　　　　　　　我国钢勾心长度标准　　　　　　　　　　单位：mm

勾心号		1	2	3	4	5
适用鞋号		215;220;225	230;235	240;245	250;255;260	265;270;275
勾心长度	跟高20~30	100	105	110	115	120
	跟高30以上	105	110	115	120	125
勾心号		6	7	8	9	10
适用鞋号		235;240;245	250;255	260;265	270;275;280	285;290;295
勾心长度		105	110	115	120	125

（5）勾心的安装　勾心的安装位置对成品的质量有很大影响。如勾心安装得太靠前，不仅使鞋内棱凸不平，穿着不舒适，而且还影响鞋底的弯折，并易戳穿外底；勾心安装得太靠后，因勾心前部内底承受载荷的能力减弱会引起勾心断裂，后掌及跟部变形。

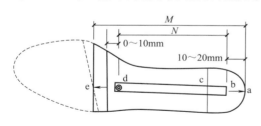

图 4-3-3　半内底总长度及勾心位置示意图
M—半内底长度　　N—勾心长度
a—内底后端　b—勾心后端　c—楦底踵心　d—勾心铆钉　e—半内底前端

勾心选择规律：将鞋楦楦底的前后掌分界线作为勾心长度选择的依据，将鞋楦平放于水平桌面，前掌后端与桌面的接触点为楦底前掌拐点（即楦底前、后掌的转弯点），以此为依据，并按鞋跟高度的变化而改变勾心的长短（图 4-3-3）。

鞋跟高度在 75mm 以上的皮鞋，勾心的前铆钉与楦底拐点处于同一水平位置；跟高为 50～74mm 的皮鞋，勾心前铆钉的位置在楦底拐点之后 5mm；跟高 50mm 以下，勾心前铆钉的位置在楦底拐点之后 10mm。

凉鞋尤其是高跟凉鞋的勾心一般要长一些，使内底与楦底部相符，并保持前跷高度。平跟凉鞋的勾心前端应向前超过前掌拐点位置，以利于保持平跟凉鞋的跷度和后身的稳定性。

勾心后端的位置，原则上应该一直延伸到后跟绷帮之后的帮脚余量部位，使成鞋更稳定，同时不影响鞋跟的舒适性。但这种长度的勾心在装跟时不适合使用螺钉，只有在确定螺钉能穿插鞋跟柱体中心轴线而且不影响螺钉旋进操作，才可使用。勾心后端到内底后端的参考距离一般为 10～20mm，对鞋跟柱体后偏的高跟鞋，勾心后端至内底后端的距离则适当短一些。

安装后，勾心前后端处的走向必须与楦底面弧型吻合，圆头朝前，不得反向，以免在穿用过程中勾心刺穿鞋底。

4. 粘半内底

在传统的皮鞋生产工艺中，半内底多用于中、高跟鞋，以增加腰窝部位的衬托力。如今，制鞋厂广泛使用代用材料，为了提高生产效率，便于装配，弥补代用材料内底在强度上的不足，很多企业都在底部件的整型及组合加工工序中将内底、勾心和半内底装配成组合内底。

内底与半内底组合时，要根据内底的材质来决定半内底组装在内底之上或内底之下（图 4-3-4）。如采用天然底革内底时，半内底要粘在内底的下面；对于代用材料，半内底则粘在内底之上，目的是增强内底的表面强度，以免在装配鞋跟时，由于内底的表面强度不够，装跟钉或螺丝钉的钉帽下陷造成内底面豁裂或上翻。

为提高鞋的穿用舒适性，组合内底的结构多为 2mm 厚的前掌乳胶垫＋后跟乳胶垫（形体

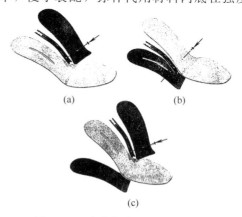

(a)　　　　　(b)

(c)

图 4-3-4　内底与半内底组合结构
（a）上半内底　（b）下半内底　（c）双层半内底

尺寸比内底尺寸小 6mm）

粘内底与半内底所用的胶粘剂一般为氯丁胶。根据内底和半内底材质的紧密程度和吸胶力，在两者的黏合面上及勾心上涂刷 1～2 遍胶。如果黏合面表面光滑，与胶的黏合力不强，则应先进行砂磨起绒。待胶粘剂干燥活化后，先将勾心粘在内底面上，然后粘半内底，最后压实。半内底的前端应比勾心长 10mm 左右。

5.压型

通过压型可以使内底符合楦底的跷度，使钉合后的内底面与楦底面结合严密、平伏，便于绷帮操作。

内底压型是在内底压型机上进行的（图 4-3-5）。压型机上部安装有阳模，下部装有阴模。通过液压传动，使模具上下压合，将平面状的内底压制出跷度。模具的设计是以楦底面跷度为基础的，模具上的各部位点与楦底面上的各部位点相对应。模具的跷度和弧度要大于楦底面的跷度和弧度，以抵消内底压型后的回弹。

内底压型可分为冷压定型和热压定型，热压定型的效果较好。天然底革内底压型时的温度不可过高，应控制在 70℃ 以下，压型时压力为 7～9MPa，稳压时间为 4～5s。压型前内底需浸水，使含水率保持在 20％～25％，代用材料内底的成型性较差，需要适当延长压型时间，采用热压定型时，模具温度可升至 100～120℃。

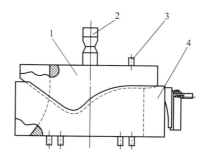

图 4-3-5　内底压型示意图

1—阳模　2—阳模安装柱

3—模具定位销　4—阴模

为适应各种楦底面的跷度和底型，也可使用往复或连续冲床进行压型。采用人工调正内底的方向和位置，就可冲砸出符合楦底面跷度和形体的内底。

6.修削内底

内底修削整型分为两种：一种是根据楦底面轮廓对多余的边沿进行修削整理；另一种是对组合内底边缘的坡度进行铣削和倒角加工。

安装好勾心的内底，根据鞋类品种的需要，用割皮刀在内底边缘修削加工，使后跟部位既符合楦型又适应跟型斜坡的需要，前掌则要与鞋楦底边平齐垂直。

（1）修削的操作手法　一只手握紧钉好内底的鞋楦，楦底面向右；另一只手捏紧割皮刀，刀刃平面与内底平面成 40° 的夹角（图 4-3-6）。

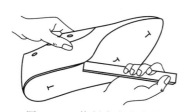

图 4-3-6　修削内底的姿势

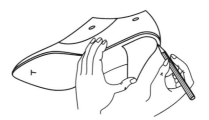

图 4-3-7　按鞋跟边缘画标志线

（2）高跟鞋内底的修削　先准备好与鞋楦同码的鞋跟。将鞋跟的大掌面（跟座）扣在内底的后端部位，使鞋跟的后端中心与鞋楦后跟中心对齐，然后将鞋跟向前移 1.5～2.0mm，确保内底后跟处的斜坡度。跟口两侧与楦边两侧宽度一致，用铅笔沿着鞋跟大掌面边缘画一圈标志线（图4-3-7），然后根据所画标志线进行修削，凡是满帮鞋的内底都要将标志线削除。

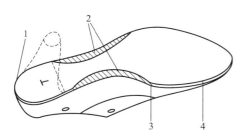

图4-3-8　修削好的内底

1—斜坡度标准　2—腰窝内底削薄　3—腰窝与前掌过渡圆滑　4—前掌边垂直

（3）内底边缘的修削　前掌和腰窝的交界处要圆滑自然，如果是天然底革内底，需要将腰窝两侧内底边缘削薄一点，使产品更加灵巧，绷帮时也能紧伏鞋楦；前掌内底与楦边口平齐、垂直（图4-3-8）。同双内底修削完毕，必须认真核对，使内底长短、宽窄、厚薄对称一致。

（二）代用材料内底的整型加工流程

代用材料内底是在表面及内在质量都均匀一致的片形材料上裁断出的，因此不需要进行通片和砂磨。合成材料内底的整型加工操作与天然底革内底的加工流程相同，这里只介绍注塑成型内底（图4-3-9）的加工方法。

注塑成型内底以钢纸板或无纺布为原材料，需要经过剖层、凿孔和注塑压型等加工工序。

图4-3-9　注塑成型内底

1. 剖层

在料件厚度的1/2处剖开，由后跟剖至跖趾线后5mm处。

2. 凿孔

在与外底结合的一面凿注塑孔，孔要选在能同时注满前后周边各部位的最佳位置。

3. 注塑压型

将内底放入注塑模具中，由于模具的压力，使内底的前部符合楦底形。通过注塑孔注入聚乙烯（高压聚乙烯或低压聚乙烯），在压力的作用下，上层内底向上张开，直到注满模具。

模具在跖趾部位设有挡注埂，防止由于注塑惯性的冲击使剖层向前开延，从而使注入的塑料超前、过量。挡注埂处有排气孔，可起到排气和溢料的作用。

为增加内底的衬托力，也可在注塑夹层中加铁勾心，在注塑的同时使其固定在塑层中。

注塑压型的关键是剖层和注塑到位的准确性，否则会造成废品。

二、线缝鞋内底

（一）手工缝沿条鞋的内底整型

手工缝沿条底部件断面结构如图4-3-10所示。

一般手工缝沿条鞋的内底整型工艺流程为：通片→砂粒面→片斜坡→开槽→压型。

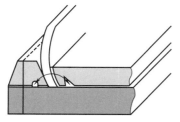

图4-3-10　手工缝沿条底部件断面结构

1. 通片、砂粒面

与胶粘鞋内底的加工方法相同，注意片剖厚度的控制。

2. 片斜坡、开槽

手工缝沿条的内底边缘需要片斜坡，以便与沿条一起夹、压住帮脚，减少内外底之间的空隙，从而缩小垫芯的厚度。还需要刻出一条容纳缝线的容线槽。内底的片斜坡和刻槽都在内底的肉面进行。

片斜坡在底料片剖机上进行，片宽 5mm，边口留厚 1mm。刻铣容线槽在专用的铣槽机上进行，也可用改制的小工具，距边 15～17mm 立刀切入，刀深占底厚的 1/3，再距立刀口 5～10mm 片斜坡，刀口与立刀深度重合，取出一条底料后即可形成容线槽（图 4-3-11）。坡刀与立刀之间的距离与手工缝合时所用的锥子的弯度和内底的厚度有关。锥子曲率小、弯度缓，两刀间的距离就宽；锥子曲率大、弯

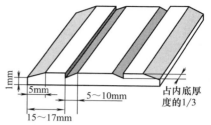

图 4-3-11　内底片斜坡、刻容线槽规格示意图

度陡，两刀间的距离则窄；内底材料厚，两刀间的距离可窄些；内底簿，两刀间的距离则宽些。内底的强度小或薄时，也可不切割立刀，只片坡刀，但是坡刀片割的位置不可超过原立刀的位置。

满沿条鞋的内底刻容线槽由跟口线后 10～12mm 处起刀，至另一侧跟口线后 10～12mm 处止（跟口线的位置是从内底后端起测量，占脚长的 27%）。半沿条内底刻容线槽由距趾线后 30mm 左右处起止（图 4-3-12）。圈沿条内底则是全周边片坡茬，容线槽呈环状，如果跟部沿条采用钉钉法，则可按满沿条内底的规格进行整型。

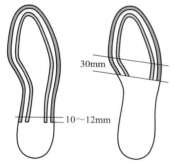

图 4-3-12　满沿条、半沿条容线槽起止位置示意图

（二）机器缝沿条鞋的内底整型

也可以用机器缝沿条，所用的内底也需要进行通片、砂粒面、压型等整型操作，这些操作的方法及要求可参照手工缝沿条鞋内底，区别在于机缝内底不进行片斜坡、开槽，而是进行破缝起埂或粘、缝埂，以便于机缝沿条的加工操作。

1. 破缝起埂

机缝沿条鞋内底的破缝起埂分单破缝起埂和双破缝起埂两种。

（1）单破缝起埂　操作时从内底厚度的 1/2 处将内底剖开，距趾部位切口深度 5～6mm，前端切口深度 6～7mm，腰窝部位切口深度 7～8mm，切口的起止部位在跟口线后 10mm 处（图 4-3-13）。由于沿条不是缝在内底上，而是缝在埂棱上，要求埂棱必须具有一定的强度，与内底的结合要有一定牢固度。因此，单破缝要求内底厚度为 4mm。实践证明，为便于机械化加工，单破缝的宽度定为 6～7mm 也是可行的（图 4-3-14）。

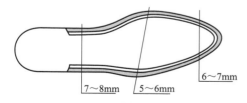

图 4-3-13　单破缝切口深度示意图

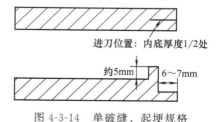

图 4-3-14　单破缝、起埂规格

（2）双破缝起梗　双破缝分为外剖缝和内剖缝。在底厚的 1/2 处将内底剖开，切口深度与单破缝的相同，破缝的起止部位仍在跟口线后 10mm 处，这是外剖缝。在距内底边 18～20mm 处斜剖，斜剖深度为内底厚度的 1/3，斜剖的终点距外剖缝 5～7mm，这是内

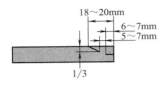

图 4-3-15　双破缝切口深度示意图

剖缝。双破缝较单破缝的强度高，因此，内底的厚度要求为 3.5mm（图 4-3-15）。

① 切口：将双破缝的外剖缝竖起成埂时，由于操作是由外向内进行的，所以较为容易；而将内剖缝由内向外竖起成埂时，由于弧长度不足，使得操作较为困难，因此需要在内剖缝上切口。在破缝的起止部位各切一个口，距趾关节两侧各切口 3～4 个，头角处切口 5～6 个，切口间距 15mm。切口不得过深，以切断内剖缝的边为准，以免影响埂棱的牢度，切口的深度距棱根 2～3mm。

② 起埂：在内外剖缝之间的肉面上涂氯丁胶或天然胶，待胶干后将内外剖缝扳竖起来，黏合成埂棱。

③ 包埂加固：由于埂棱是在肉面层竖起的，其强度较差。为防止机缝沿条时出现松动，影响产品质量，需要在竖起的埂棱上包裹一层细帆布，以增强埂棱的牢度。细帆布宽 35mm，长约 500mm。在埂棱周边和细帆布上刷胶，晾干后用细帆布将埂棱包紧、包平，使埂棱略向内倾斜。细帆布除要包裹住埂棱外，还要粘到内底肉面上，增强埂棱竖直的牢固度（图 4-3-16）。

图 4-3-16　包埂加固示意图

2. 粘埂

由于起埂内底需要使用天然底革，且厚度和强度的要求较高，底革利用率较低，加工也繁琐，现今只有少数厂家使用，一般生产企业多采用粘埂或缝埂棱的方法，以便沿条缝制与结合。

内底粘埂是在内底的肉面粘上一条成型的埂条（图 4-3-17），以代替传统的破缝起埂。

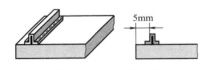

图 4-3-17　内底粘埂

由于沿条不是直接缝在由内底破缝而竖起的埂条上，所以对内底的厚度和强度等的要求都不高，因而内底可以使用代用材料。内底粘埂法不仅可以节约大量的天然底革，而且有利于实现部件的标准化、装配化、提高生产效率。粘埂内底的厚度一般在 2mm 以上即可，要求具有一定硬度和弹性。

三、特 殊 内 底

为改善内底的外观质量和穿用性能，满足消费者对产品特殊性能的需要，特殊鞋产品的内底要根据工艺要求进行特殊加工。

（一）镶嵌内底

主要是在内底的不同部位，使用了不同的材料，从而获得不同的穿用效果。其主要手法有：

1. 镶接

在内底的前部或后部，以不同的材质镶接（图 4-3-18）。例如跑跳鞋的内底要求前部

硬、后部软；而包子鞋（烧麦式）的内底前部要软，后部要硬；足球鞋的前后部位都要硬，而腰窝部位要软。因此可根据实际需要，采用两种材料进行镶接。

2. 补嵌

挖掉内底某一部位的部分内底，补嵌上其他材料；或者不挖而只加补部分其他材料，可以改善内底的性能，或对内底加以装饰改善其外观。

用割皮刀斜切内底，将前掌部位挖去一块。斜切

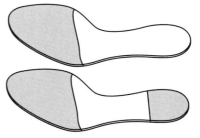

图 4-3-18 镶接内底

的角度为 30°左右，切出的斜坡宽度为 5mm，距内底边 8mm，上端距前尖 40～50mm，下端在前掌着地点后 5～10mm 处。在内底的切口斜坡上及海绵上刷胶，晾干后黏合，然后用榔头敲捶黏合部位，使其黏合牢固，最后将海绵的余边砂平即可（图 4-3-19）。

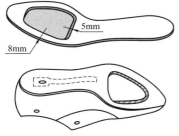

图 4-3-19 内底补嵌海绵

（二）包覆内底

用其他材料将内底的正面及边口全部包覆的操作称为内底的全包。产品的用途不同，所用的包覆材料及手法也不完全一样。

1. 单鞋内底

将内底表面用厚度小于 0.8mm 的羊面革或仿羊革（PU 革）包覆，中间可加衬海绵或毛绒、塑料泡沫等类弹性物，以增加穿用的舒适性。要求包覆后的内底饱满、光滑，富有弹性，边缘光滑、流畅，表面略呈凹状，与楦底面形状吻合，但包皮紧伏、无褶。

（1）操作方法

① 刷胶：将压型后的内底及整块海绵同时刷天然胶。

② 套排：在刷胶后的海绵上直接套排，黏合内底。

③ 包内底：在包覆皮反面的周边及内底正反两面的周边刷胶，晾干，然后黏合包覆。

（2）注意事项

① 包粘时，应先包粘前尖和后跟两端，然后再包粘腰窝部位。

图 4-3-20 包内底时的打褶、打剪口

② 包粘时要注意抻平前后两端的边缘。与折边一样，外凸部位要均匀打褶；内凹部位要打 3～5 个剪口，剪口距内底边不少于 3mm（图 4-3-20）。

③ 包粘结束后，要用榔头敲捶黏合的周边部位。

④ 最后用割皮刀将前尖及后跟部位的皱褶削平。

有些内底在包覆后，还要在距内底边缘 8mm 处缝一道装饰线（图 4-3-21），然后将线头在内底的反面粘牢。也有的产品使用缝好装饰线的面料来包覆内底。

2. 包棉鞋内底

当使用单鞋楦生产棉鞋时，为了使成鞋鞋腔的腰窝部位加肥，并使毡呢垫粘牢平整，需要用驼绒或毡呢包覆内底面

图 4-3-21 全包内底缝装饰线

及腰窝部位的边缘。

驼绒垫或毡呢垫的形体要求：小趾端点之前及跟口线之后与内底的大小相同；腰窝部

图 4-3-22　棉鞋包覆内底

位则按内底的轮廓线放 8~15mm 的包覆量（图 4-3-22）。

操作方法如下：

① 在内底表面跟口线之前的部位刷胶，反面则在腰窝部位的边缘刷胶。

② 在驼绒垫或毡呢垫的跟口线之前的部位刷胶。

③ 包粘内底。注意：前尖部位只粘不包；跟口线之后不粘也不包，等出楦、盘钉之后再粘牢（如果使用平跟成型底，则可只粘不包）；内底中间部位要包紧粘牢。

（三）包边内底

凉鞋产品或多或少地外露内底的边沿断口，影响其外观质量。天然底革内底外露边沿可用机械铣磨、喷漆烫蜡的方法进行修饰，也可用与帮面及鞋垫颜色相适应的材料进行包边；而再生革、无纺布、钢纸板类的内底，其外露部分的底沿则必须用面革或 PU 革包粘，以增加美感。

包边的形式有全包边、部分包边和配色包边等（图 4-3-23）。窄条带式的凉鞋暴露底沿部位较多，窄条带又难以掩盖包边皮的接头，所以采用全包法；前空式凉鞋可只包前尖部位；空腰式凉鞋可只包腰窝部位；而后空结构的凉鞋则只包后部的暴露部位。

（四）内底刻铣容帮槽

一般操作是：先在内底的边沿及反面铣刻容帮槽，然后再做包边处理，以便使绷帮后的子口线及底面平坦、顺畅，从而改善产品的外观及外底与内底的黏合牢度。

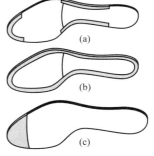

图 4-3-23　内底包边示意图

（a）部分包边　（b）全包边　（c）前端包边

1. 内底的垂直刻穿

这种方法适用于插帮条式凉鞋（图 4-3-24）的胶粘组合工艺。操作方法如下：

① 按照绷帮位置样板（图 4-4-24），在帮条所对应的内底部位画帮条位置线。

图 4-3-24　窄条带式凉鞋

图 4-3-25　绷帮位置划线样板

② 在帮条的起止点处用 0.5mm 的圆筒形冲子凿孔。

③ 用割皮刀将两孔之间的内底部分割去，使孔宽等于帮条厚度，孔长等于帮条宽度。

④ 用砂轮机在内底背面铣坡形槽作为容帮槽，槽深 1.0~1.2mm，最深处不大于内底厚度的 1/2。

槽的方向需要根据产品的类型而定，有时是朝向底心方向，有时是朝向相对的两个方面，而对丫形凉鞋而言，则可朝向四周任意方向。

2. 内底斜剖刻穿

这种方法适用于空腰式的凉鞋、中空结构的浅鞋等产品
（图4-3-26）。帮底结合既可采用缝制方法又可采用胶粘组合
方法，而外观造型与缝条鞋相似，适合做轻便鞋和童鞋。

操作方法如下：

图4-3-26 空腰式凉鞋

① 内底的宽度与外底宽度相等。

② 将砂好的内底粒面朝上放在工作台上，按楦底样板画出绷帮位置线。

③ 切割刀刀刃与内底平面成30°～35°的夹角，沿所画的线斜割剖片（图4-3-27）。

剖片的坡宽等于4～5mm，恰好是线缝鞋内底的坡茬宽度；内部成为线缝鞋内底，外
部的窄条作为沿条（图4-3-28）；在进行帮底结合时，内底与外底既可缝制也可胶粘结合。

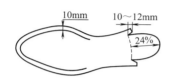

图4-3-27 内底斜剖刻穿尺寸

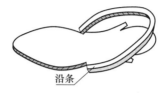

沿条

图4-3-28 线缝鞋内底及沿条剖片示意图

④ 在内底的肉面铣刻容线槽，应控制好刀刃的角度，并且要一刀切割完成。

容帮槽呈斜坡形，靠近底沿部分槽深，远离底沿部分槽浅，凹于内底边沿的量等于鞋
帮（帮面和帮里）的厚度。边沿槽过深会使内底边过薄而压不住帮脚，槽过浅则不足以容
纳帮脚，会使底茬不平而影响与外底的黏合效果；容帮槽的长度应按实际绷帮余量而定，
为10～18mm，宽度的确定应遵循以下规则：

a. 宽条带的凉鞋产品，其容帮槽的宽度等于条带的宽度。

b. 细窄条带的凉鞋产品，则要视窄条带的结构和部件的组合情况而定；如果由间隔
只有5mm左右的几个窄条带组成鞋带的一个部位，就不能按每一窄条带帮脚铣刻一个容
帮槽，而应按此部位的宽度铣出一个通槽。

c. 对于满头满跟空腰式的凉鞋产品而言，其腰窝部位无帮脚，只是前后有帮脚，这
时就不能前后都铣容帮槽，一般有两种处理方法：一是在采用粘贴的方法在空腰部位加厚
内底，粘贴加厚量等于帮脚的厚度；二是在空腰部位的两端处起刀，分别向头部和跟部方
向刻铣容帮槽，槽的长度约为30mm，而不需要将头部和跟部全部刻铣容帮槽。但要注
意：容帮槽沿着内底边缘由深到浅，直至恢复内底厚度，注意成型后底盘和子口的线形
美；包边革的接头不得外露，要压在被帮面覆盖的容帮槽内。

3. 内底包边

将厚度为0.5～0.8mm的包边革条和内底的边缘刷涂天然胶或氯丁胶；包边皮在内
底上下两面各达到7～8mm；包边时要拉紧革条，特别是内底前后和跖趾部位圆凸处；革
条要粘牢，要求平伏、无皱褶。

[思考与练习]

1. 内底的整型加工工艺和规格标准与哪些因素有关？

2. 内底砂磨的目的是什么？

3. 了解勾心的材质，各有何特点及用途？

4. 勾心的作用是什么？每一种鞋都需要安装勾心吗？

5. 为什么在安装之前需要对勾心进行整型？整型操作需要注意哪些问题？

6. 掌握勾心的安装位置及方法。

7. 勾心安装不当会产生哪些质量问题？

8. 半内底的作用是什么？如何确定半内底的安装位置？

9. 掌握内底压型的目的和条件。

10. 内底片斜坡、开槽的目的是什么？掌握满沿条和半沿条的加工数据。

11. 机缝沿条内底的单破缝起埂与双破缝起埂各有何优缺点？

12. 在全包单鞋内底时，在刷好胶的海绵上直接套排、黏合内底有何好处？

13. 内底包边多用于哪类产品？

14. 棉鞋包粘驼绒或毡呢时应注意哪些问题？

15. 掌握前空式、空腰式和空跟式凉鞋内底的包覆方法。

16. 如何确定容帮槽的开槽方向？

17. 容帮槽的形体是怎样的？如何确定容帮槽的长度和宽度？

18. 空腰式凉鞋的内底如何进行刻铣容帮槽？如何进行内底包边？

第四节　其他底部件的整型加工

[知识点]

□ 掌握半内底的整型工艺流程。

□ 掌握主跟、内包头的整型工艺流程。

□ 熟悉各类沿条的铣槽、片削等加工流程。

□ 熟悉盘条、外掌条、插鞋跟皮、拼鞋跟皮、鞋跟面皮等部件的作用和加工要求。

[技能点]

□ 能完成半内底的加工整型操作。

□ 能完成主跟、内包头的加工整型操作。

□ 熟悉其他底部件的加工整型操作流程。

除外底和内底之外，半内底、主跟、内包头、沿条、盘条及鞋跟部件也需要进行加工整型。

一、半内底的整型加工

半内底属于固型支撑部件，能增加腰窝部位的衬托力，内底、勾心和半内底共同装配成组合内底。

半内底材料通常选用天然底革和弹性硬纸板，材料性质不同，其整型加工的方法也不同，天然底革需经过片匀、片削及砂磨粒面等操作，弹性硬纸板则只需要进行片削处理即可。

（一）天然底革半内底的加工整型

1. 通片

天然底革存在厚薄不匀的现象，为了保证同双鞋半内底厚薄均匀，需要按照工艺标准进行通片，所使用的设备及通片操作的主要程序与天然底革外底加工相同。

应根据内底的材质情况、鞋的类型、鞋跟高度变化以及鞋跟位置是否添加补强贴片等因素，确定厚度规格。

2. 砂磨

根据产品品种的不同，半内底可以粘在内底之上（其表面还要与鞋垫黏合），也可以粘在内底之下（半内底则要与帮脚、外底黏合）。为确保黏合牢固，需要将其粒面层砂磨掉。半内底面的砂磨是在砂轮机上进行的，要求砂磨平整，均匀一致，无厚薄不均、砂坏底边和砂露底等缺陷。

3. 片削

半内底的长度是从跖趾线后 5mm 左右至内底跟端为止。为使组合内底与外底黏合严密、牢固，穿着行走时不硌脚，半内底的前部需要片坡茬。天然底革的半内底一般是从腰窝部位的中部开始，由薄至厚地片至后端，片成斜坡状。材料厚就片得宽（60～70mm），材料薄就片得窄（30～40mm），前端边缘留厚 0.5～0.8mm。

同卷跟鞋外底片削腰窝及后跟部位一样，半内底的片剖也要借助于特制的专用胎具，在平刀片皮机上进行通片。

先将制作托模的材料裁断成半内底的形状，然后将后跟部位截去；按照半内底的片剖厚度要求，从托模的头部开始，由厚至薄地将托模片削成型。托模在上，半内底在下，将托模与半内底对正复合，送入平刀片皮机中进行片剖。

若半内底位于内底之下时，绷帮后的帮脚则要与半内底黏合。但由于帮脚有一定的厚度，势必会影响半内底与外底之间的严密黏合［图 4-4-1（a）］。因此，可以将半内底的边缘进行片剖处理，以掩藏绷帮帮脚。一般保持半内底与内底的周边相等，对半内底的前端进行片剖处理，片宽 15mm，边口留厚 0.4mm，其余边片宽 10～15mm，且片边出口，使其边缘呈斜坡状［图 4-4-1（b）］。

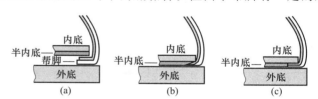

图 4-4-1　半内底-帮脚-外底结合示意图

（a）帮脚有空隙　（b）半内底片边

（c）帮脚与半内底顶搭接

若内底硬度较大，在裁断时将半内底周边缩小于内底边 10mm，周片只片宽 3～5mm，边留厚 1.2～1.5mm 即可，帮脚与半内底顶搭接或少部分搭接［图 4-4-1（c）］。

半内底是内底的固型补强件和修饰件，必须与内底型相适应。安装半内底或将内底、勾心和半内底组成组合内底时，由于勾心中部有凸棱状的加强筋，内底与半内底之间产生缝隙，使两者不能严密结合。在裁断刀模上加组合裁沟刀，在裁断半内底的同时使半内底上产生一条藏筋沟，这样就可以掩饰勾心的凸棱（图 4-4-2）。

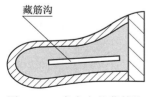

图 4-4-2　半内底的藏筋沟

（二）代用材料半内底的整型加工

半内底用的代用材料厚薄均匀，外观及内在质量基本一致，表面的吸胶力也较强。因此，只需要对其前端及边缘进行片剖加工。由于代用材料一般都较薄，所以其前端的片宽量为 35～45mm。对前端及边缘进行片剖加工以及开设藏筋沟的操作同天然革半内底。

注意事项：

① 当采用合成内底时，应采用加厚的半内底，以提高成鞋后身的稳定性。

② 如果使用泰克松纤维纸板或钢纸板做半内底时，半内底的厚度可适当减小。

二、主跟、内包头的整型加工

在成鞋结构中，主跟、内包头被放置在帮面与鞋里之间，对帮部件成型有重要作用，属于固型支撑部件。主跟、内包头的材料有天然底革、合成底革以及热活化型材料三类。整型加工则应根据皮鞋结构、材料特点和工艺操作要求进行。

（一）天然底革主跟、内包头

天然皮革的主跟和内包头按照以下工序进行整型：通片→砂粒面→片边→砂磨肉面→浸水返软→压型。

1. 通片

按照产品品种的要求，将整片底革在片底料机上通片，使其厚薄均匀一致。常用主跟及内包头的厚度见表4-4-1。

表 4-4-1 常用主跟及内包头的厚度 单位：mm

部件	皮鞋款式	厚　　度			斜面宽度	
		中心厚度	上口	下口	上口	下口
主跟	男鞋	2.8～3.0	片边出口	0.8～1.1	25～30	20～25
	男式三接头	3.0～3.5		1.0～1.2	25～30	20～25
	男式劳保鞋	3.2～3.5		1.2～1.4	25～30	20～25
	女鞋	2.5～2.8		0.8～1.0	18～22	16～18
	童鞋	1.8～2.0		0.7～0.9	16～18	14～16
内包头	男鞋	1.5～2.0		0.7～0.9	18～22	16～20

2. 砂粒面

由于主跟和内包头是在绷帮之前分别装入后跟及前尖部位的帮面与帮里之间的，为增加主跟及内包头与帮部件之间的粘接牢度，需要将主跟及内包头的粒面砂磨掉。砂磨是在砂毛机上进行的，参见外底、内底的砂磨。

3. 片边

由于主跟和内包头是装在帮面与帮里之间的，如果对边口不进行片削的话，在绷帮时，要将面革、主跟（或内包头）及里料均匀地打褶并绷伏于楦底面上是十分困难的；而且绷帮后，主跟和内包头（特别是内包头）的边口棱印在帮面上十分明显，从而影响产品的外观质量。另外，这类产品在穿着使用过程中有硌脚的弊端。

与卷跟鞋外底的片削一样，主跟和内包头的片削也需要使用胎具。将裁好的主跟、内包头放入锅底状的胎具内进行削片，就可以一次达到四周片薄、整体通片的目的。

不同的产品品种，不同的主跟及内包头材质，其片削的规格也不同。

采用通用型主跟时，上口的片削宽度约等于主跟高度的4/10；下口的片宽约等于主跟高度的3/10；上下口的片削与中心留厚部位之间应圆滑过渡，不得有界棱。为防止在穿用过程中硌脚，主跟的上口要片出边口。而为确保在穿用过程中不发生坐跟现象，主跟的下口要保留一定的厚度。

采用通用型内包头时，上口的片宽为内包头纵向长度的 4/10，且片边出口。下口片宽为内包头纵向长度的 3/10，边口留厚 0.8～1.0mm，胶粘鞋可降至 0.5～0.8mm。

只有主跟和内包头的中心厚度达到规定的要求时，成鞋的定型性才能有保证。因此，若中心厚度达不到要求时，可用聚乙烯醇将两片材料在中心部位粘贴，在压平机上压平 30～40min，静置 12h 后，再通片。

主跟和内包头的片边操作一般都是在圆刀片皮机上进行的，如果采用手工方法进行片削加工时，需要先将主跟和内包头浸水回软，然后进行湿片。

4. 砂磨

主跟和内包头经过片削（特别是手工片削）后，肉面层会留有刀痕及不平整的现象。需要用砂轮机砂磨，使其肉面平整无棱。

经过片削后的主跟和内包头呈中间厚、四周薄的形体，因此，砂磨操作需要在特制的凹形砂轮上进行。首先将木盘轮安装在转动轴上，然后在其上粘贴 10mm 厚的海绵；启动开关使木轮转动，用锉刀对海绵的中间部分进行磨削，并均匀地向其边缘由多渐少地磨削，直至成为凹形，最后用胶粘剂将 2 号砂布粘贴在海绵上，就制成了凹形砂轮。

砂磨操作时，右手握部件，将其一端插入砂轮下进行砂磨，左手接住砂磨好的部件。

5. 浸水回软

由于天然底革的硬度及弹性都较大，因此在对主跟和内包头进行压型之前，需要先浸水回软。浸水操作及条件与手工片削相同。若压型效果好时，也可以不浸水，直接干压型。

6. 压型

为便于绷帮操作的进行，适应装配化大生产的需要，企业中一般都在底部件的整型加工工序中将主跟和内包头按照楦体形态预先压制成型（图 4-4-3）。

压型操作是在主跟、内包头压型机上进行的。压型胎具必须符合楦型。压型机的压力一般为 4～6MPa，压制时间为 6～7s。对于弹性较大的材质，可适当延长时间。

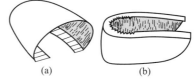

图 4-4-3　压制成型后的主跟和内包头

(a) 内包头　(b) 主跟

天然皮革在干燥收缩时，粒面的收缩率要大于肉面的收缩率，而主跟和内包头在压型之前经过了浸水回软，因此，压型操作结束后，主跟和内包头都要发生收缩。为防止干燥后鞋帮口随主跟的收缩方向向外咧口，产生鞋口变形，主跟压型时粒面应朝鞋腔、肉面朝外。

内包头是装在帮面与布里之间的。因为皮革的收缩力大于布料，如果内包头压型时粒面朝向鞋腔，当其收缩后会将帮里顶起，从而卡磨脚趾背。而若粒面朝外压型时，由于有面革在外，内包头的收缩只能增加鞋前端的定型性，所以，内包头的压型方向是粒面应朝外、肉面朝向鞋腔，与主跟的正相反。

压型时，主跟的底口宽度为 10～12mm，内包头的底口宽度为 12～14mm。

（二）非天然革的主跟、内包头

尽管天然底革的主跟和内包头有突出的定型性和穿用舒适性，但由于成本高，加工操作复杂，在中低档鞋的生产中普遍使用代用材料。目前使用较多的是合成主跟和内包头。

这种材料是由无纺布片材浸渍树脂而成的，具有成本低，通张厚薄均匀，便于机器裁断，使用方便，在绷帮定型过程中自行与帮面、帮里里黏合的特点，缺点是在回软过程中要使用有毒的溶剂。

合成材料有厚型、薄型两种，厚型主要用作主跟和需要一定厚度的内包头，薄型适用于做内包头。将裁断好的主跟和内包头经过片边处理后，在使用前刷一次甲苯（二甲苯或苯类溶剂）回软，也可采用浸泡的方法，然后置于密闭的容器中，使溶剂能够充分浸透材料，从容器中取出主跟和内包头后即可使用。现今企业中多使用通过式主跟、内包头浸泡机，以提高工效。

还有一类主跟和内包头材料是用无纺布浸渍树脂而成。经裁断和片边处理后浸渍或喷涂聚苯乙烯或聚乙酸乙烯酯，烘干后备用。使用时将其浸入乙醇液中或加热活化，即能软化和恢复黏性，并在成型过程中自行与帮面、帮里黏合。

非天然革主跟、内包头的片边、砂磨及压型操作同天然底革。

三、条形部件的整型加工

皮鞋生产中用到的条形部件主要包括沿条、盘条和外掌条。

（一）沿条的整型加工

沿条既可以用于线缝鞋又可以用于胶粘鞋（图4-4-4）。在线缝鞋中，沿条分别与帮脚、内底及外底缝合，是帮脚和外底之间的连接物，起增加帮底结合的作用，同时也可以遮盖绷帮皱褶。而在胶粘鞋中，假沿条既可以掩盖绷帮皱褶，又可以起到装饰的作用。

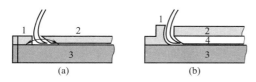

图 4-4-4　沿条结构示意图

（a）线缝鞋结构　（b）胶粘鞋结构

1—沿条（假沿条）　2—内底　3—外底　4—半内底

1. 平面侧缝沿条

沿条平置于外底之上，处于鞋帮和内底的外侧，与鞋帮及内底侧向缝合，故称为平面侧缝沿条（图4-4-5）。平面侧缝沿条是线缝鞋中使用最多的一种。

整型加工工序：通片→铣槽→片斜坡→砂粒面。

2. 侧面立缝沿条

沿条先立于鞋帮和内底的外侧，并与鞋帮及内底缝合，然后翻转90°，再与外底缝合，故称为侧面立缝沿条，也称为翻沿条，根据翻转的方向不同又分为上翻和下翻两种（图4-4-6）。

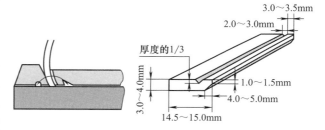

图 4-4-5　平面侧缝沿条结构及加工规格图

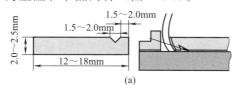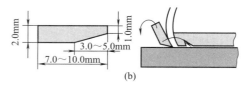

图 4-4-6　侧缝沿条

（a）上翻　（b）下翻

3. 透缝沿条

透缝鞋可以不使用沿条。如使用沿条时，先将沿条粘于帮脚、内底之下，然后将内底、帮脚和沿条纵向上下缝合（图4-4-7）。所用的沿条比侧缝沿条宽，为18～22mm，厚度与侧缝沿条相同。

4. 压缝沿条

压缝结构是在绷帮定型后，将帮面的帮脚向外翻出，并用压条压住，然后将压条、帮脚和外底一同缝住（图4-4-8）。所用的沿条厚度为2～3mm，宽度为8mm左右，长度根据需要截取。其整型加工在条形部件的裁断工序中已完成。

5. 注塑沿条

注塑沿条采用塑料挤出机注塑加工制造而成，形体与平面侧缝沿条相似，但厚度在3mm以上（图4-4-9）；容线槽比皮质沿条的要窄、浅；注塑沿条具有一定的强力和硬度（达到邵氏700），达到耐折、耐寒、耐缝拉和穿孔等性能要求。

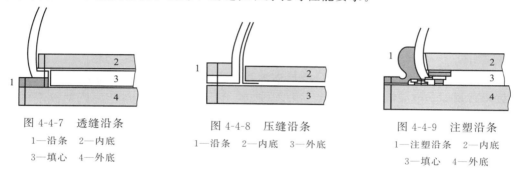

图 4-4-7　透缝沿条
1—沿条　2—内底
3—填心　4—外底

图 4-4-8　压缝沿条
1—沿条　2—内底　3—外底

图 4-4-9　注塑沿条
1—注塑沿条　2—内底
3—填心　4—外底

6. 胶粘鞋的沿条

胶粘鞋所用的沿条有宽形和窄形两种。从长度尺寸上看，沿条又可分为圈沿条、满沿条和半沿条三种（图4-4-10）。加工使用过程中既可以像线缝鞋那样缝于帮脚之上，也可以直接粘在外底之上。

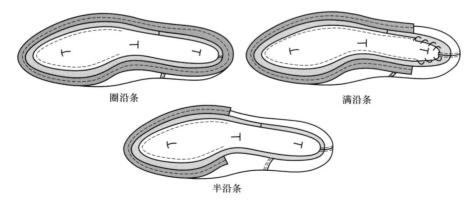

圈沿条　　　　　　满沿条

半沿条

图 4-4-10　沿条按长度尺寸分类

（二）盘条的整型加工

盘条是仅在后跟鞋底边缘部位的一个U形部件，分别在跟口线处与沿条对接（图4-4-11）。由于楦体本身的前掌及踵心部位呈外凸的锅底状，再加上勾心的厚度，会在合外底

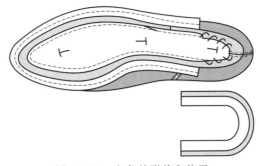

图 4-4-11　盘条的形状和位置

后出现外底不平、不稳的质量缺陷。安装片剖成斜坡状的盘条后，可以垫平楦底踵心部位的凸度，使鞋跟大掌面与后跟帮面子口严丝合缝。另外，盘条也起增加帮底结合、遮盖绷帮皱褶的作用。

盘条一般都采用钉合的方法与内底、帮脚结合。其整型加工程序为：通片→砂磨粒面→剖割→（浸水回软）→挤压定型。

1. 通片

在平刀片皮机上进行，使其厚度与沿条的厚度相等或略厚于沿条，以确保帮底结合子口线的线形规整流畅。

2. 砂磨粒面

与沿条的粒面砂磨相同。

3. 剖割

为节约原材料，通常在裁断时将两只盘条并在一块进行裁断。

盘条有宽型和窄型两种，其宽度分别为 24mm 和 18mm，分别用于后跟部出沿台的靴鞋和后跟部无沿台的靴鞋。

宽型盘条片剖时是在盘条的上下两面距边 5～6mm 处画线，然后按两线的对角连线进行剖割。窄型盘条则是在上下两面距边 2～3mm 处画线，然后按两线的对角连线进行剖割。

盘条的剖割可用手工进行，也可在剖皮机上进行。剖割前要根据盘条皮的软硬程度进行浸水回软，其操作同沿条皮。

4. 挤压定型

剖割好的盘条还需要按照后跟弧度的形状盘折成型，以便钉合。盘折操作可以用手工的方法，也可以在 U 形模具中挤压定型。成型之前也需要进行浸水回软。

（三）外掌条的整型加工

外掌条又称为鞋跟围条皮或盘跟条，与盘条一样也是一种 U 形部件，其长度略长于盘条，但位于外底和鞋跟之间，起垫平跟部踵心凸度和垫高鞋跟高度的作用。

与盘条的整型加工程序一样，外掌条也要经过通片→砂磨粒面→剖割→（浸水回软）→挤压定型等整型加工。由于外掌条在后跟部位不出边沿，所以剖割时只按对角线进行。其他加工操作均可按盘条整型的方法进行。

四、鞋跟部件的整型加工及装配

皮鞋生产过程中所用到的鞋跟部件主要包括插鞋跟皮、拼鞋跟皮、包鞋跟皮、鞋跟面皮和鞋跟等。

（一）插鞋跟皮

同盘条、外掌条一样，插鞋跟皮也是用于调整外底跟部的平整程度和调节鞋跟高度的一种鞋跟部件（图 4-4-12）。另外如使用橡胶外底时，为保证后期鞋跟的钉合牢度，减轻成鞋的重量，有时在后跟部位不使用盘条，而是用插鞋跟皮；或者在盘条与底之间加插鞋跟皮，为钉跟提供一个衔钉力强的基础。

插鞋跟皮的厚度一般为4～5mm，形体尺寸略大于后跟，以便在跟底边修削时与后跟一起进行修削。若厚度不足时，可用两层底革黏合、压紧后使用。裁断好的插鞋跟皮只需要在片主跟、内包头机上进行片剖加工即可，上口片宽20～25mm，片边出口。

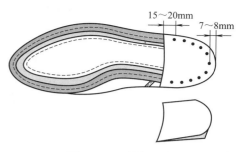

图4-4-12 插鞋跟皮

（二）拼鞋跟皮

拼鞋跟皮实际上是组成跟体的一层层底革，故又被称为鞋跟里皮，制成的鞋跟则称为底革堆跟（图4-4-13）。其目的是为了充分利用剩余的边角底革碎料，降低生产成本，减少固体废料对环境的污染。当然，使用拼鞋跟皮也可以保证皮跟或胶跟面的高度。底革堆跟的制作方法如下：

图4-4-13 底革堆跟

① 用两块完整的底革分别作为鞋跟底座和顶层，然后用底革碎料拼接跟体，每一层所用的底革厚度要一致，且各层的形体尺寸要大于成型鞋跟所对应层的周边2～4mm，以便在跟底边修削时留有余地。

② 将厚度相同的底革碎料片边出口，片宽12mm；在片出的坡茬上刷胶，然后坡茬相对，搭接黏合。在黏合好的各层底革片的黏合面上刷胶，再逐层粘在底座上，最后粘顶层。

③ 将黏合好的堆跟加压、干燥，使各层间紧密结合，然后进行跟体的修削、整饰。

要求同双堆跟的高度一致，形体对称。所用的底革品质相同，以免后期整饰烫蜡后出现色泽不一的外观缺陷。

如果鞋跟较高，可采用钉、粘结合的方法制作堆跟，以保证鞋跟的质量。

（三）包鞋跟皮

除带跟的成型底外，皮鞋生产过程中还大量使用预制鞋跟，在跟底结合装配工序中进行钉跟或装跟。预制鞋跟现今多为木质或塑料材质，可以在跟体的表面包裹一层材料，以改善预制鞋跟的外观。

（四）鞋跟面皮

鞋跟面皮是安装在鞋跟小掌面上的部件，起增加鞋跟耐磨性、延长鞋跟使用寿命的作用。

制作鞋跟面皮的材料可以是天然底革、橡胶或是塑料。因为大多数鞋跟面皮在穿用过程中易磨损外怀的后侧，也可以使用由两种材料组合而成的镶嵌鞋跟面皮（图4-4-14），以使外怀后侧的鞋跟面皮不至于过早地磨损。

1. 天然底革类鞋跟面皮

天然底革鞋跟面皮的整型加工工序：通片→铣砂跟面边沿→涂饰。

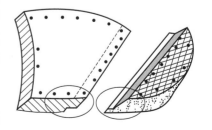

图4-4-14 镶嵌鞋跟面皮

（1）通片　在平刀片皮机上进行，使鞋跟面皮的厚度（一般为 5mm）达到均匀一致。若厚度不足时，可以用两层底革黏合在一起，经压平机压平 1h，静置 12h，然后进行裁断。

（2）铣砂跟面边沿　在天然底革上裁断出的鞋跟面皮往往有毛边和边沿偏斜的缺陷，经过铣削可以使其底边沿垂直，部件规格化。

同外底的底边沿铣削一样，鞋跟面皮边沿的铣削也必须使用标准靠模。其跟口面部分直接在砂轮机上砂磨，而其他多余周边的铣削则需要将鞋跟面皮固定在靠模上后，在平台靠模铣底边机上进行。铣削结束后，在边缘上刷水回软，然后在砂轮机上用 0 号旧砂布砂磨光滑。

（3）涂饰　在铣削后的边缘上涂色浆、罩光或喷漆，以增加其光亮度和美观性，其加工操作方法与外底涂饰相同。

2. 代用材料类鞋跟面皮

橡胶类鞋跟面皮在裁断后只需要进行边缘的砂磨；塑料类的鞋跟面皮一般为预制件，直接将其固定削插入跟体底部的孔穴中即可。

3. 鞋跟面皮的钉合

钉合鞋跟面皮这个工序既可以安排在底部件的装配工序中，也可以安排在合外底后的加工操作中。

鞋跟面皮的钉合方法主要有两种：

（1）明钉法　鞋跟面皮上可以看到钉帽的为有帽明钉法，而鞋跟面皮上没有留下钉帽的为无帽明钉法，如图 4-4-15 所示。

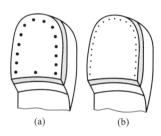

图 4-4-15　明钉法
（a）有帽明钉　（b）无帽明钉

① 有帽明钉法：在鞋跟小掌面及鞋跟面皮的肉面刷胶；两者对正黏合。用 9mm 圆钉（四分钉）钉合鞋跟面皮；钉与钉之间的距离为 4～6mm，钉距跟边 3～7mm，跟口中心可钉两根钉或三根钉，呈一字形或品字形。

要求将钉子钉入跟体，钉帽与跟面钉严。

② 无帽明钉法：将 16mm 长的圆钉钉入鞋跟面皮。钉帽距跟面 2～3mm 时，用胡桃钳子掐去钉帽。将剩余的钉杆部分敲锤钉入跟面。

要求钉鞋跟面皮钉的钉位要美观整齐，同双对称一致，钉与钉的距离、钉子距边的距离都要根据跟型来灵活掌握。

（2）暗钉法　暗钉法是指在鞋跟面皮上看不到钉帽或钉杆的钉法。

① 将鞋跟面皮的肉面及鞋跟小掌面刷胶，晾干。

② 将 16mm 长的圆钉，距跟体边 6～7mm 钉入跟体，钉间距为 10mm 左右，钉入深度为 5～6mm。

③ 用对口钳斜掐断钉杆，使跟体表面上保留的钉杆长度占鞋跟面皮厚度的 2/3。

④ 将鞋跟面皮摆放在掐断的钉杆之上，对正位置，捶击跟面，在反作用力的作用下，斜角形的钉杆刺入跟面，使跟面与跟体粘钉严紧、平伏、牢固，且鞋跟面皮上不露钉痕（图 4-4-16）。

（3）鞋跟面片纸样板　鞋跟面皮的钉合以手工为主，因而在实际操作中，往往会产生钉子距边宽窄不一，钉子间距不等，同一鞋号所用钉子的数量不同等缺陷，从而影响产品的外观。可采用统一的钉鞋跟面皮标准样板来解决这一问题。

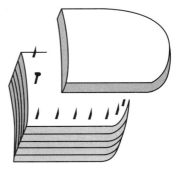

图 4-4-16　暗钉法

制作鞋跟面皮纸样的方法如下：按照鞋号大小进行扩缩；在纸样上确定钉位；用 5mm 厚的白铁皮复制样板，用直锥在钉位点扎出孔印；将白铁皮样板端正地附在鞋跟面皮上，用榔头轻轻捶敲，即可在鞋跟面皮上留下清晰的钉位。按照钉位钉合鞋跟面皮后，钉子的边距、钉间距以及数量一致。

（五）预制鞋跟的整饰

除带跟的成型底外，皮鞋生产中还大量使用预制鞋跟。预制鞋跟现今多为木质或塑料材质，经过跟体整型加工后，一般还需要在跟体的表面包裹一层材料，以改善预制鞋跟的外观。包跟材料可分为重革、轻革和其他材料。

1. 跟体整型

木质鞋跟经过粗加工后，大掌面的凹度与绷帮成型后的后跟踵心凸度不一定完全吻合；跟口面与大掌面的夹角、跟体后弧线与大掌面的夹角以及跟口面与小掌面的夹角也不一定完全相同，因而必须进行测定和砂磨，达到规格一致。

木质鞋跟整型加工时，应注意以下问题：

① 同双鞋跟的大掌面与跟体后弧线间的夹角如果不同，两只成品鞋的长度会一大一小。

② 跟口面与小掌面的夹角一般为 90° 而不应偏离较大（马蹄形跟例外），否则会使鞋跟受力，呈不稳定状态，进而出现掰跟现象，造成掉跟或使木质跟体豁裂。

塑料鞋跟由模具注塑而成，其形体角度均能符合技术要求。但在生产高档鞋时，则必须在跟体表面上包裹一层与帮面颜色一致或谐调的皮革或合成革。由于塑料表面很光滑，与包跟皮之间不易黏合，两者间易产生空浮现象，从而影响成鞋外观质量。因此，必须对塑料跟体的表面进行砂磨处理。

塑料跟体砂磨的主要部位是跟的后弧面与侧弧面。所用的砂布可略粗些，但要注意不可将大掌面及小掌面的边棱砂坏，或改变跟形。要求砂磨均匀，表面无棱印，以保证包跟跟皮后，跟体表面光滑平整。

2. 包跟

需要说明的是，从外底的形状上看，大致可分为压跟、卷跟和坡跟三种，但每一种都有各种各样的跟形。各种跟体的包跟操作大致一样，区别只是在包鞋跟皮的尺寸方面。

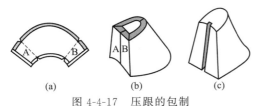

图 4-4-17　压跟的包制

(a) 4～6mm 折回余量　　(b) 鞋跟皮对接

(c) 藏边槽

（1）压跟的包制

① 制作包鞋跟皮样板：由于包鞋跟皮要在大、小掌面处分别折回，故需要加出 4～6mm 的折回余量；另外，包鞋跟皮在跟口面的中线处对接，所以也需要留出 2～4mm 的余量（图 4-4-17）。

② 刷胶：在跟体表面、大小掌面的边缘及包鞋跟皮的肉面上均匀地刷胶。木跟用天

然胶，塑料跟用氯丁胶。刷两遍胶，晾至指触干后待用。

注意：若使用合成革做包鞋跟皮时，由于胶粘剂中的溶剂会将涂饰层溶解，故只需要对跟体表面刷胶，包鞋跟皮上不刷胶。

若使用浅色的包鞋跟皮时，胶粘剂中不掺入深色固化剂，以防止其渗出到包跟皮外产生泛黄现象，影响鞋的外观。

③ 包跟：将包鞋跟皮对折，找出其对称轴线；将包鞋跟皮的对称轴线与鞋跟后端的中心线对正，黏合固定，留出大小掌面的折回余量；向前及向上下两个角的方向用力推粘包鞋跟皮，使其紧紧贴附于跟体表面。

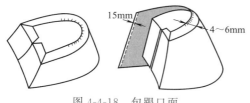

图 4-4-18　包跟口面

将包鞋跟皮的上下口分别向大小掌面折回、包粘（图 4-4-18）。与上凸型部件的折边一样，要均匀打褶，距边棱 2.5～3.0mm 内力争无褶，其余的褶棱可用刀片平。也可采用打剪口的方法消除皱褶，但剪口距边不得小于 2mm。

与尖角形部件的折边一样，包粘跟口处的上下两个角时，要各剪一个三角形的剪口。

将包鞋跟皮的两端在跟口面处重叠搭接，沿跟口面的对称轴线用刀直割，去掉多余的包鞋跟皮，然后粘牢，包鞋跟皮的两端自然严密对接。

为使包鞋跟皮在跟口面处的对接严紧、美观、牢固，在注塑塑料鞋跟时，可在跟口面的中心线处设计一道藏边槽，包鞋跟时，将包鞋跟皮的两端同时压嵌进槽口内粘牢即可。

（2）卷跟的包制　卷跟鞋与压跟鞋不同之处是：卷跟鞋的外底在粘到跟口处时，不再与内底和帮脚黏合，而是卷粘到跟口面上。为了便于卷粘外底，跟口面与大掌面的夹角不采用直角，而呈凹弧形或斜线形。

卷跟的包法与压跟的包法基本相同，只是跟口面处不全包（图 4-4-19）。

当两侧的包鞋跟皮折回到跟口面上时，留出 3～4mm 的余量，粘伏，其余的剪去。注意在包粘跟口面的竖棱边时，要将包鞋跟皮打剪口，剪口距边棱不能小于 1mm（图 4-4-20）。

将大掌面前端的包折皮与跟口面竖棱上端的包折皮合粘在一起，超过大掌

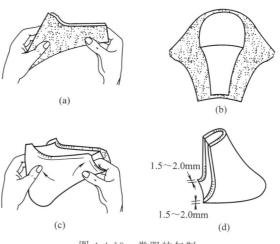

图 4-4-19　卷跟的包制
（a）包跟皮对折　（b）对中粘贴
（c）向上下角抻擦　（d）成品

面前端两角 2mm，以确保使用卷粘外底时，鞋跟与帮脚及外底结合紧密，线形圆滑无缝隙。

卷跟鞋的鞋跟一般都先不安装鞋跟面皮，待粘外底后再安装。

（3）坡跟的包制（图 4-4-21）　坡跟鞋所用的外底可以是卷底，也可以是平底。其包制与卷跟鞋鞋跟相似。脚掌处的包跟皮需要放长 5～7mm，确保坡跟与底面黏合平整。

胶粘鞋的坡跟需要将外底直接黏合在木跟的掌面弯头上，因此包跟皮黏合边缘需要砂

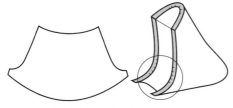

图 4-4-20　包跟皮打剪口

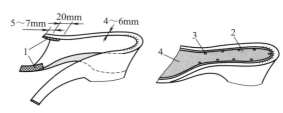

图 4-4-21　坡跟的包制
1—坡跟掌脚补强　2—跟座掌心垫片
3—圆钉　4—木跟掌口线

磨处理。由于木跟上下掌面边缘的包跟皮的边宽只有 6mm 左右，黏合面比较小，应加衬掌心垫片以扩大黏合面，增加黏合强度。衬垫片可使用底革片下来的废料或二层革，周围片边出口，中心厚度保持在 1mm 左右；也可以直接采用轻泡片；垫片的大小按跟座面轮廓缩进 6mm，跟口处应该略微超出掌口线；用氯丁胶黏合，并在垫片钉上 13mm 圆钉 7～9 只。

（4）底革包跟（图 4-4-22）　皮革堆跟具有层次分明的天然底革断面，颇受高档鞋消费者的青睐。但由于它是由一层层底革堆置黏合而成的，不仅费工，而且跟也重。为克服这些缺点，制鞋企业往往采用底革包跟。

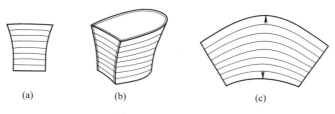

图 4-4-22　底革包跟
（a）跟口切片　（b）包好切片的鞋跟　（c）跟墙切片

这种方法是将多层底革块叠置黏合，从其断面切片，然后用切片包粘跟体。由于底革的叠置黏合形成了明显的结合纹线，与底革堆跟的外观相似，因此常被误认为是底革堆跟，所以也称多层底革包跟为假皮堆跟。另外，将整块底革片薄，在其表面修饰划刻堆跟纹线，然后再进行包跟，产生的外观效果也与底革堆跟的外观相似。

[思考与练习]

1. 掌握半内底的形体尺寸，半内底的边口为何必须进行片削加工？

2. 当内底的材质（硬度）不同时，半内底的形体尺寸及片削尺寸有何不同？

3. 主跟和内包头的边口为何要进行片削加工？

4. 掌握主跟、内包头压型前浸水回软的条件。

5. 主跟和内包头的压型方向为何不同？

6. 沿条的作用是什么？线缝鞋所用的沿条有哪几类？

7. 用于线缝鞋的沿条为何要进行铣槽、片斜坡？

8. 在缝合方法上，平面侧缝沿条、侧面立缝沿条及透缝沿条有何不同？

9. 盘条和外掌条各有何作用？

10. 插鞋跟皮有哪些用途？

11. 对拼鞋跟皮有哪些要求？

12. 鞋跟面皮的种类及作用有哪些？

13. 掌握有帽明钉法、无帽明钉法和暗钉法的操作。

14. 如何解决手工钉鞋跟面皮过程中易出现的质量问题？

15. 预制跟的尺寸测量有哪些？同双鞋预制跟的尺寸不同会造成什么质量问题？

16. 掌握压跟、卷跟用包鞋跟皮样板的制作方法及包跟操作。

绷帮成型

将装好主跟、内包头的鞋帮套在钉有已修削好内底的鞋楦上，通过外力的绷拉，使鞋帮紧紧绷伏于楦体，塑造出与鞋楦一样形体，这个过程称为绷帮。

在制鞋生产过程中，绷帮是鞋帮与鞋底总装结合的基础，也是整个生产过程中的关键工序。其操作难度大，技术性强，对产品的外观及内在质量都起着决定性的作用。

第一节　绷帮成型原理

［知识点］
　　□ 掌握绷帮成型的原理。
　　□ 掌握绷帮与鞋帮材料、鞋靴式样及楦形的关系。
［技能点］
　　□ 掌握帮面材料、鞋靴款式以及楦形与绷帮力之间的关系。
　　□ 掌握绷帮成型的四个要素及每一要素对绷帮成型及定型的作用。

一、成型原理

鞋帮是由平面的片状材料制成的，虽然经过缝制形成具有一定形体的帮套，但尚未经过定型处理，其形体不稳定。通过绷帮，使鞋帮套在鞋楦上形成稳定的形体，其成型原理和影响因素有以下四个。

（一）样板的曲跷处理

鞋样立体设计过程中，需要对样板进行展平和曲跷处理，以实现由楦面曲面向平面样板的转换。样板的曲跷处理，实际上是进行了角度变化的技术处理。按照这种经过角度变化处理的样板裁断出的帮部件，经过镶接和缝纫，会形成接近于楦体的曲面形状。

例如，用贴纸的方法将一个半球体包裹时，必定会产生许多条凸于半球体表面的皱褶；将这些皱褶剪去，然后再将纸展平，就会产生一个齿轮状的样板；按照这个样板进行裁断、镶接及缝合操作，就可以得到一个半球壳（图 5-1-1）。上述过程实现了由三维曲面向二维平面转化以及由二维平面向三维曲面转化的过程。

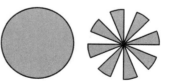

图 5-1-1　取跷原理示意图

因此，对样板进行展平和曲跷处理，是使平面帮件转变为立体帮套的前提。

（二）鞋帮部件的缝制

缝帮操作实现了展平及曲跷处理的逆向过程，使得平面状的帮部件经过镶接和缝合，形成了立体的帮套，为绷帮成型及成鞋的定型奠定了基础。

例如，将三块前帮部件缝合在一起，所形成的三段式前帮自然而然地近似于楦体前段的马鞍形（图 5-1-2）；将前帮盖与前帮围跷镶缝合后，帮套初步形成了鞋的轮廓，前端形体与鞋楦头部的球形相似；后帮缝合，使得帮面发生扭转，围拢成了近似鞋腔的雏形（图 5-1-3）。

图 5-1-2　前帮缝合后形成立体效果　　　　　图 5-1-3　围盖缝合后的立体效果

因此，如果说对样板进行展平和曲跷处理是使平面帮件转变为立体帮套的前提条件的话，那么缝帮则是使平面帮件转变为立体帮套的基础。

（三）鞋帮材料的力学性能

样板的曲跷处理以及帮部件的缝制是绷帮成型的前提条件和基础。经过加工，虽然帮套已接近鞋楦的形体，但许多部位还与楦体不贴伏，必须通过一定的外力作用，使其各部位发生不同程度的延伸和收缩，才能使整个帮面平伏紧贴于楦面。在此过程中材料的力学性能起着重要的作用。

皮鞋生产中所使用的帮面材料主要是天然皮革、合成革、毡呢以及绸布等织物材料，它们的主体都是由无数的天然纤维或合成纤维交织成的网状结构，这些材料在外力的作用下都具有延伸性和收缩性。

当物体受到外界力的作用而产生形变时，物体力图恢复原来形状的性质称为弹性；而保持变形后形状的性质则称为可塑性。

天然皮革的主体是由胶原纤维编织成的三维网状结构，它所具有的可塑性和弹性对帮面的绷帮成型及定型起着决定性的作用。

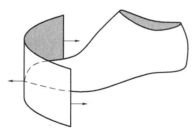

图 5-1-4　皮革成型示意图

如果把一块皮革蒙在楦头部位，将皮革的两边向后拉紧（如同绷帮一样）时，皮革纤维在拉力的作用下沿着受力方向伸长（图 5-1-4）。由于天然皮革具有弹性，转变成曲面状的皮革会力图恢复原来的平面形状，但由于鞋头部位对皮革有一个向前的反作用力，加上外界施加的作用力，使得变形后的皮革无法恢复原来的平面形状，因此，皮革只能紧紧地贴伏在楦头表面上，这就是皮革帮面能够绷帮成型的原因之一。

另一方面，天然皮革还具有可塑性，如果在一定时期内无法恢复原来的形状，就会在一定程度上保持变形后的形状，这就是皮革帮面能够定型的原因之一。

（四）外界条件的作用

依靠帮料所固有的力学性能，经过曲跷处理、缝帮和绷帮操作，帮套紧贴于楦体而暂时成型，但未定型，脱楦后仍会发生形变，只有借助于外界因素的作用，才能使成型后的帮套定型。

促使帮套成型和产生永久性定型的外界因素有：

1. 绷帮力

在绷帮力的作用下，皮革沿着受力方向发生弹性变形，但由于楦体对皮革有反作用力，使得变形后的皮革无法恢复原来的形状，而只能紧紧地贴附在楦体表面上，从而达到成型的目的。

2. 主跟、内包头、勾心、内底、半内底以及由部件的缝制而产生定型框架

主跟和内包头在干燥定型后具有一定的刚性，从而使鞋的前后端得以定型；而内底、勾心和半内底则为帮套所形成的三维腔体提供了基础；某些帮部件的缝合可以产生对帮套起支撑及定型作用的结构，如前帮的缝埂、挤埂等。

3. 胶粘剂

面料与里料、面料与衬料、里料与衬料之间使用胶粘剂进行粘接，可以提高粘接后帮套的局部刚性，加固了鞋帮的定型作用，同时也提高了鞋帮成型后的稳定性。

4. 湿热定型

在绷帮之前，某些帮部件和底部件会进行回潮或溶剂处理；绷帮结束后，带楦的帮套需要进行烘干，以除去部件所含的水分，同时，在湿、热的作用下，帮料的弹性会降低而可塑性增大，使绷帮过程中帮料发生的弹性变形转变为塑性变形。另外，合外底后的湿热定型或冷定型仍然有助于帮套的定型。

绷帮成型及定型的上述四个要素不是孤立存在的，而是相互依赖、协同作用、缺一不可的。

二、影响绷帮力的因素

影响绷帮力大小的因素主要有以下三个。

（一）鞋帮材料

制帮材料具有一定的抗张强度，为了使帮料发生延伸和收缩，消除帮面的细小皱褶，使帮套贴伏于楦体，必须根据帮料性能控制绷帮力的大小，否则会撕裂、拉断帮料或使帮料达到应力的极限而影响产品的寿命。

一般说来，皮革油脂含量高时（14%～18%），强度大，韧性好，适用于制作重型鞋靴，绷帮力应适当增大；油脂含量适中时（5%～9%），皮革具有一定的抗张强度和延伸性，适用于各类普通鞋靴的手工、机器绷帮，绷帮力应适中；羊皮革的粒面薄，抗张强度小，适用于绷帮力较小的手工绷帮，或绷帮力可以精细调整的机器绷帮；合成革的延伸性大，弹性好，脱楦后易恢复原形，其抗张强度小且随拉伸长度的增大而减小，如当合成革伸长12%时，其抗张强度降低30%～35%，施加的绷帮力应适当减少。

（二）鞋靴式样

绷帮时还应该根据鞋靴的式样来调整绷帮力的大小。不同结构式样绷帮力调整如下：

① 满帮鞋的鞋帮面积大，绷帮时与鞋楦之间的摩擦力也大，必须适当增大绷帮力。

② 条带式凉鞋的帮条较窄，容易被拉伸，同时，为提高原材料的出裁率，裁断出的条带在绷帮过程中的受力方向可能与皮革主纤维的走向不一致，不能最大限度地发挥材料的抗张强度，因此，凉鞋的绷帮力要减少，只需要将条带绷伏于楦体即可。

③ 使用网眼、编织的材料制作鞋帮，由于网眼和编织的孔眼在绷帮时易被拉伸变形，需要注意绷帮力的匀称和适度，因而也只需要贴伏于楦体即可。

④ 棉鞋鞋里较厚，绷帮力根据材料的厚度应适当调大。但是，由于帮面与鞋里的厚度差别大，容易造成鞋里堆积或鞋面绷拉过度，因此，需要预先将鞋里拉伸平整，然后再与帮面部件一起绷拉成型。

（三）楦型

鞋楦的品种式样很多，形体变化也很大，绷帮力的大小应根据具体情况进行调整。

① 鞋楦轮廓清晰的鞋楦，如方棱头型或楦墙高厚的鞋楦，绷帮时由于材料变形幅度大，应力容易集中在轮廓明显的部位，绷帮力不宜过大。

② 鞋楦形体圆润，绷帮时鞋帮的变形比较柔和，反作用于鞋帮的应力比较分散，容易成型，绷帮力可适当大一些。

③ 鞋楦头型较大时，鞋帮的相对面积也较大，鞋帮与鞋楦之间的摩擦力会相应大一些，绷帮时会消耗一些绷帮力，因此需要较大的绷帮力；而鞋楦头型较窄小时，由于鞋帮与鞋楦之间的接触面积小，鞋帮的绷帮力也要适当减少。

④ 对于前尖有凸棱和趾跖跗面凹度大的鞋楦，绷帮时作用力的方向改变较大，绷帮力变化也较大。此时，纵向绷帮力要减小，横向绷帮力则需加大，否则鞋帮难以服楦和成型。

［思考与练习］

1. 什么叫绷帮？
2. 绷帮成型的四个要素是什么？分别叙述每一要素对绷帮成型及定型的作用。
3. 分别叙述帮面材料、鞋靴款式以及楦型与绷帮力大小之间的关系。

第二节　绷帮前的准备工序

［知识点］

　　□ 掌握绷帮前准备工序流程。
　　□ 掌握各工序操作要求。
　　□ 掌握主跟、内包头回软的方法。

［技能点］

　　□ 能根据工艺要求完成各工序的操作。
　　□ 掌握各个工序操作注意事项。

绷帮前的准备工序：按照生产通知单领料→拴带→主跟、内包头的回软和安装→后帮预成型钉、修内底→前帮湿热处理→吊正→绷帮→定型。

一、领　　料

从半成品中转库中领取包括鞋帮、鞋底、鞋楦以及各种必需的辅料在内的所有零部件。领料必须按照生产通知单，经过总装组织齐备后发放生产。

二、拴　　带

也称锁帮，凡系带类鞋（如耳式鞋），需要在绷楦前将系带穿入鞋眼，其目的是调节成鞋的跗围尺寸，使之符合设计要求，确保成鞋的穿着舒适性。如果在绷帮过程中穿系带，由于鞋耳已经紧附于楦体，系带则难以穿入鞋眼。

拴带时，将两鞋耳部件对齐、捆紧，要求按照比设计的两耳间距尺寸小 2～3mm，不得过多地重叠或间距过大（二维码 5-1）。为避免鞋绳勒伤面革，可在绳下加衬薄垫。

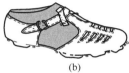

二维码 5-1
拴带操作

如两耳间距小于设计尺寸过多，会造成绷帮余量不足，影响帮底结合的牢度，而且用强力绷帮时，会使帮料的受力增大，在缝线处出现针眼被拉变形，而在脱楦后，成鞋的跗围又过大，穿着时不合脚。

如两耳间距大于设计尺寸，绷帮时绷帮余量过大，剪去多余的帮脚则造成浪费；而在脱楦后，成鞋的跗围又过小，穿着时挤脚。

绊带鞋要将鞋带皮穿入鞋钎内，用圆钉插入带眼中，卡住鞋钎。

丁字鞋（有鞋鼻结构）类产品的后帮带不穿入鞋鼻中，而是用一根皮条固定，使其在设计位置前 8mm 处定位（图 5-2-1）。

经过拴带固定后的鞋帮，在出楦后才能适应脚型。

三、主跟、内包头的回软及安装

回软处理的目的就是要降低主跟和内包头的硬度及弹性，增大可塑性和延伸性，以便于绷帮和定型。

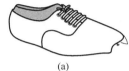

图 5-2-1　拴带的固定
(a) 耳式鞋拴带　(b) 丁字鞋拴带

（一）回软方法

根据不同材料的性能特点，主跟、内包头回软的方法主要有以下几种：

1. 浸水法

天然底革以及再生革类主跟和内包头采用清水浸泡回软处理。

浸水回软操作需要控制的因素是水温、浸水时间及浸水后部件的含水量。水温一般控制在 25～30℃（夏季用低值，冬季用高值），浸水时间 1～2min，含水量要求达到 30% 左右。

主跟和内包头应全部浸透。如果主跟和内包头浸水不透或含水量过少，底革中则可能残留有硬块，柔软度也尚未达到要求。这不仅会造成绷帮困难，而且影响帮面成型时的圆滑性，造成凸棱和皱缩不平等缺陷。

如果含水量过大，会产生以下的问题：影响黏合，造成面、衬、里三者之间松壳，导致面和里过早地被磨损；绷帮过程中被挤压出的水分会渗透到鞋帮表面，形成水渍或污染鞋里；水渍如果与胶粘剂一同渗出，使鞋里黏楦，会影响脱楦操作；容易使成鞋前尖和后跟部位的硬度不足，定型不好等。

2. 溶剂浸泡法

合成树脂片材是由无纺材料浸渍合成树脂而制成的，俗称化学片。合成树脂不具有亲水性，因此，只有用能溶解树脂的溶剂浸泡，才能使这类主跟和内包头回软。

浸泡用的溶剂一般为苯类，如甲苯、二甲苯或苯。但由于苯类溶剂的毒性大，对操作人员的身体健康有影响，因此，可以使用混合溶剂来降低浸泡溶剂的毒性。混合溶剂由等量的甲苯和汽油配制而成。

用混合溶剂浸泡的时间一般为 30s。浸泡时间过长，部件中的溶剂含量则过高，在绷帮时，被挤压出的溶剂会渗透到帮料的表面，将皮革的涂饰层溶解掉；另外，浸泡时间过长，主跟和内包头也会过黏，不易被平伏地装置在面里之间。

浸泡结束后，将料件取出并停放 5～10min，使溶剂充分浸润主跟和内包头。

主跟、内包头中合适的溶剂含量为 30% 左右。

3. 加热回软法

浸渍过热熔性树脂或含有热熔树脂的合成类主跟、内包头的回软需要采用加热回软法。某些无主跟、内包头的产品，为使鞋的前尖和后跟部位定型，往往是在帮面肉面的对应部位上喷热熔性树脂，绷帮前，也必须将这些部位上的热熔性树脂回软。

把主跟、内包头或喷有热熔性树脂的鞋帮套在专用设备上加热到 55～70℃，即可使其回软，恢复黏性。主跟和内包头装入面里之间后，即可进行绷帮或拉帮定型。

（二）安装主跟和内包头

经过回软的主跟、内包头，分别安装在前尖和后跟部位的帮面和鞋里之间的夹层中，然后在鞋楦上与鞋帮一起绷帮成型。

1. 粘贴主跟

粘贴主跟的基本要求如下：

① 注意粘贴主跟时的粒面朝向。因为皮革粒面层的收缩力大于肉面层，因此在安装主跟时，天然底革类的主跟应将粒面朝向鞋腔方向，防止干燥后鞋帮口随主跟的收缩而向外咧口，导致鞋口变形；合成类的主跟，要求平面朝向鞋腔，边缘片坡茬的一面与鞋帮的肉面黏合。

② 粘贴主跟时，主跟上口距后帮上口缝线 2～3mm，不得顶到上口边缘缝线，否则在穿着使用过程中会磨脚后跟。另外，主跟上口边缘片边处需要留有一定的空隙，以便将上口整理捶平，使上口可以获得理想的弹性；但若主跟安装过低时，鞋口则发软，易变形，穿着时不跟脚。

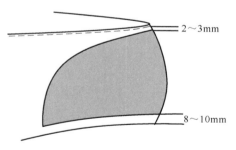

2～3mm

8～10mm

图 5-2-2　主跟的安装位置

③ 主跟下端缩进帮脚边缘 8～10mm，绷帮时主跟在内底上需要有 4～5mm 的折回量（图 5-2-2）。折回量太少，其支撑力就小，易出现"坐跟"的缺陷；折回量太多，绷帮操作困难，后部太粗笨，会影响装跟、钉跟的操作。

④ 对于男鞋产品，安装主跟时要将其对称中心线与后帮的后合缝线（或后帮后部的中轴线）对正重合；而女鞋产品则需要将主跟的对称中心线从后帮后合缝线起向里怀方向移动：平跟鞋移动 4～5mm，高跟鞋移动 6～7mm，以增加腰窝里怀部位的衬托力。

2. 粘贴内包头

粘贴内包头的基本要求如下：

① 采用天然底革类的内包头时，因为在收缩力方面皮革大于布料，如果安装内包头时粒面朝向鞋腔，当其收缩后会将帮里顶起，导致卡磨脚趾背；而若粒面朝外时，由于有面革在外，内包头的收缩只能增加鞋前端的定型性，所以，内包头的安装方向是粒面朝

外，肉面朝向鞋腔，与主跟的安装方向正好相反。

② 当使用合成材料类的内包头时，需要将平面朝向鞋腔，片坡茬的一面与帮面的肉面黏合。

③ 内包头的安装一定要正。两角连线要基本垂直于前帮中轴线，不得出现外怀超前、内怀偏后的现象，允许外怀比内怀偏后1～2mm；内包头的底边与帮脚周边距离相等，缩进帮脚边缘8～10mm（图5-2-3）。

④ 对于某些无前帮里的产品，可用氯丁胶将内包头的上口与帮面的对应位置粘牢，黏合的宽度为10～12mm，其余部位涂抹糨糊等胶粘剂，以提高前尖部位的成型稳定性。

3. 粘贴主跟、内包头需要注意的其他问题

① 刷胶均匀，防止胶浆堆积，使帮面产生棱凸不平。刷胶时距帮脚6mm处不刷胶，以免污染鞋里和影响绷帮胶的黏合性能。如果使用布里或其他纤维织

图5-2-3 内包头的安装位置

物的鞋里料，在与帮里接触的一面刷胶量要少，防止过多的胶粘剂在绷帮压力的作用下，透过纤维孔而黏楦或污染鞋里。

② 帮面和鞋里上要涂刷定型胶。为了提高成型稳定性，可在帮面与鞋里之间涂刷天然胶或软性不干胶，将帮面和鞋里黏合，或在制帮过程中粘贴薄衬布。

③ 在安装主跟、内包头前，如果发现帮里大于设计尺寸，应先予以修剪。

④ 如果帮面较硬，或所用的鞋楦头型高大（如劳保鞋楦等），或前帮长度较长且为一整块部件，绷帮时，面、里、衬的延伸幅度大，易产生皱褶而难以平伏。在安装主跟、内包头前，需要先将帮面的肉面一侧刷水回潮闷软后，再刷胶，粘贴主跟、内包头。也可以使用鞋面蒸软加湿机和腰窝后跟部蒸软机进行加热回软。

⑤ 安装主跟、内包头后，存放时间不宜过长，防止主跟、内包头所含的水分挥发使糨糊干固而导致绷帮时难以平伏，帮面、主跟（内包头）及帮里也难以黏合成一体，造成脱壳起层的缺陷。

四、后帮预成型

后帮预成型的作用有两个：一是把后帮、主跟、鞋里黏合为一体并初步成型为鞋楦后身的基本形状，经过预成型后，确保主跟服帖地夹在帮面和鞋里之间，内外面里光滑平整；二是经过后帮预成型，有利于前帮的准确定位，可减少绷前帮的调整时间，提高绷帮质量。

二维码5-2
后帮预成型

后帮预成型的方法有两种：一是冷成型法，适用于热熔型主跟；二是热成型法，适用于普通材料主跟。两种成型方法都是在拉帮机的成型模具中完成（二维码5-2），所不同的是冷定型是对主跟和后帮先加热再冷成型，热成型时主跟和后帮在加热中即可成型。

五、钉、修内底

在绷帮之前，需要将内底钉在楦底面上，并按照楦底盘的形状修削整齐。

（一）钉内底

用手工或机械的方法将加工整型后的内底或由内底、勾心、半内底组成的组合内底钉合在楦底面上的操作称为钉内底。手工操作中一般使用2颗或3颗16～19mm的圆钉进行钉内底。

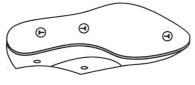

图 5-2-4　钉内底

如果加工整型后，内底的尺寸形体和跷度与楦底盘完全相符，只需用2颗钉即可将内底钉伏、钉牢，男鞋多使用2颗钉。如果加工整型的质量较差，内底的跷度与楦底盘不相符，则需要用3颗钉定位，女式中、高跟鞋多数使用3颗钉法（图5-2-4）。

第一颗钉钉在距前尖30～40mm的楦底中轴线上，钉入一多半后，将钉帽向前敲，使之弯折在内底上，便于以后拔除。

第二颗钉钉在后跟的踵心部位，但钉帽是向后弯折的，使内底在以后的加工操作中不发生移动。如果使用的是组合内底，第二颗钉则刚好从勾心的固定孔中钉入。如果内底-勾心-半内底是采用铆钉固定的，第二颗钉则钉在勾心旁，并将钉帽扳倒在勾心上。

第三颗钉钉在腰窝部位的前端，使内底在此处与楦底面贴紧。如果勾心前部有铆钉，可在勾心前端的一侧钉腰窝定位钉，然后将钉帽扳倒在勾心上。

钉内底也可以使用钉内底机或空气射钉枪。钉内底时，楦底面朝上，将内底端正地扣伏在楦底面上，左右手手掌分别握住鞋楦的跗背及后跟部位，手指拢住内底边缘，使其不动，然后将射钉孔对准固定钉位（二维码5-3），射出的钉即可将内底固定。钉内底机一般使用U形卡钉。

二维码 5-3
钉内底

（二）修削内底

内底部件是在下料工段中用刀模裁断出的，但不可能对每一个鞋号的内底都制作相应的刀模。企业一般都是每三个或四个鞋号为一组，按照每组最大的鞋号下裁出统码内底。对于小鞋号的产品而言，统码内底的尺寸较大，可以在底部件的加工整型工段中，用内底修削机将多余的内底边缘修削掉。

钉合内底后，如果尺寸不符，还需要对内底边缘进行精修，使其形体尺寸完全与楦底盘的相一致。

精修内底一般都采用手工方法，所用的工具为割皮刀或钩刀，修削后的内底边缘与楦底的边口垂直，形体尺寸一致。注意不得割伤鞋楦。

如果鞋跟大掌面的形体尺寸与楦体后跟部位的形体尺寸不完全一致时，还需要根据大掌面的形体尺寸对内底的后跟部位进行修削。将与鞋楦同号的鞋跟的大掌面扣合在内底的后跟部位上，使两者的中心线重合，跟口两角与内底边两侧的宽度一致；然后将鞋跟向前移动1.5～2.0mm，沿鞋跟大掌面的边缘画一道线。

另外，如果使用厚度较大的天然底革内底时，为使女式中、高跟鞋产品的外观显得轻巧，还需要对皮革内底的腰窝部位进行削薄加工。除手工方法外，也可以使用托模进行机器修削。

沿所画的线将内底后跟部位的边缘修削成斜坡

图 5-2-5　修削好腰窝部位的内底

状，使成鞋后跟部位的外凸弧线与鞋跟后身部位的弧线协调一致（图5-2-5）。

六、刷绷帮胶

在内底和帮脚上刷胶，绷帮时可以直接将帮脚粘固在内底上。在各种绷帮方法中此法的工艺流程简单，操作方便，但对绷帮操作技术的要求较高，适用于软帮鞋和凉鞋等产品的一次绷帮成型法。绷帮操作可以是手工方法，也可以是机器绷帮。若采用全钉钉绷帮法、前绷后钉法或自动喷胶绷帮机进行绷帮时，则不需要此项操作。

二维码 5-4
帮脚刷绷帮胶

1. 刷内里封帮胶

刷内里封帮胶，使鞋帮内层的鞋里与帮面皮革黏合，起到封帮定型的作用。刷封帮胶要求薄而均匀，涂刷到位，不能堆积和漏刷，胶水不能渗透过鞋里，避免污损鞋里以及绷帮时与粘楦影响脱楦。

2. 刷绷帮胶

绷帮胶也叫复帮脚胶，要求在内底周边黏合帮脚所对应位置及帮脚周边的黏合面上刷胶（二维码 5-4 至二维码 5-5）。胶水一般使用氯丁胶或白乳胶，刷胶宽度要均匀一致，内底上的刷胶宽度为 15mm 左右，帮脚周边上的刷胶宽度为 10～12mm。刷胶量要均匀，刷胶不得污染鞋帮和鞋楦。

二维码 5-5
内底面刷绷帮胶

七、涂滑石粉

在帮里的主跟、内包头部位以及鞋楦的前尖、后跟和跗背部位涂抹滑石粉，防止安装主跟、内包头时所涂抹的胶粘剂在绷帮压力的作用下透过鞋里，将鞋楦和帮里粘住，脱楦时就会撕破鞋里；还可以减小帮里与楦面间的摩擦力，便于出楦。

涂滑石粉时，用口罩布包起滑石粉，轻轻拍在所需的部位即可。如果帮脚已经刷胶，切忌撒在刷胶部位上，以免影响黏合。

也可以用薄的塑料纸将楦体包裹起来，或者将楦的前尖和后跟部位浸蜡来代替涂滑石粉法。

[思考与练习]

1. 胶粘组合工艺流程的主要内容有哪些？

2. 拴带的目的是什么？栓带过松或过紧有何不良后果？

3. 为什么在安装主跟和内包头之前先要进行回软？

4. 浸水回软操作需要控制哪几个因素？

5. 混合溶剂的成分、配比及用途是什么？

6. 安装主跟时，距上口缝线及帮脚边缘的距离各为多少？如控制不当会产生哪些问题？

7. 为什么女鞋产品中需要将主跟的对称中心线从后帮后合缝线处向内怀方向移动？

8. 安装内包头后如果外怀超前、内怀偏后，在穿用过程中会出现什么问题？

9. 天然底革类的主跟和内包头在安装方向上有何要求？

10. 安装主跟和内包头后，如果停置时间过长可能会产生什么问题？

11. 掌握内底的钉、修操作。

12. 涂滑石粉的目的、注意事项及替代方法是什么？

第三节　绷帮定位

[知识点]

　　□ 掌握绷帮定位的流程。

　　□ 掌握影响绷帮定位用力大小的影响因素。

　　□ 掌握调整绷帮力大小采取的措施。

　　□ 掌握绷帮定位出现质量问题的解决方案。

[技能点]

　　□ 掌握前帮定位的操作步骤。

　　□ 掌握后帮定位的操作步骤。

　　绷帮定位也叫吊正，是把准备就绪的鞋帮在鞋楦上对准对正，确定好位置后，用钉子预先绷出产品的基本结构，以满足后续绷帮成型的技术要求，是皮鞋绷帮成型顺利开展的必要条件。

　　在实施绷帮定位之前，需要做如下检查：核对鞋帮型号与鞋楦是否相同；确认已经安装好主跟、内包头；楦底盘上钉装的内底是否歪斜，内底后跟部位修削是否圆正，纵向跷度与横向弧度是否与楦底盘吻合。经检查无误后再做绷帮定位。

　　绷帮定位的流程如下：确定绷帮力的应变措施→鞋帮套楦→前帮定位→后帮定位→定位配对。

一、确定绷帮力的应变措施

　　绷帮定位是绷帮成型操作的关键一步，其定位方式和具体方法应根据绷帮力的大小而定。通常情况下，绷帮定位有跷楦和坐楦两种形式（图 5-3-1）。

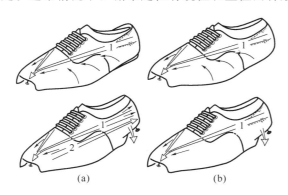

图 5-3-1　绷帮定位的两种形式

（a）跷楦　（b）坐楦

1—纵向拉力　2—落位支撑力

1. 跷楦

　　跷楦是把鞋帮的后跟部分向上跷起，让后跟部的帮脚对着鞋楦的后弧中部，将鞋帮套在楦上，鞋帮和鞋楦之间的跷度错位。这时，鞋帮只有帮脚附近和前帮部分与鞋楦接触，绷帮时的摩擦力小，作用于鞋帮上向前的拉伸力较大，鞋帮向前的位移量较大。

　　跷楦固定住鞋帮前部后，需要将鞋帮后跟部位向下拉伸到设计的高度位置。由于鞋楦后身下部比上部尺寸加大，鞋帮后跟部位向下落位时，鞋楦后身加大了对后帮的支撑力，并将鞋帮拉伸绷紧。

　　跷楦绷帮定位的绷帮力较大，这种绷帮力的大小还可以通过后帮跷起的高度进行调节。后帮跷得越高，向下落位的移动距离越长，所产生的支撑力越大。

　　通常情况下，平跟满帮鞋使用跷楦定位法，将后帮鞋口向上提，使其高于设计高度

5～8mm，鞋号小的可高达 15mm，如果鞋帮较大时则需坐楦定位。

2. 坐楦

坐楦是将鞋帮以完全与鞋楦对应吻合的方式套在鞋楦上，按照鞋帮后缝的设计高度对准鞋楦，然后再实施绷帮定位。鞋帮与鞋楦的接触面积大，两者之间的摩擦力也大，对鞋帮所施加的向前的拉伸力被摩擦阻力损耗掉一部分，实际作用于鞋帮上的拉伸力只有一部分对绷帮起作用，对鞋帮的绷帮力较小。

高跟鞋、半高腰鞋以及长筒靴（不论平跟还是高跟），均需采用坐楦定位，将后帮上口定位在设计高度上，或略比设计高度高出 2～4mm，为后期绷帮留出适当的操作空间。

二、鞋帮套楦

手工绷帮操作一般采用坐姿，把鞋帮与鞋楦放在两腿之间，将鞋帮套在鞋楦上。操作方法如下：

① 检查鞋楦与鞋帮同号型、同只脚，并且已经钉好内底，鞋楦统口朝上、楦底朝下放于腿上。

② 左手拇指放在后帮中缝上端点，中指托住后帮中缝下端中点位置；右手拇指放在鞋帮前端正中点的上面，与中指和食指配合捏住前帮中点；对正鞋帮。

③ 鞋帮后缝对正鞋楦统口后端，左手中指点触鞋楦的后跟下端，让鞋帮后跟兜住鞋楦的后跟（坐楦）；右手拉住鞋帮前部平稳地套在鞋楦上。

④ 用左手拇指和食指将鞋帮后缝上端两侧捏一下，让后帮中缝的上端点明显凸出，调节鞋帮的位置，使鞋帮后缝中点对准鞋楦的统口中点；腾出左手，拇指在下，其余四指在上，握住鞋帮和鞋楦的前脸部位，松开右手，用左手握住鞋帮和鞋楦。右手拿绷帮钳，准备绷帮操作。

三、前帮绷帮定位

前帮定位一般使用 5～7 颗钉，确定前帮结构。

1. 操作方法

① 握紧帮、楦，使帮套不发生移动，将鞋楦翻转，内底朝上，夹在两腿之间。

② 右手用绷帮钳夹住鞋帮前端点的帮脚，利用钳锤的杠杆作用，缓缓用力，将前帮拉回，搭在内底边棱上 10mm 左右。

③ 左手拇指按紧楦棱边，防止鞋帮被拉伸的部位缩回；右手松开钳口，用钳子衔住钉帽，顺手插在左手拇指边；用左手拇指和食指捏住钉杆，右手用钳锤将第一颗钉子钉入楦体，钉子距楦底边棱约 7mm（图 5-3-2）。

④ 在内包头的两角处，分别用绷帮钳将内外帮脚钳住，朝后斜方拉伸，在内包头两侧帮脚处绷钉第二和第三颗定位钉，使鞋帮前端部位受到横向拉力而伏楦（图 5-3-3）。绷第二、三颗钉的时

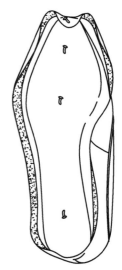

图 5-3-2　第一颗钉确定前帮正中位置

候，要注意内包头的内外拖脚位置，必须把内侧比外侧朝前 2mm 左右，或者内外拖脚连线基本与内底轴线垂直，使内包头得到固定。

⑤ 在跖趾线前 30mm 左右处，分别用绷帮钳将鞋帮朝横向拉伸，按口门端正的要求，在跖趾部位的内、外帮脚处绷钉第四和第五颗定位钉，使前帮口门控制线以前的部位定位。这时，前帮部位基本固定，鞋帮跖趾部位处的横向皱褶会逐渐消失，前帮基本伏楦，完成前帮定位。

2. 操作注意事项

① 定位前将鞋帮套在鞋楦上时，帮套可能较紧，这时可以将后帮抬高，使后帮上口超出鞋楦的统口，先将头部定位，然后再落楦。

② 绷第二、第三钳时，要将帮面、内包头和帮里理顺，同时绷紧，保证内包头紧伏楦体，两角被定位钉固定，防止在后期的绷帮操作中内包头发生位移。

③ 绷第二钳时，用力要适中，为第三钳留下余地，避免鞋帮偏于一侧。

④ 鞋帮越大，第二、三钳的用力应越大，使帮套纵向收缩。

⑤ 除圆头和整帮结构的鞋帮之外，方头（包括方圆头型）有鞋盖式样的鞋帮，可在前端两脚转弯处内外怀分别补上一颗钉（7 钉定位），以固定拐角处前帮围条的位置（图 5-3-4）。

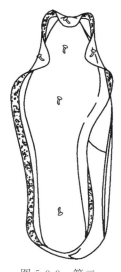

图 5-3-3　第二、
三颗钉确定前帮头型

⑥ 在钉完第三或第五颗钉之后，要将鞋楦翻转过来，目测鞋帮各对称部位是否端正，测量前帮长短是否合乎规定尺寸等。如有偏斜而无法调整时，则要拔除定位钉，重新进行调正和定位。

⑦ 钉定位钉时必须两侧对称地交替进行，不应先钉一侧后钉另一侧。

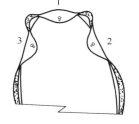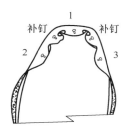

图 5-3-4　鞋盖式补定位钉
1～3—第一至第三颗钉

3. 检查与调整

① 前帮定位结束后，将鞋楦翻正，测量鞋脸长度，一般控制前帮定位长度比设计标准长度加长 2～3mm，为后期绷帮排钉留出余地。

② 查看前帮各部位是否端正，跖趾及跗背部位是否伏楦，检查前帮口门是否歪斜，鞋脸中心部位是否钳实。否则予以调整。

③ 与封样鞋对照，检查鞋盖的大小宽度是否与鞋楦头部宽度一致，查看围盖、围条、横担（带）等部件的线条是否流畅，以及各部位线条有无变形等。如有差异及时返工予以调整。

四、后帮绷帮定位

后帮定位一般使用 3～5 颗钉，确定后帮中缝对中和后帮鞋口的高度。

1. 操作方法

① 目测、调整后帮合缝线，使之与楦体后弧中心线重合。

② 用绷帮钳钳口夹住后合缝处的帮脚和帮里，以钳锤为支点支在楦底面上，向下压

钳把，从而使后帮口下降至规定的高度。如果鞋楦的跷度较大，且留出的帮脚较短，使绷帮钳无法夹住帮脚时，可将楦底朝上夹于两腿之间，用榔头捶敲楦底跟部的内底，利用反作用力使后帮口达到设计高度。

③ 钳回帮脚于楦底面，在后帮后合缝处的帮脚边钉第一颗后帮定位钉。

④ 用钳锤或榔头捶敲后合缝及主跟部位，使后合缝处平伏无棱，弧线顺畅。

⑤ 在后合缝线的一侧、距上口 15mm 处钉一颗规帮钉（后帮高定位钉），以固定帮口高度、后缝及主跟的位置。

⑥ 向前方用力，拉展主跟及后帮里，在跟口线处分别绷钉第二和第三颗定位钉（图5-3-5）。

2. 操作注意事项

① 落楦时要防止鞋里和主跟产生皱褶，用绷帮钳将鞋里和主跟拉展、抻平。如果帮脚缩到了楦底盘之上而钳口不能夹住鞋里和主跟时，可先增大落楦的幅度，使后帮口低于设计标准 5～8mm，待用绷帮钳拉展帮里和主跟后，再将后帮口复位。

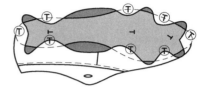

图 5-3-5　后帮定位钉位置

② 落楦后主跟搭在内底棱上的长度要达到 5mm，否则容易产生"坐跟"。

③ 规帮钉不得钉在缝帮线上，以免钉断缝线。

④ 对冲里工艺的产品，在帮部件的组合工段中，可以将超出帮面的鞋里先不冲剪掉，而是保留鞋口部位的鞋里，在确定后帮高度时，将规帮钉分别钉在踝骨部位帮口鞋里的余边上，既确定了帮高，又保证了帮口线型。

⑤ 后帮定位结束后，矮帮鞋后帮口的内怀要高于外怀 1.5～2.0mm；外怀帮口不得正抵在外踝骨的下缘点上，以免穿着行走时卡磨踝骨。

3. 检查与调整

① 检查后缝是否歪斜，如有不正，应拔钉后用两手抓住帮脚搓移，或用竹板插入后帮的一侧进行拨正，再用绷帮钳将主跟里皮叼挺，钳住帮脚绷拉到位，然后用钉将后缝固定于内底后端正中位置。

② 测量后缝高度，按照规格要求进行调整。如后缝高度偏低，可托住鞋帮后缝，用榔头在鞋楦统口敲捶，使后帮上移，符合标准后钉定位钉固定。必要时可在后帮中缝上端的鞋里皮上用钉子钉住，防止后帮回缩和移动。

③ 确定主跟两侧的高度拉伸到位，要求内侧比外侧高出 1.5～2.0mm，鞋帮上口边缘线条自然，踵心两侧主跟绷拉到位。

④ 内外怀腰帮向前和向下拉伸绷挺，主跟上口与鞋楦贴伏。

五、定 位 配 对

一只鞋的绷帮定位工序结束后，再将另一只鞋的鞋帮进行绷帮定位，并相互配对，同双鞋各部位的定位要对应一致，调整到位。

定位后可能出现的问题及解决方案：

1. 前帮定位后，后帮合缝线纵向不直或与楦体中心线不重合

① 由于设计或制帮的失误，使帮的内外怀长度出现偏差。若差值在 2mm 以内，可用

两手抓住帮脚，通过外力的拉伸作用进行调整；如果差值较大，则需返回制帮工序进行返修。

②由于操作不当，致使后合缝线不正。如绷拉内外怀两侧时用力大小不等，使鞋帮向用力大的一侧偏转；钉定位钉时不是两侧对称地交替进行，会出现向先钉的一侧偏转的缺陷。

解决方法：将一平板条插入帮面与主跟之间，拨正后合缝线，然后用绷帮钉定位固定；或拆除定位钉，向反方向扭转，重新定位即可。

2. 前帮定位后后帮很正，但在落楦后后帮合缝偏向一侧或不直

①后帮内外怀面革的延伸性相差较大。为提高出裁率，根据"帮面外怀优于内怀"的原则，内怀部件可能在抗张强度较小的边腹部或颈肩部等松软部位下裁。虽然后合缝与底面垂直，但偏离了楦后部的中轴线。

解决方法：如后合缝偏离得较小，可用双手将其扭正。如后合缝偏左，可以先用绷帮钳将后合缝处的帮脚向右钳拉，使之超过楦体中心线 1mm，然后双手将帮件扭转，使后缝线与楦体中心线重合或向右超出 0.5mm，在后帮上口后合缝的左边（即延伸性小的一侧）钉规帮钉即可。

如果后合缝偏离得较多，则需要将后帮重新跷楦，在延伸性大的一侧塞入撑垫物，延伸性小的一侧刷水湿润，增大其延伸性；然后落楦定位，使后合缝与楦体中心线重合；在后帮上口延伸性小的一侧钉规帮钉，抽出撑垫物，并在该侧面革上刷水，加热熨烫或烘干，使其收缩。到成鞋时，由于有主跟和固型胶粘剂的作用，后合缝就不再因延伸率有差异而变形了。

②设计尺寸不对或缝帮操作有误。如果整批鞋帮都出现这种情况，则要检查设计中内外怀鞋帮的长短是否得当；帮部件结合的标志点是否错位；或缝制装配中是否按照标志点准确压合等。

③其他原因如鞋楦不规范，个别鞋楦楦体肉头安排不合理，主跟两侧厚薄不匀等。

[思考与练习]

1. 什么叫绷帮定位？
2. 绷帮定位用力大小的影响因素有哪些？
3. 绷帮定位的形式有哪两种？
4. 什么叫跷楦？
5. 什么叫坐楦？
6. 简述前帮定位的操作步骤。
7. 简述后帮定位的操作步骤。
8. 简述绷帮定位后可能出现的问题及解决方案。

第四节 绷帮成型及整理

[知识点]

☐ 掌握绷帮操作的流程。

☐ 掌握绷帮成型的质量要求。

□ 掌握绷帮注意事项及说明。

□ 掌握帮面捶平的作用和技术要求。

□ 掌握干燥定型的目的、方式和影响干燥定型的因素。

[技能点]

□ 掌握绷帮的操作步骤。

□ 掌握帮面捶平的技术操作。

□ 能根据干燥定型的要求设定干燥定型的技术标准。

绷帮定位准确之后，鞋帮基本绷伏于鞋楦上，接下来需要进行精绷，使整个帮套紧伏楦体，帮脚紧贴楦棱和内底，消除内底边5mm以内的帮脚皱褶，达到底茬平整、帮面伏楦、平整无棱、同双鞋对称一致。

一、绷帮操作

绷帮可按前帮→后跟→腰窝的顺序操作。前帮是鞋的主要部位，帮面形体是否平伏、美观将直接影响产品的销售，所以也是绷帮成型的重点。后跟部位的主跟较厚，回潮返软后如不能及时定型，待湿分挥发主跟变硬后，则难以再绷伏。腰窝部位线条平直，没有类似主跟和内包头的硬衬影响，一般放在最后完成绷帮。

1. 操作步骤

① 绷前帮时，以前尖的第一颗定位钉为中心，用钳口夹住两钉之间的帮脚，向中心点方向拉伸，按照钉定位钉的方法，将拉回的帮脚钉住。

每绷拉一次鞋帮，钉一颗绷帮钉后，要用钳锤捶敲一次帮脚边棱，这样做一方面有助于绷帮定型，另一方面可使子口清晰（二维码5-6）。同时确保钳帮用力要稳、缓、均匀，否则帮面的松紧程度会不一致。

② 重复上述操作，在前帮的定位钉之间加钉绷帮钉。

③ 如此时仍未达到帮面伏楦、底茬平整的效果，可在两钉之间继续加钉绷帮钉。由于钉距渐密，钳口夹帮及钉钉都比较困难，因此，拉伸帮脚时需要旋转钳把，使帮脚扭转。另外，在将帮脚拉回后，可用绷帮钳把将皱起的帮脚压出一个凹槽，以便于钉钉。

二维码 5-6
绷帮操作

④ 后跟部位的绷法与前尖部位相近，注意要拉展鞋里和主跟。

⑤ 绷腰窝部位的前端时，拉伸方向朝向前掌心；而绷腰窝部位的后端时，拉伸方向则朝向脚心，使主跟及后帮上口伏楦。

由于绷帮操作是通过绷帮钉压住帮脚、绷伏帮面的，与定位后明显的区别是绷帮后在底茬上出现了排列整齐的钉子（图5-4-1），所以这种绷帮操作又称为排钉。

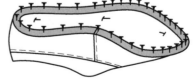

图 5-4-1 排钉

2. 绷帮成型的质量要求

绷帮成型后必须达到的质量标准是：正伏平实，规范无伤。

正：以鞋楦的前后端点为中轴线，帮套上的各个部件左右对称，协调一致。

伏：帮套紧紧贴伏于楦面，特别是跗背、腰窝及鞋帮口等部位无空浮现象。

平：帮面平整无棱，帮脚底茬平伏，子口线清晰、圆滑、流畅。

实：鞋帮、鞋里与主跟、内包头粘实，无空松现象；主跟、内包头紧伏于楦体；鞋里松紧适度，无积存、皱缩现象。

规范：同双鞋对应部件的长短、高矮、大小、线形等都对称一致，符合设计、工艺标准；主跟、内包头的安装位置规范。

无伤：无刀、剪、钉子等造成的割伤、划伤和榔头的砸伤；无放置不当而产生的磨伤；无绷楦方法不当而造成的帮面绷裂、帮脚绷断出豁口；无潜在性的加工缺陷如黏楦等。

3. 绷帮注意事项及说明

① 尖头楦绷帮时，为消除前尖帮脚过多的皱褶，可将帮脚前尖部位打三角形剪口，剪口顶角距楦底边棱 3mm 以上，左右对称打 2～4 个剪口。帮脚整理和黏合完毕后，确保三角形剪口的两边相互靠拢，严密而不露破绽。

② 鞋帮偏松时，后帮放平，前帮的鞋脸长度应绷至比标准长 1～2mm，之后在内包头两侧和跖围两侧横向绷紧并钉住帮脚，防止鞋帮向前滑动，避免后序操作中越绷越短。另外，还应注意后帮上口用钉固定住，鞋口的栓帮钉应根据鞋帮的松紧而调整，鞋帮松可多钉，防止后帮高度下滑，若鞋帮紧可少钉。

平跟鞋帮偏紧时，可将鞋帮的后部抬高，使鞋后帮上口超过鞋楦统口，采用跷楦法定位。中跟鞋和高跟鞋不能用跷楦定位，因为中、高跟皮鞋楦的上口长、下口短，跷楦解决不了帮紧的问题。

中空式皮鞋一般是先将后帮定位，然后再对前帮定位，有鞋鼻的结构，鞋鼻插压在后帮带下即可。

③ 鞋帮落位时，要防止鞋里和主跟出现皱褶不平的现象。如果帮脚缩到楦底盘之上，绷帮钳不能夹住鞋里和主跟时，可先增大落楦的幅度，使后帮上口低于设计标准 5～8mm，待绷帮钳拉伸鞋里和主跟后，再将后帮上口复位到设计位置。

④ 绷帮及钉绷帮钉的操作要两侧对称地交错进行，避免出现帮套扭转、歪斜现象。外侧不容易绷拉伏楦，必须先外后内，不然容易造成鞋帮绷歪。

⑤ 前尖与后跟部位绷帮钉的钉距为 4～5mm，向腰窝过渡时逐渐变稀疏，可达10mm。腰窝至跟部的钉距要根据帮脚伏楦的情况，可加大至 12～15mm。

⑥ 后帮的内侧延伸性一般比外侧大，这是划裁工序中"外优于内"的原则所决定的，属于正常范围。但往往容易造成后帮中缝偏离鞋楦后弧的中线，如果偏离的幅度较小，可用双手将其扭正；如果偏离幅度较大，需要将后帮延伸性小的一侧刷水湿润并塞入撑垫物，使后缝与楦体后弧中线重合，再在延伸性小的一侧的后帮上口字钉上栓帮钉，加热熨烫，在主跟和胶粘剂的定型作用下，成型后不会再因延伸性差异而变形了。

⑦ 胶粘皮鞋的帮脚子口要清晰，底边帮脚与侧面边墙应近似 90°角，可使成鞋外底与帮脚黏合紧密。

⑧ 同双鞋绷帮完毕后，必须与规格要求相符，同双鞋各部位要对称一致。

同定位操作一样，绷帮力的大小、方向和受力点的选择具有很强的技术性，它不仅关系到帮套的成型和定型，而且对产品的穿用寿命有极大的影响。

绷帮操作是帮底结合工艺中的一个关键工序，是决定产品质量优劣和产量高低的重要环节。企业的生产管理人员必须十分重视绷帮工序。

二、帮面捶平

绷完帮的半成品，在帮料湿分挥发完之前，主跟、内包头尚未硬挺之际，要用榔头溜楦捶平，将头型砸实，使后跟弧形圆滑，帮套紧伏鞋楦，鞋口向内收回，后缝圆滑（二维码5-7）。

二维码 5-7
帮面捶平

1. 捶平帮面的作用

皮鞋表面的捶平，可以消除绷帮导致的皮革纤维之间的内部应力，促进皮革帮面的塑形效果，并通过对皮鞋表层相接、重叠、凹凸不平的部位敲锤，使帮面平整服帖，表面鞋面与内部夹里等均匀并定型牢固，防止脱楦后变形。

2. 捶平的部位

包头部位、主跟部位、鞋盖与围条相接的部位、前后帮相接部位、鞋里皮（布）相接部位、帮脚子口等。

3. 捶平的技术要求

捶平时用力要均匀，将皮鞋表层相接、重叠和凹凸不平的部位捶到位；要将鞋楦头部棱角线条及头型捶出来，让鞋楦头型的特点充分突显到鞋的表面；要求线条美，使线条更流畅，增加皮鞋的美观程度。

捶平时，捶溜的方向与绷帮相反，由楦底棱向楦台方向捶溜。要求楦底棱清晰、鲜明，同双鞋的部位、部件、规格等对称一致，帮面无捶痕。

三、干燥定型

1. 干燥定型的目的

干燥定型的目的是为了排除帮套所含的湿分，便于后期的加工操作，防止在贮藏时会出现霉变，强化帮套的定型效果。

如果帮套所含的湿分未能挥发，拔除绷帮钉后，在内应力的作用下，帮料回缩，难以保持绷楦成型时的形体；帮套含湿量大也会降低帮脚与内底及外底的黏合牢度；主跟、内包头的水分如未挥发完，随着成鞋出楦后的自然挥发，会出现不定型的收缩，造成皮鞋变形；影响产品的定型和成品保管。所以必须进行干燥加工，排除鞋帮内多余的湿分。

2. 干燥定型的方式及过程

（1）方式及设备　干燥定型的方式有自然干燥和加热干燥两种。

自然干燥是靠帮套与周边空气之间的湿度差，实现湿分的自然挥发。干燥效果受气温、空气的相对湿度及停放时间等因素的制约，加工周期长，现已很少使用。

加热干燥的设备主要有干燥室、烘干通道和烘箱，其热源为蒸气、电热管、远红外线加热原件等。

（2）过程　水分的蒸发是一个物理过程，可分为三个阶段：

第一阶段是自由水分的蒸发阶段。主要是存积在革纤维间隙内的水分被蒸发，特征是被干燥物的重量变化明显。

第二阶段是吸附水分的蒸发阶段。主要是吸附在纤维内部及毛细管内的水分被蒸发，特征是被干燥物的体积变化明显。

第三阶段是水合水分的蒸发阶段。主要是以氢键的形式与胶原极性基相结合的水分被蒸发，使革的物理力学性能发生很大变化，皮革出现剧烈的收缩。水合水分的去除比较困难。

对皮鞋的干燥定型而言，达到第二阶段即除去吸附水分，就可以使鞋帮收缩贴伏于楦面上，达到了干燥定型的目的。如果干燥程度过大，会使皮革纤维变脆，造成穿用时产生裂面或断面。

成型检验及搬鞋入烘箱工序的操作及注意事项扫二维码 5-8。

3. 干燥定型的影响因素

影响水分蒸发速度和干燥时间长短的因素有温度、相对湿度和空气的流速。

二维码 5-8
成型检验及搬鞋
入烘箱工序的操
作及注意事项

温度越高，空气的相对湿度越低，流速越快，水分蒸发速度也越快，干燥时间则越短。

帮面及主跟、内包头的材质不同，水分含量不同时，干燥定型的条件也不一样。因此，必须综合考虑各个相关因素，科学地制定干燥定型方案，并随时加以调整。

一般说来，干燥温度应控制在 60～70℃，烘干时间为 90min；如使用合成材料的鞋帮和主跟、内包头时，可将干燥时间延长至 120min。

干燥定型过程中，帮面距热源至少为 150mm，以免影响面革的强度。干燥定型后，帮套的水分含量应低于 18%。

经过干燥定型后的鞋帮，即可进入帮底的胶粘组合工艺。

[思考与练习]

1. 简述绷帮操作的步骤？

2. 绷帮成型的质量要求是什么？

3. 绷帮注意事项有哪些？

4. 敲捶帮面的作用是什么？

5. 敲捶帮面的技术要求有哪些？

6. 干燥定型的目的是什么？

7. 干燥定型的方式及设备有哪些？

8. 简述干燥定型的过程分哪三个阶段？

9. 影响干燥定型的因素有哪些？

第五节　凉鞋绷帮成型

[知识点]

□ 掌握凉鞋绷帮操作的流程。

□ 掌握不同结构凉鞋的定位及绷帮要求。

□ 掌握排楦成型操作的流程。

[技能点]

□ 掌握凉鞋绷帮的操作。

□ 掌握排楦成型的操作。

除少数产品为满帮结构外，绝大多数的凉鞋帮面或多或少地有露空的部位。因此其内底的加工整型与满帮鞋有所不同，在绷帮方法上也有差异。

一、绷帮前的准备工作

先检查内底的结构和质量，鞋帮与楦的鞋号规格相符，内底固定位置端正，帮脚砂磨和刷胶符合标准，这些是保证绷帮工序顺利进行的必要条件。

1. 内底的固定

凉鞋产品的内底在底部件的加工整型工段中已进行了包制、修饰等处理加工，将其钉合在楦底盘面上，装钉内底的方法分为钉合和黏合两种。

（1）钉合固定　凉鞋包边内底的钉合固定方法与满帮鞋一样，分别在距前尖 30～40mm 的楦底中轴线上、后跟的踵心部位以及腰窝部位的前端钉 3 颗钉，使内底紧贴于楦底面（图 5-5-1）。

（2）黏合内底　统包内底若采用钉合法固定内底时，会在统包内底皮上留下钉眼，影响产品的外观。所以，一般都先将内底对正复合在楦底面上，然后用胶布或胶带纸粘贴固定（图 5-5-2）。

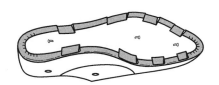

图 5-5-1　凉鞋包边内底钉合固定

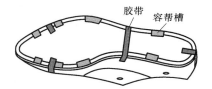

图 5-5-2　凉鞋统包内底粘合固定

2. 帮脚的处理

由于凉鞋的条带一般都比较窄，如采用胶粘法固定帮脚时，条带的帮脚与内底的黏合必须十分牢固，为确保黏合质量，需要对帮脚进行预处理。

① 在帮脚的里面距帮脚边 10～12mm 处画出砂磨、黏合标志线。

② 按照标志线砂磨帮脚部位（帮面的肉面及帮里的正面）。羊皮鞋里革使用 2 号砂布，猪、牛鞋里革使用 3 号砂布。要求砂磨均匀，无漏砂和砂坏现象，绒毛浓密、长短一致。

③ 细条带凉鞋的帮脚不能采用砂磨的方式，以免降低条带的强度，通常采用帮脚涂刷处理剂的方法来提高条带的黏合强度。

3. 帮脚和内底反面边缘的刷胶

如果采用一次绷帮成型工艺时，帮脚和内底反面的边缘要进行刷胶。内底需要按照绷帮定位样板画线，根据画线部位刷胶。

刷胶前需要刷除灰尘，刷胶时一只手捏住鞋帮带，下面垫上托板，另一只手拿刷子蘸上氯丁胶，严格按帮带帮脚砂磨的边界线和内底定位位置刷胶。涂胶后摊平待干，切勿重叠，以免胶粘剂沾污帮面。

凡是内底铣削容帮槽的，一定要在槽印内涂刷氯丁胶；没有铣削容帮槽的内底，要按绷帮定位画线涂刷。要防止涂刷到槽印和定位线以外，以免影响后期内底与外底的黏合强度。

二、凉鞋的定位及绷帮

根据凉鞋的帮底结构，凉鞋的定位及绷帮分为条带、插帮、排揎等三类。

1. 条带类凉鞋的定位与绷帮

条带类凉鞋的内底上已经铣削好容帮槽，条带掩盖内底的边沿绷粘在内底反面。这类凉鞋可以采用绷钉法，也可以采用一次绷帮成型。

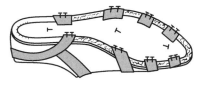

图 5-5-3　绷钉法

绷钉法即先将凉鞋条带绷拉到位，用钉子固定在内底边缘的定位位置上，调整符合工艺标准后再完成黏合成型（图 5-5-3）。绷钉法适用于包边处理的内底，后期整饰过程中需要粘贴鞋垫，可以遮掩钉眼的痕迹。

对于统包内底或者内底表面经过包面处理的，不宜采用绷钉法，因为钉子会刺穿包面的皮革，所以这类内底一般采用一次绷帮成型，经绷帮将条带直接在安装位置粘合成型。

条带式凉鞋的绷帮定位基本规律有"三偏"。

① 鞋帮外侧条带的位置必须比内侧偏后。脚的跖趾部位向外呈倾斜状排列，第一跖趾靠前而第五跖趾在后，因此，凉鞋帮的外侧条带偏后于内侧，才会使凉鞋不外偏，穿着时才伏脚。

② 凉鞋的后帮以及后空应内侧偏前，外侧偏后。脚后跟的分踵线向外偏斜 $6°\sim8°$，所以脚后跟的后空必须向内偏斜，并以分踵线为对称轴。

③ 凉鞋前帮的正中心位置或视觉中心一般都向外侧偏斜。因为脚的内侧比外侧丰满厚实，需要不同的容量空间，这是由脚型的基本规律决定的，是脚的生理特性和视觉规律。

条带式的凉鞋特别是细条带式，在绷拉帮条时用力不宜过大，否则帮条会过度伸长。帮条的收缩弹性很大，在脱楦后条带回弹变形，缩小了凉鞋的穿用空间。

如果凉鞋条带或部件宽大，以及条带的安装位置处在弧度较大部位时，需先将条带的两侧边缘绷平，然后在条带幅宽的范围内均匀分散皱褶后再绷帮黏合。

2. 插帮类凉鞋的定位与绷帮

插帮类凉鞋是将帮条插入内底上已经刻铣好的帮槽中，并固定在内底的反面。插帮类凉鞋的条带的固定一般情况下采用单向或双向绷粘（图 5-5-4），特殊的圆梗类夹趾凉鞋有时采用多向黏合（图 5-5-5）。

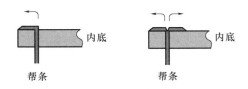

图 5-5-4　单向、双向绷粘帮脚示意图

图 5-5-5　圆梗类夹趾凉鞋多向黏合帮脚示意图

单向绷粘是帮面和鞋里向同一个方向倒伏绷粘；双向绷粘则需要将帮脚的帮面与鞋里分开，分别向内、外两个方向倒伏绷粘，这种粘法适合内底外露的边沿较宽大的结构，保证边沿有足够宽度的帮脚黏合量；多向绷粘则适合圆梗类部件，如 Y 形凉鞋，条带分开

向各个方向黏合。

插帮类凉鞋的定位在设计时已经确定好，内底成鞋的过程中插孔要预先刻好，绷帮时预先按插孔位置插入对应条带的帮脚，然后用鞋楦套入鞋内腔，调好内底在鞋楦底盘上的正确位置后固定。可以用钉合法（内底的鞋腔表面需要在成型后粘贴鞋垫），或者用胶带将内底黏合（内底已经包面或已经成型不允许有钉眼存在时）。最后，用绷帮钳将帮条绷伏于鞋楦表面，随即将帮脚黏合在内底上即可。

3. 排楦类凉鞋的定位与绷帮

排楦也称套楦，鞋帮与内底事先经定位缝合，形成组成鞋套（二维码 5-9），然后将鞋楦强行塞入鞋套中，从鞋的内腔增压，通过挤、压、冲、顶来塑造出鞋的外形和内腔。

排楦类凉鞋的成型工艺又分为包边式和月台式两种。

（1）包边式凉鞋排楦成型工艺　包边式凉鞋也称沙滩凉鞋，内底宽大，鞋楦子口外侧留有较宽的边沿，称为出边。鞋帮外翻帮脚与内底出边定位缝合，然后用滚边条包边缝合完成定位操作。最后，靠塞入鞋楦的撑力使鞋帮成型。

这类凉鞋在内底上的定位要依靠内底定位样板的反向装配，即将定位样板（有定位边槽）安放在靠脚掌的一侧，鞋帮的帮脚对准定位板的槽口，然后包上包边皮。包边皮有缉口式和滚口式两种，然后排楦成型（图 5-5-6）。

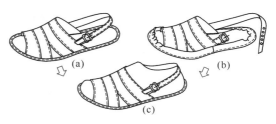

图 5-5-6　包边式凉鞋排楦成型
（a）缉口式包边　（b）滚口式包边　（c）排楦成型

（2）月台式凉鞋排楦成型工艺　月台式凉鞋也称加利福尼亚式凉鞋，也可简称加州凉鞋，所使用的内底是软质内底（一般使用面革复合衬布或泡沫），直接与帮脚定位缝合，采用排楦成型工艺（图 5-5-7）。

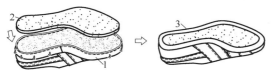

图 5-5-7　月台式凉鞋排楦成型
1—排楦成型　2—黏合弹性中底片　3—边条包中底

月台式凉鞋的帮脚边缘需要缝缀滚边条，然后将鞋楦塞入鞋腔，利用鞋楦的撑力使鞋帮成型。排楦操作时，需将鞋楦揩擦干净，撒滑石粉或上蜡后套进鞋帮，调正鞋帮位置，并使用绷帮的手法绷拉滚边条带，让帮脚与内底的缝合线对准楦底盘边缘轮廓，将滚边条用绷帮定固定在鞋楦上（排钉要在凉鞋条带的空档处），使前尖和后跟处的内底绷挺。然后使用软木中底或泡沫（EVA）等弹性中底黏合在内底上，并将滚边皮条翻转包住弹性中底，完成鞋帮的成型。

三、排 楦 成 型

1. 排楦成型的方式

排楦方式通常有两种，即湿排法和干排法。

（1）湿排法　将帮与内底的缝合处及鞋帮的前后两端刷水润湿，以降低硬度和弹性，

二维码 5-9
鞋帮与内底定
位缝合形成鞋套

增加可塑性，然后进行排楦，成型后进行干燥定型。

（2）干排法　将缝合完的帮套直接进行排楦，在排楦塑形的过程中，用榔头捶溜使帮套伏楦，符合楦体的凸凹曲线，帮与内底结合的子口顺畅，翻条皮或包底皮平整、线形优美。

如果鞋帮或翻条使用人工革，则采用干排法，排楦后加温定型。随着温度的升高，帮料变软即可伏楦。如果个别部位形体不规整，可趁热用榔头捶溜。

如果先将帮套加温到35℃左右再排楦，然后进烘箱进行加温定型，效果更好。温度应根据材料的性能而定。

2．排楦操作

① 核对鞋帮与鞋楦尺码是否吻合，在楦体上撒上滑石粉或者上蜡。

② 采用整体楦成型，先将鞋帮套直接套入鞋楦前端，用鞋拔插入鞋帮后跟内腔，并从鞋楦后跟部抽出，利用皮革弹性，将鞋帮套在鞋楦上。

鞋拔子入楦的方向，应根据鞋帮和鞋楦的特点分别对待，如鞋楦统口处比较瘦小而且后帮底口需绷帮成型时，可以考虑从鞋后帮底口处将鞋楦套入；如鞋楦统口肥大，或者鞋帮是整底式帮套，一次性套帮成型，鞋后帮无须绷帮时，应该从鞋后帮上口处套入，此时后帮上口会被撑开，影响外观和穿用，需要进行收口整理，或改用两节楦排楦。

③ 采用两节楦成型，先将两节楦的前部塞入帮套前部，并调整鞋帮在楦上的端正位置，然后再将鞋楦的后跟塞入帮套后跟部，用榔头对准楦统口敲捶，使楦后部对准前部并落位，最后在楦统口前端钉入销栓。

④ 校正整理。鞋楦套进帮套时，如产生软中底歪斜、鞋帮歪斜等问题，要及时校正。

软中底歪斜时，用手握住前尖拧正，使软中底和鞋帮居中，或者用平口钳钳住帮脚并用手辅助推搋进行校正，使帮脚距离楦底盘均匀一致。

鞋帮歪斜时，用两只手抓住后帮底口的帮脚拉正，或者用竹片插入后帮上口或底口内，进行拨正，然后在后帮鞋里皮的余边上钉钉固定。

⑤ 整平。鞋楦排入帮套后，帮脚有棱凸不平，要用榔头敲捶整平，减少棱印。如果有经过回软的主跟、内包头时，应及时整理，避免主跟、内包头变硬而导致无法整平。排楦成型的鞋帮应使用软性主跟、内包头，不能过厚过硬，可用鞋面革制成内衬或者热熔型材料，在制帮时应将主跟、内包头安装就绪，或事先在帮面部件的肉面层喷涂热熔型主跟、内包头。

[思考与练习]

1．凉鞋内底的固定有哪两种方式？

2．凉鞋帮脚与内底的处理和刷胶操作有哪些注意事项？

3．凉鞋的定位及绷帮要分为哪三类结构？

4．条带式凉鞋的绷帮定位基本规律有哪"三偏"？

5．分别简述条带、插帮、排楦三类凉鞋结构的定位和绷帮操作要求。

6．排楦类凉鞋的成型工艺分为哪两种？

7．排楦方式有哪两种？

8．简述排楦成型操作流程。

第六节 机器绷帮成型

[知识点]

　　□ 掌握绷帮机的分类。

　　□ 掌握机器绷帮的操作流程。

　　□ 掌握熨烫挤型及烘干定型的目的和要求。

　　□ 掌握机械绷楦的注意事项。

[技能点]

　　□ 掌握绷前帮机的操作。

　　□ 了解绷后帮机、联合绷帮机的操作技法。

　　传统的手工绷帮法具有工效低、产品质量不稳定等不足之处，利用机械手代替手工进行绷帮的方法称为机器绷帮成型，装有专用机械手的绷帮机器设备则称为绷帮机。

一、分类及特点

　　1. 分类

　　绷帮机又称为绷楦机、钳帮机，有很多种类。根据传动方式，有机械传动、液压传动、气压传动等；根据结合的形式，有胶粘、钉钉、拉绳、钢丝固定等；根据绷帮部位，有绷前帮机、绷中帮机、绷后帮机、绷中后帮机、联合绷帮机等。

　　2. 特点

　　绷帮机是使用机械手模仿手工绷帮的操作，配以压着束紧器和扫刀的辅助作用而完成绷帮成型的。绷帮机上装置的用于钳拉帮脚的钳子有 5、7、9 把，钳子的宽度为手工绷帮钳的 4～6 倍，绷帮机具有拉伸力大，作用力均匀，工效高，劳动强度小等特点。

　　机器绷帮的缺点：不能根据部位及材料的性能自动调节拉伸力的大小；配制的胎具和扫刀为非通用型，因此，不适用于薄、软、低强度面料，以及批量小、品种多的产品的生产。机器绷帮要求帮面材料、部件以及鞋楦规格化、标准化、系列化。

　　机器绷帮的基本流程为：按照生产通知单领取鞋帮、鞋楦和底件、辅料等→（拴带）→主跟、内包头的回软、安装→前、后帮预成型→钉、修内底→绷帮→定型。

二、机器绷帮的准备操作

　　1. 主跟、内包头的安装

　　主跟和内包头的安装方法与手工绷帮法相同。为防止绷帮过程中主跟和内包头发生串位，在安装完毕后，需要将帮面脚与帮里脚缝合。

　　如果使用热熔树脂材料做主跟、内包头，可将热熔树脂直接喷到帮面的肉面上，再将帮里粘到帮面上。绷帮前，内包头用压内包头机压型，主跟用后帮定型机挤压拉帮。压型后使鞋帮接近鞋楦形体，便于机械绷帮。

　　2. 钉内底

　　用钉内底机以钢丝锔钉穿透内底而使内底固定在楦底上。有的鞋楦（特别是塑料楦）的钉钉位置处有内底定位木楔，以免鞋楦反复使用而损伤楦底面。

三、绷 前 帮

绝大多数机器绷帮都采用胶粘法将帮脚固定在内底上。胶粘剂可以在绷帮前预涂，也可以在绷帮过程中自动喷胶。许多鞋机生产企业都研制出了电脑控制的自动上胶绷前帮机。

绷前帮机的动作顺序为：①压钳试刀；②前尖中心钳夹帮，调整定位；③周围钳夹帮，底托（拥板）上顶，后推板前推，上压杆压住跗面；④喷胶嘴喷胶；⑤喷胶嘴下降，钳口张开，扫刀撸平，熨烫底茬；⑥上压杆二次加压，增大扫刀对帮脚底茬的反作用力，促使底茬平整，减少帮脚与内底的间隙，增加黏合牢度；⑦通过定时器，使控制上压杆复位，扫刀回缩，底托下降。

目前企业中使用的绷前帮机主要有自动喷胶绷前帮机和人工涂胶绷前帮机两类，绷前帮操作及注意事项扫二维码 5-10。

二维码 5-10
绷前帮操作
及注意事项

1. 自动喷胶绷前帮机

自动喷胶绷前帮机都以液压传动为主，部分部件的联动以机械传动和气压传动为辅。

条状或粒状的固体热熔胶，受热熔融后，通过输胶管从喷胶嘴内喷到帮脚与内底边缘上。扫刀撸平的时间长短可通过时间继电器加以控制，根据热熔胶的固化时间和熨平定型效果，自动开离。

2. 人工涂胶绷前帮机

这类绷前帮机的结构与自动喷胶绷前帮机相同，只是没有自动喷胶设备，需要在绷帮前对帮脚和内底粘合位置进行手工刷胶、烘干活化。

前帮绷完后，要根据产品质量标准进行检验。如有歪斜，同双部位不对称，帮脚未粘住，或底茬不平等缺陷时，都必须根据情况拆开重绷，或手工补粘帮脚，对造成质量问题的原因及时分析，及时调整机器的有关部件。

四、绷 后 帮

在绷后帮前，需要调整后帮高度，将其定位，但方法不同于手工定位法。

在后帮合缝及帮脚处都不需要钉定位钉，而只需要将后帮的高度拉到标准部位即可。对于短脸矮帮鞋，如后帮上口留有定位鞋里革时，可在革块上钉规帮钉，但必须将钉帽盘倒，以免硌伤绷跟机的压着束紧器。与绷前帮机不同的是绷后帮机无绷帮钳。

绷后帮机有三种类型：

1. 挤跟机

这种设备的工作原理是：利用压着束紧器夹挤楦体的后身部位，使主跟、后帮紧伏鞋楦，扫刀将帮脚撸倒，并将底茬压平。具体操作步骤如下：

① 将内底边缘和帮脚涂胶，烘干活化。

② 将楦台孔套在顶杆的铁柱上，前托托住跖趾部位。

③ 调整前托的高度、距离及顶杆的高低，使鞋的跷度、高度适应压着束紧器和扫刀，楦后身内底面与扫刀撸夹面的角度一致，高低适宜。

④ 启动设备，顶杆、前托整体前移，将鞋楦后部顶入压着束紧器（皮碗）内，压着

束紧器夹挤楦后身部位，使主跟、后帮紧伏楦体，扫刀将帮脚撸倒，并将底茬压平。

⑤ 帮脚与内底在扫刀夹撸的作用下黏合成型。

2. 自动喷胶挤跟机

结构与挤跟机相似，但其上方有一个压杆，杆上装有滑轮和喷胶装置，在扫刀夹挤之前，喷嘴自动喷涂热熔胶，随即扫刀撸夹，使帮脚与内底黏合，然后顶杆下降，扫刀回张。顶杆下降与扫刀张开是根据胶的固化速度来确定时间的，用计时器实现自动控制。

3. 绷跟钉合机

绷跟钉合机的压着束紧器、扫刀、顶杆等结构与挤跟机相同，但在扫刀的上方装备有钉钉系统。在压着束紧器夹挤、扫刀夹撸之后，利用空气动力将钉通过导管钉入后帮帮脚。前绷后钉法也可以使用这种机器。

根据后跟形状，可以安排导管群的排列方位，一次将帮脚钉牢。

有的绷跟钉合机使用顶杆结构，通过滑道将钉子撞击钉入帮脚。为配合这种机器绷跟，在楦底面的后跟部位预先镶制钢片，使钉入的圆钉尖锋在内底上自动盘倒。

五、绷中帮

目前，生产企业使用的绷中帮机有三种类型：

1. 滚轮式绷腰机

滚轮式绷腰机实际上是预涂胶绷中帮机。

在绷帮前先手工刷胶，烘干活化后，将帮脚插入两个梯形轮中间。由于两轮的螺纹和转动方向相反，因而可将帮脚提起，并钳拉绷伏于楦体。经过滚杠的滚动擀压作用，帮脚平伏地黏合在内底上。由于滚杠是锥台螺旋纹，所以可以使帮脚向底心方向推紧擀伏，并擀压粘牢。

2. 喷胶挤腰机

腰窝部位基本上都是曲面，因此，绷中帮机的扫刀不可能用整块平板，而要用组合式的弹力夹压板，其形状如鱼刺形（或称手指形），从两侧向内弹性推挤，同时由喷胶嘴自动喷胶，使帮脚与内底黏合。其顶杆的下降、扫刀的复位都是由定时器自动控制的。

3. 钉中帮机

与喷胶挤腰机一样，利用鱼刺形组合扫刀将中帮帮脚挤倒，压平之后，用卡钉将帮脚与内底钉合。卡钉取自整盘的细钢丝，在钉钉时被截下一段，压成反 U 形后，钉入帮脚与内底之中。

二维码 5-11
手工绷中帮操作

中帮鞋帮部件在完成了前后帮成型后，线条结构平顺，帮脚更加容易服帖，操作也更简单易行。

也可以采用手工绷帮的方式，直接绷粘贴伏（二维码 5-11）。

六、联合绷帮机组

随着设备的改进，除上述绷前帮、绷中帮和绷后帮三种单机分三步加工外，已出现两步加工机组，即将绷前帮操作扩延至腰窝部位，或将绷后帮操作扩延至腰窝部位，去掉绷中帮的单独加工程序。有些设备生产厂家根据大批量生产的特点，研制出绷前、中、后帮的联合机组，一台设备一次完成整个绷帮操作。其操作程序为：

① 手工定位。

② 内底朝上，楦台孔放在顶杆的铁柱上，前尖部位搭入绷楦机组的前压着束紧器内。

③ 调节顶杆高度，使楦跷与前后扫刀的角度一致。

④ 后部压着束紧器前顶，挤抱住鞋楦后身，上压杆下压，使楦底角度固定。

⑤ 前压着束紧器夹挤，使前帮、内包头伏楦，帮脚被挤向楦底棱。

⑥ 前后扫刀同时向中心撸夹，腰窝拥板由两侧向内推挤，完成整个操作。

可在绷楦前涂刷氯丁胶，或在扫刀撸夹之前自动喷涂热熔胶，绷帮过程中帮脚则与内底结合。

七、熨烫挤型及烘干定型

1. 熨烫挤型

绷帮后，底茬往往不能全部达到平伏的要求，不完全平坦圆滑，特别是使用三台设备分别进行前、后、中的绷帮操作时，前、中、后部的交界处会出现棱界。因此，需采用熨烫挤型机对帮脚底茬进行挤压熨烫。

熨烫挤型机的主要工作部件是前后两个加温的楔形铁。通过对鞋帮底茬帮脚的挤压熨烫熨开皱褶。熨烫挤型机的压力为 $0.3 \sim 0.4 \mathrm{MPa}$，熨烫温度为 $90 \sim 110 \mathrm{℃}$，时间为 $15 \sim 25 \mathrm{s}$。

2. 烘干定型

干燥定型的目的是为了排除帮套所含的湿分，强化帮套的定型效果，便于后期的加工操作，防止在贮藏时出现霉变。

机器绷帮多为流水线操作，具有生产周期短、鞋楦周转快的特点。一双鞋楦在一天中要生产几双鞋，也就是说从钉内底到出楦只用几小时。因此，干燥定型的形式不能采用自然风干，而只能用烘箱或烘干通道等设备进行快速加温干燥。

一般说来，大规模的皮鞋生产企业都采用两次干燥定型。

在烘干定型过程中，应充分注意烘箱温度的高低、相对湿度的大小和空气的流速等影响水分蒸发的重要因素，控制干燥后材料的含水量在 $12\% \sim 20\%$。

八、机械绷楦的注意事项

与手工操作相比，机械绷帮时的绷帮力大，绷帮力均匀，所以在确定帮的结构设计、曲跷处理和绷帮余量时，要充分考虑其技术参数。

机器绷帮不能像手工操作那样，可随操作者的意向调整绷帮方法和绷帮力的大小。所以部件必须标准化，材料必须规格化。如内底、内包头、主跟、面革、鞋楦等都要规格一致；楦台上的后身定位孔、楦底上的内底定位柱以及后跟的盘钉铁板等，都必须准确无误。

压着束紧器、扫刀的形体直接影响着机器绷帮的质量。工程技术人员必须在新款鞋投产之前，按照楦型和鞋部件规格，制作相应的压着束紧器（模具）和扫刀。

绷帮操作者必须熟悉设备的性能，掌握操作技能，根据具体情况，随时调试设备（如底托的上升高度、各钳的位置、胶的温度等），使各机件能够协同动作。

[思考与练习]

1. 绷帮机有哪些种类?
2. 三种绷前帮机各适用于哪些产品?
3. 绷后帮机和绷中帮机各有哪几种?
4. 机器绷帮需要注意哪些问题?

胶粘组合工艺

帮部件经过裁断、加工整型和装配等工序后，帮套已初步具备了成品鞋的雏形；通过绷帮操作，帮套得到了进一步的定型；这时，经过加工整型和装配等工序后的底部件，就可以采用不同的方法与帮套结合，完成帮底的装配加工。

帮底组合装配的工艺大致分为胶粘工艺、线缝工艺、硫化工艺、模压工艺、注塑工艺。因胶粘工艺流程简单，操作简便，劳动强度低，生产周期短，加工效率高，成本低，花色品种易于变化，对生产规模和设备条件要求不高，所以是当今世界制鞋工业中应用最广泛的组合工艺。使用胶粘剂将帮脚、内底与外底结合在一起的加工工艺称为胶粘工艺。

胶粘法在我国古代的靴鞋生产中就曾用过，只是所用的胶为动物的皮、骨、蹄角和筋腱等熬制而成的天然胶粘剂，黏合强度不高，黏合的部位也有局限性。

现今在皮鞋生产过程中广泛采用的胶粘工艺是在 20 世纪 50 年代初兴起的，所用的胶粘剂和固化剂主要是化学合成材料，黏合强度也大大提高。随着科技的更新换代以及环境环保的需求，所用胶粘剂已由污染有毒型向水性无毒无污染方向转变。胶粘成型装配工艺流程图如下：

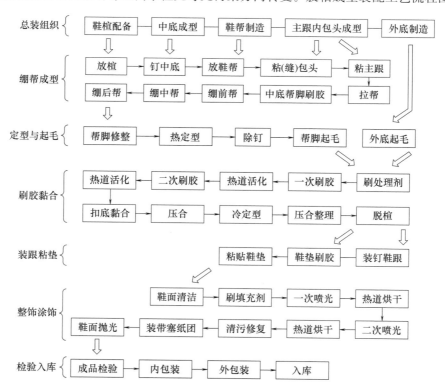

第一节 前期准备及帮脚处理工序

[知识点]

　　□ 胶粘工艺的成鞋装配的前期准备和帮脚处理流程。

　　□ 胶粘工艺帮脚处理相应的质量要求和加工标准。

[技能点]

　　□ 熟练掌握胶粘工艺的成鞋装配的前期准备工作。

　　□ 熟练掌握胶粘工艺的成鞋装配的帮脚处理操作。

　　使用胶粘法进行帮底结合时，可以采用全钉钉绷帮法、前绷后钉法、一次绷帮成型法、拉线绷帮法等进行绷帮定型；这些绷帮方法既可以是手工进行，也可以机器进行，还可以是手工-机器结合。绷帮定型后、帮底结合前的准备及帮脚处理操作随绷帮定型的方法不同而异，其中又以全钉钉绷帮法最为复杂，本节则着重介绍成鞋装配的前期准备和帮脚处理工序。

　　加工工序流程如下：拔绷帮钉→钉规帮钉→修剪里子余茬→黏合帮脚→平整帮脚→填底心→画合外底子口线→处理黏合面

一、钉钉与拔钉

　　适用于全钉钉绷帮法和前绷后钉法，机器绷帮或一次绷帮成型法则不需要这项操作。

　　全钉钉绷帮法是使用绷帮钉将帮脚固定在内底反面的边缘上，在黏合外底之前，必须将绷帮钉拔去。但此时帮脚与内底仍然未牢固结合，虽然经过了干燥定型，在皮革固有弹性的作用下，拔钉后，帮脚仍然会回缩，帮位发生变化，从而影响成品鞋的尺寸和形体。因此，在拔钉之前，需要用少量的规帮钉将帮套固定，但又不影响后续操作。

　　1. 操作

　　① 距楦底边 1.5～2mm 钉 16mm 的规帮钉，位置分别在前尖部位、内包头两侧、第一和第五跖趾部位、后端点、主跟两侧、腰窝部位，共 10 颗钉，钉的方向倾斜，与帮脚夹角成 30°左右（图 6-1-1）。

　　② 拔除所有的绷帮钉。拔钉的方法有手工拔钉和机械拔钉法。手工拔钉时使用胡桃钳（对口钳）。

　　2. 注意事项

　　① 规帮钉距楦底边太大，后续的修剪里子余茬的操作则难以进行；但若距楦底边过小时，不仅钉钉不牢，而且易损坏楦底边，合外底后，规帮钉的钉眼也容易外露。

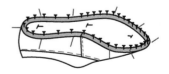

图 6-1-1　规帮钉的位置

　　② 拔钉方向要与帮脚倒伏的方向相同，如果方向相反，帮脚容易被拔带起来，造成帮体变形。

　　③ 在钉钉与拔钉的操作过程中要注意防止钉帽的边缘划伤、碰伤手和鞋面。

　　④ 注意半成品的摆放和运输，这一阶段最易造成鞋面的碰伤和划伤。

二、修剪里子余茬

胶粘组合工艺是使用胶粘剂将帮面和帮里的下口边缘（即帮脚）黏合在内底的反面上的。如果鞋里、主跟和内包头的底茬过长，鞋里与内底的黏合宽度过大，就会减小帮面帮脚与内底的黏合宽度，易造成开胶现象。因此，在黏合外底之前，需要修剪里子余茬。

1. 揭帮脚

由于在安装主跟和内包头时使用了胶粘剂，或化学片类的主跟及内包头在用溶剂浸泡后产生了自黏合性，绷帮定型时帮面与帮里会黏合在一起。因此，在拔去绷帮钉后，需要在帮脚处将帮面与帮里剥开。

图 6-1-2　揭帮脚演示图

揭帮脚后，要使帮面的帮脚向外翻开，而帮里、主跟和内包头的帮脚要平伏在内底的反面（图 6-1-2）。

2. 修剪里子余茬

沿楦底边缘用割皮刀将多余的帮里、主跟及内包头割去，使帮里、主跟及内包头在内底反面上的搭接量为 4mm 左右。

搭接量过长，鞋里与内底的黏合宽度过大，就会减小帮面帮脚与内底的黏合宽度，易造成开胶现象；若搭接量太小时，成品鞋在穿用过程中鞋里抽缩，产生空松现象。

需要注意的一点是，在割除多余的主跟和内包头时，割皮刀应与楦底面成 20°～30°夹角，使割出的边口呈斜坡状。如果刀口呈垂直状，边口为一棱台，不仅帮面的帮脚与内底的黏合不平伏，而且在后期的砂磨帮脚操作中极易将帮脚砂破，从而影响帮脚的黏合强度。

三、黏 合 帮 脚

目的是将帮面和帮里的帮脚牢固地黏合在内底的反面。

1. 操作

① 在帮面、帮里的帮脚及内底边缘上刷胶。

② 进烘干通道，进行烘干活化。

③ 刷二遍胶。

④ 进烘干通道，进行二次烘干活化。

⑤ 绷、粘帮脚。

⑥ 拔除规帮钉和钉内底钉。

⑦ 用榔头捶敲帮脚，使其黏合牢固。

2. 注意事项

① 生产企业中，刷胶和烘干活化都是在流水线上进行的。烘干通道分为两段或三段，每一段的开头都有刷胶操作，刷胶后的在制品则放在传送带上，进入烘干通道中。

② 刷胶的宽度与帮脚在内底上的搭接量一致或略大于搭接量。刷胶太宽时，不仅费胶，而且多余的胶膜将对以后的内底和外底的黏合起隔离作用；刷胶太窄则影响黏合牢度。

③ 刷胶至腰窝部位时，要用手将帮套捏紧，防止胶液流入鞋腔内将鞋里粘在楦体上，造成脱楦困难。

④ 刷胶后的在制品要注意防尘、防潮，以免影响黏合强度。

　　⑤ 烘干活化的条件：温度 50～60℃，通过调整传送带的运转速度，控制每一节的烘干活化时间在 5～8min，烘干到"指触干"。

　　⑥ 粘帮脚时，要按照头→跟→腰窝的绷帮顺序，并按照原来的绷帮褶皱用绷帮钳将帮脚拉回、黏合在内底面上，随即用钳锤敲捶帮脚，使之黏合牢固。

　　⑦ 钳拉力与绷帮相同，使粘帮脚后在制品的形体符合要求。

　　⑧ 为消除前尖部位的皱褶，使帮脚黏合平伏，可将该部位的帮脚打三角形剪口，剪口的顶角距楦底边 3mm 以上，最多打 3 个。黏合完毕后，三角形剪口边必须相互吻合严密。

四、平整帮脚和子口

　　粘帮脚后，在制品的前尖和后跟部位还有许多帮脚的皱褶，会影响后续的黏合外底操作。通过平整帮脚，可以使帮脚平坦，与外底黏合的间隙均匀一致，保证黏合质量，子口圆顺规整，造型美观。

　　1. 割帮脚操作

　　① 用割皮刀或三角刀将楦底面上多余的帮脚割掉，刀与内底成 25°～30°夹角（图 6-1-3），将帮脚的边缘片成斜坡状，使搭接在内底上的帮脚宽度统一到 8mm。割帮脚后剩下的帮脚若太窄时，被内底和外底夹、粘住的帮脚黏合面则太窄，会影响黏合牢度。

　　② 将前尖及后跟部位的帮脚褶皱片削平坦。

　　2. 平整帮脚、子口操作

　　① 在子口及帮脚处刷水，以免在熨烫时烫伤革面。

　　② 用电烙铁或帮脚烫平机熨烫子口和帮脚，使内底棱清晰，线形规整。用电烙铁熨烫帮脚时，所用电压为 220V，电烙铁的功率为 70～

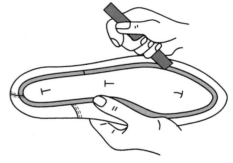

图 6-1-3　手工割帮脚

80W，熨烫时间不宜过长，以熨烫平整为主。熨烫时，电烙铁的温度过低，效果不佳；温度过高又容易烫焦皮革，造成穿用时底口断裂的质量问题。

五、填　底　心

　　将帮脚黏合在内底上后，由于帮脚、主跟、内包头及勾心有一定的厚度，使得内底表面出现下凹不平的现象。填底心是将内底表面凹陷部分填充垫平，使其与外底黏合面之间形成平整顺滑的密合曲面。

　　1. 填底心材料及填心方法

　　填心材料主要是加工过程中产生的边角碎料，如削磨加工过程中产生的胶底碎末和皮末，片剖过程中产生的二层革、再生革、弹性硬纸板等。

　　粉末状碎料可以与胶粘剂混合成填充物，然后涂抹在底心的凹陷处；而片状材料则可以直接刷胶黏合。

　　使用组合内底时，在内底的下面粘贴形状及厚度合适的、带藏筋沟的半内底，形成四

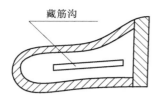

图 6-1-4　藏筋沟的半内底

周薄、中心厚的断面结构（图 6-1-4），黏合帮脚后底面无凸凹不平现象，就可以省去填底心操作。

在设计外底模具时，可以有目的地使外底的底心部位向上凸起，周边及腰窝中心处留出凹陷部分，以容纳帮脚及勾心。

特殊用途的鞋可根据其功能的不同，填置特殊的底心。如竞走、跳伞等运动鞋使用不同硬度或具有缓冲作用的垫心，医疗保健鞋的底心部位夹药垫、永久磁铁片，除臭鞋则是在组合内底中夹药材或香料等。

2. 填底心的质量要求

① 填底心材料结合牢固，在穿用过程中无迁移、堆积或变形现象。

② 填底心后的底面必须光滑、平整，符合产品的造型设计要求，即前掌部位稍稍外凸，腰窝部位呈槽底状，后跟踵心部位平坦或底心略低于周边。

③ 填底心的成品鞋必须符合穿用要求。

六、画合外底子口线

为确保黏合外底的质量，黏合面的加工到位，达到端正、平伏、处理精准的目的，对鞋帮和外底的黏合轮廓必须精准定位，在黏合面处理和刷胶操作前，要沿外底沿条的上沿在鞋帮上画出合外底子口线，作为后期工序操作的参照线（二维码 6-1）。

二维码 6-1
画合外底子口线

七、黏合面的处理

胶粘剂只有渗入被粘物内部，形成牢固的黏合底基，黏合强度才能得到保障。因此，在刷胶操作前，必须对黏合面进行处理，去除材料表面的涂层，促进胶粘剂的渗透。

黏合面的处理方法包括砂磨起绒和化学处理两种。

（一）砂磨起绒

砂磨黏合面的操作称为砂磨起绒，砂磨对象包括帮脚和外底黏合面（二维码 6-2）。

二维码 6-2
黏合面砂磨处理

1. 目的

① 通过砂磨，可以除去帮脚处帮面的涂饰层和外底黏合面上的脱模剂、氧化膜等隔离物质，有利于胶粘剂的扩散和渗透，形成黏合过渡层。

② 砂磨起绒后，帮脚及外底黏合面的表面呈粗糙的绒面，增大了黏合面积，有利于提高黏合强度。

2. 工具及方法

目前，制鞋生产企业一般都采用机器砂磨的方法。当然，帮面及外底材质不同，所用的设备和方法也不一样。

（1）砂布轮　企业目前使用得最为广泛的是砂布轮。它是在木盘轮上直接粘上砂布制成，砂布的接头重叠处用钉子钉合。为减小砂磨时产生的跳动，可以在木盘轮上先黏合橡胶层或海绵层，然后再黏合砂布，以起到缓冲作用。

面料为牛或猪面革时，由于其革身较厚且纤维编织紧密，需要较大的砂磨力，因此要使用 3 号砂布；羊面革和合成革类面料的厚度薄，强度低，只需要较小的砂磨力，故使用 1.5 或 2 号砂布。砂布轮的转速一般都控制在 2800r/min。砂磨网眼类编织面料的帮脚时，砂磨力要更小，可使用 2 号砂布，砂布轮的转速则降至 2000r/min 左右。

砂布轮的特点是重量轻，惯性小，稳定性好，砂磨帮脚时不易产生跳动，砂布的更换比较容易；但砂布上的砂粒容易脱落，砂布的边缘也容易松散开线，从而影响砂磨效果。

（2）钢丝轮　钢丝轮的外观与整饰用的鬃刷轮相似，是用钢丝轧曲后组装的钢丝刺钩带装在木盘轮上制成的。所用的钢丝有软、中等和硬三种，分别用于不同面料帮脚的砂磨。

钢丝轮的特点是刮拉力大，起绒效率高，砂磨面的绒毛浓密均匀，界面的尘屑少，可较大幅度地提高黏合强度，但操作的难度较大，砂磨后的边界也不整齐，需要手工补砂。

（3）钢片轮　钢片轮是用弹性较强的薄钢片冲凿出毛刺孔然后再钉在木盘轮上制成。这种带毛刺孔的薄钢片像自行车补胎用的木锉。

钢片轮的特点是砂磨起绒力大，但易划透帮脚或划伤手。

3. 质量要求

黏合面的砂磨起绒质量直接影响着帮底黏合的牢度，是胶粘鞋生产过程中的一个重要工序，因此，必须根据需要砂磨起绒料件的性能特点选择合适的砂磨介质。操作人员要充分了解砂磨设备的性能，熟练掌握操作技能。

①　严格控制砂磨起绒的位置　帮脚的砂磨要按照与外底的黏合位置缩进 0.5～0.8mm。砂磨面过宽，合外底后会露出砂磨痕迹，从而影响成鞋的外观质量；而砂磨面过窄，帮脚与外底的黏合子口不严密，影响黏合强度。如果边缘部位难以砂磨准确（如使用钢丝轮进行砂磨），可不砂边缘处，随后采用手工方法进行补砂。

压跟鞋外底只砂到跟口线以后 5～8mm，以后的部位不砂；如果装跟部位需要砂磨，注意后跟部距内底边棱 3～5mm 的边缘范围不砂，否则装配鞋跟后子口处会外露砂痕。

②　严格控制砂磨深度　外底黏合面的砂磨以砂磨至表面无光，呈现出细密的绒毛为准。

帮脚的砂磨以砂除表面涂饰层，露出纤维为准，砂磨深度不超过革厚的 1/4。砂磨过深，易砂断帮脚，从而影响成鞋的穿用寿命；砂磨过浅，说明涂饰层的砂除程度不足，胶粘剂向帮脚内部的扩散和渗透会受到阻碍，导致黏合强度不足。

③　砂磨后黏合面上的绒毛短而浓密，长度以 0.2～0.3mm 为宜。绒毛过短，胶粘剂的扩散和渗透能力以及黏合面积都相对较小，帮底黏合牢度差；如绒毛过长，当黏合面受到外界剥离力时，绒毛易被拉断，造成应力集中，导致开胶。

④　砂磨均匀，无漏砂和砂坏现象。

（二）化学处理

成型外底黏合面的砂磨费工、费时且不易操作，需要一种简便而又实用的处理外底黏合面的方法。另外，随着合成工业的发展，新型材料的外底也不断问世，但大部分的新材质如 SBS（苯乙烯系热塑性弹性体）、TPR（热塑性橡胶）、PU（聚氨酯）等外底，即使经过砂磨处理也难以黏合牢固。当然，在生产过程中，我们还常常遇到许多材料，它们的黏合面也不适合砂磨处理。化学处理是解决上述难题的方法之一。

1. 化学处理的原理

① 用化学试剂溶解黏合面上的隔离物质（如表面油污或隔离膜），为胶粘剂向被粘物内部的扩散和渗透创造条件。

② 处理剂能够在被粘物的表面形成过渡层，这种过渡层既能够与被粘物很好地相容，又与胶粘剂有很好的亲和力。

③ 许多新材质的外底属于非极性材料，与极性鞋用胶粘剂的黏合能力小，不能达到黏合要求。使用处理剂对表面处理后，可以改变非极性材料的表面状态，使其表面产生能够与极性胶粘剂发生反应的活性点，从而使被粘物之间产生黏合。

2. 处理剂的种类

（1）溶剂型　由一种或几种有机溶剂组成，可以溶解被粘物表面的油脂及蜡类物质。所用溶剂有脂类、酮类、卤代烷烃类、芳烃类和胺类等，主要用于 PVC（聚氯乙烯）、PU 等合成材料的表面处理。

（2）媒介型　是类似于表面活性剂的"双亲"材料，一般与非极性物质有良好的亲和性。由于在其分子结构中适度引入了极性官能团，所以与极性胶粘剂也可以互容，如氯化 SBS 和少量接枝丙烯酸类树脂的 SBS 处理剂就属于此类。

（3）化学反应型　是处理剂中最重要的一种。通过处理剂的处理，被粘物表面的结构发生变化，使得非极性材料的表面极性增大，从而提高与胶粘剂的黏合力。

化学反应型处理剂以卤化剂为主，如三聚三氯异氰尿酸、次氯酸盐、卤化磺酰胺类等，某些氧化还原剂也可以起到处理剂的作用。

3. 处理剂的使用

（1）卤化剂　用于 SBS 底、乳胶底等非极性外底黏合面的处理。使用时，将 2% 的三氯异氰尿酸涂刷在外底的黏合面上，静置，待表面化学反应 5～10min 后，涂刷聚氨酯胶粘剂。

（2）环己酮　用于 PVC 面料、底料等的表面处理。

（3）苯　用于 PU 底黏合面的预处理。操作时，先在黏合面上刷苯液，然后再刷专用处理剂，最后刷胶粘剂。

（4）汽油　用于天然胶片之间黏合的表面处理。操作时，先将胶片表面涂刷汽油，使胶面的分子溶解活化，通过面对面地数次碰打，增加黏性，两胶片就可黏合结为一体，无须涂刷胶粘剂。

4. 化学处理注意事项

① 除了天然材料（如皮革）外，几乎所有合成材质［如 PVC、EVA（乙烯-醋酸乙烯共聚物）、TPR 等］在刷胶前均需使用处理剂。

② 应根据所黏合材质的特点选用不同性能的处理剂，如果处理剂选择错误或处理方法不当，胶粘剂无法发挥其黏合效果。

③ 处理剂使用前应做好选择性试验、分析记录，以供大批量生产参考。

④ 化学处理要涂得均匀、彻底，每一个部位均要涂刷到位，涂刷工具要经常更换，确保处理效果。

⑤ 对不易黏合的光滑表面，或沾有油污、隔离剂等材料的表面，可以适当砂磨处理

后再进行化学处理。

[思考与练习]

    1. 胶粘工艺的特点是什么?

    2. 拔钉前为什么要钉规帮钉?钉规帮钉有何要求?为什么?

    3. 割帮脚后,帮里搭接量的大小与成品鞋的质量有何关系?修剪里子余茬时需要注意哪些问题?

    4. 帮脚黏合的整个操作过程需要注意哪些问题?

    5. 平整帮脚有哪些具体的操作?

    6. 了解填底心的材料、操作及质量要求。

    7. 帮脚砂磨起绒的设备有哪些种类?各有何特点?

    8. 外底黏合面的砂磨起绒设备有哪些种类?各有何特点?

    9. 砂磨起绒有哪些质量要求?

    10. 化学处理的原理是什么?

    11. 鞋用化学处理剂有哪些种类?各适用于哪些种类的外底处理?

第二节　胶粘组合工序

[知识点]

    ☐ 胶粘工艺的流程。

    ☐ 胶粘工艺的质量要求和注意事项。

[技能点]

    ☐ 熟练掌握胶粘工艺的刷胶操作。

    ☐ 熟练掌握胶粘工艺操作。

    在完成前期准备工作和帮脚处理的加工后,即可进行刷胶、烘干活化及合外底的操作。

一、涂刷胶粘剂

    将胶粘剂涂刷在被粘物的黏合表面上的操作称为刷胶。在刷胶之前还需要净化粘合面。

(一) 净化黏合面

    影响黏合强度的一个重要因素就是黏合面的洁净程度。与表面清洁的黏合效果相比,黏合面上有粉尘、油污、水分或隔离膜时,黏合强度则大大降低。因此,在刷胶操作之前,必须彻底净化黏合表面。

    净化黏合表面的操作是在砂磨起绒后进行的,以清除砂磨起绒操作所产生的粉尘,一般都采用鬃刷轮进行机械除尘或用压缩空气进行吹气除尘,也称抛灰(二维码 6-3)。

二维码 6-3
净化黏合面

    除尘后的料件应紧接着进行刷胶,而不得停放过久。如果由于工序安排等方面的原因,不得不停放较长的时间,在刷胶前则应该再次砂磨,以除去散落在黏合面上的灰尘及表面吸附的水分。

    绷帮定型时,已进行过干燥定型。如果料件的含水量还很高,则需要再次进行干燥处理，否则会降低黏合强度。

注意控制操作间的相对湿度和空气中的粉尘含量，以免在停放和转运过程中黏合面吸附水分和粉尘。

除尘后的料件不得与油类物质接触。

（二）配胶

鞋用胶粘剂的分子结构大部分是线型或支链型的。这类胶粘剂分子间的内聚力较小，如不采用相应的措施，帮底结合的黏合强度则不能达到要求。在胶粘剂中加固化剂就是一种有效的措施。

在胶粘剂中加配不同种类和比例的固化剂以提高黏合强度的操作称为配胶。

1．固化剂的作用原理

黏合外底用的胶粘剂大致上可以分为热熔型、溶剂型和水基型三类。除热熔型胶粘剂外，其余两种胶粘剂都需要加配固化剂。

固化剂又称为交联剂或交联固化剂，是一种带有多个活性官能团的低分子材料。在一定的条件下，固化剂的活性官能团可以与被粘物以及线型胶粘剂大分子上的活性官能团发生交联反应，也可以使胶粘剂的分子结构从线型转变为网状型或体型，进而提高黏合强度以及胶接接头的耐高温性（图 6-2-1）。

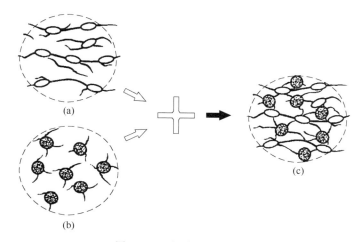

图 6-2-1　交联反应示意图

（a）胶粘剂分子团　（b）固化剂分子团　（c）交联反应后的分子结构

2．鞋用胶粘剂及其固化剂

（1）氯丁胶　鞋用氯丁胶有普通型和接枝改性型两种，主要用于皮革与皮革、皮革与橡胶、皮革与纺织物、纺织物与橡胶之间的黏合，黏着力较强。

与氯丁胶配合使用的固化剂是异氰酸酯类，最常使用的液态固化剂是三苯甲烷三异氰酸酯的二氯甲烷溶液（20％），其商品名称为列克纳，外观呈棕褐色。使用时只需要按比例加到氯丁胶中，搅拌均匀即可。

列克纳的用量与被粘物的性质有关：当皮革与皮革黏合时，列克纳的用量为氯丁胶的5％左右；当皮革与橡胶黏合时，列克纳的用量为氯丁胶的10％左右。有关固化剂用量与被粘物剥离强度之间的关系见表 6-2-1。

表 6-2-1	列克纳用量与剥离强度的关系		单位：10N/2cm
列克纳用量/%	皮革-皮革	皮革-胶板	皮革-轮胎底
0	7.50	4.4	3.1
5.0	15.75	4.1	7.3
7.5		4.0	
10.0	7.50	11.2	9.2
12.5		4.9	
15.0	6.55		4.6
20.0	7.50	5.8	3.1

注：试验条件为行程 100mm/min，负荷 10N。

与氯丁胶配合使用的另一种固化剂为"7900"固化剂，这是一种白色粉末状材料，主要成分是聚四异氰酸酯，与氯丁胶配合使用时的用量为 2.5%～3%。使用前先将 7900 固化剂粉末溶于甲苯中，再将溶液对入氯丁胶内，搅拌均匀即可。需要说明的是，7900 固化剂的甲苯溶液与空气接触时间过长时会变质，因此需要随用随配。

（2）聚氨酯胶　主要用于天然皮革、合成革帮面与橡塑并用底、TPR 底及聚氨酯底等材料间的黏合。不同的外底需要用不同的处理剂进行预处理。

聚氨酯胶也是液态胶粘剂，与其配合使用的固化剂大多是以异氰酸酯为主要成分的液态化学材料，用量为胶粘剂的 3%～5%。使用前，将固化剂加入到胶粘剂中，搅拌均匀后即可使用。

（3）树脂胶　鞋用树脂胶的主要成分是合成树脂。对不同成分的外底，可以使用相应的树脂胶。如 EVA 底可使用 EVA（乙烯-醋酸乙烯共聚物）为主要成分的树脂胶，SBS 底可使用以 SBS 为主要成分的树脂胶等。树脂胶还可以用于橡塑并用底、乳胶底等外底的黏合。

3. 配胶的有关注意事项

① 根据被粘物的性质，严格控制固化剂的用量比例。

② 根据季节的不同，固化剂的比例可适度增减。夏季可减量，冬季可加量。

③ 胶粘剂必须随用随配，用多少配多少。配好的胶粘剂在夏季的存放时间最长不超过 30min，25℃ 以下气温中存放时间不超过 1h。

由于固化剂与胶粘剂之间的交联反应在配胶后即已开始，在温度较高时，交联反应的速度加快，所以配胶后应立即使用，不得停放过久。待交联反应程度达到 50% 以上时，胶粘剂已不能再使用。另外，交联反应是不可逆反应，如胶粘剂已经固化，再加入溶剂也不能使其溶解，这与制帮工序中使用的汽油胶不同。因此，胶粘剂必须用多少配多少，以免造成浪费。

④ 注意控制配胶和刷胶操作间的相对湿度和空气中的粉尘含量，杜绝火种。

⑤ 保持胶桶及固化剂容器的密封状态。

（三）刷胶操作

鞋帮和鞋底黏合刷胶多采用手工刷胶。

1. 粘合面状态

从胶膜的形成到黏合面发生黏合有以下四种情况：

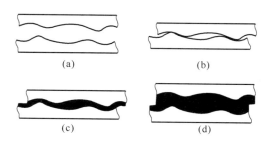

(a)　　　　　　　　(b)

(c)　　　　　　　　(d)

图 6-2-2　黏合面状态及胶膜厚度

① 被粘物黏合面被砂磨起绒后，其表面呈凹凸不平的状态 ［图 6-2-2 （a）］。

② 如果胶粘剂的用量小，被粘物黏合在一起后，黏合面呈"点接触"状态，胶膜不连续 ［图 6-2-2 （b）］，因而剥离强度低。

③ 当胶粘剂的用量适中时，被粘物黏合在一起后，黏合面呈"面接触"状态，胶膜厚度适中且呈连续状态 ［图 6-2-2 （c）］，剥离强度高。

④ 如果胶粘剂的用量过大，被粘物黏合在一起后，黏合面虽然也是呈"面接触"状态，但胶膜厚度太大 ［图 6-2-2 （d）］，这不仅造成胶粘剂的浪费，而且由于胶层太厚，胶粘剂中溶剂的挥发不畅。当胶液表面成膜后，内部的溶剂难以挥发，就会产生气泡，从而降低剥离强度。

2. 胶膜厚度与剥离强度之间的关系

胶膜的厚度与剥离强度有着密切的关系，从图 6-2-3 中可以看出，当胶膜厚度为 0.2mm 时，剥离强度最大，黏合效果最好。

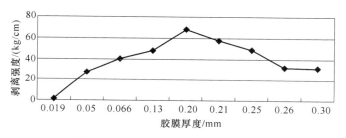

图 6-2-3　胶膜厚度与剥离强度的关系

3. 刷胶次数与胶膜厚度之间的关系

胶膜厚度与胶粘剂浓度、刷胶次数及刷胶力的大小等因素有关。表 6-2-2 列出了刷胶次数与胶膜厚度关系的有关数据。

表 6-2-2　　　　　　　　　　刷胶次数与胶膜厚度的关系　　　　　　　　单位：mm

被粘物性质		刷一次胶	刷两次胶	刷三次胶
皮革	厚度范围	0.008～0.108	0.056～0.128	0.098～0.230
	厚度平均值	0.058	0.092	0.164
橡胶外底	厚度范围	0.084～0.140	0.134～0.140	0.168～0.177
	厚度平均值	0.088	0.137	0.172

① 胶粘剂的浓度越大，有效物质的含量也越高，形成的胶膜也越厚，但胶粘剂的渗透能力越低；胶粘剂的浓度越小，有效物质的含量也越低，形成的胶膜也越薄，但胶粘剂的渗透能力越高。

② 刷胶力大，胶粘剂容易渗透，但被粘物表面滞留的胶量少，胶膜厚度则小；刷胶力过小时，不仅不利于胶液的渗透，而且被粘物表面滞留的胶量多，胶膜厚度过大，反而会降低黏合强度。

③ 试验结果表明：在皮革上刷一遍胶，胶膜的厚度约为 0.06mm，刷两遍胶时，厚度增大至 0.09～0.10mm。如果是真皮帮面与真皮外底黏合时，帮底各刷两遍胶，胶膜的总厚度则约为 0.2mm，是最佳胶层厚度，所以一般规定刷两遍胶。

④ 在橡胶底黏合面上刷一次胶，胶膜厚度约为 0.09mm，刷两遍胶时厚度增大至 0.13mm 左右。如果是真皮帮面与胶底黏合时，帮脚刷两遍胶，外底黏合面刷一遍胶，胶膜的总厚度则约为 0.18mm；若帮脚刷两遍胶，外底黏合面也刷两遍胶，胶膜的总厚度则达到 0.22mm 左右，均属于剥离强度较好的胶膜厚度范围。

二维码 6-4
帮脚刷黏合
（外底）胶

4. 刷胶操作要求

帮脚刷黏合（外底）胶和外底刷胶可扫二维码 6-4 和二维码 6-5。刷胶操作需要遵循以下原则：

二维码 6-5
外底刷胶

① 第一遍胶要稀一些，使胶粘剂能够充分浸润被粘物表面，有利于胶粘剂向被粘物内部的扩散和渗透。

② 第一遍胶的涂刷方法是往复推刷。因为单向刷胶时，被粘物表面上被砂起的绒毛会向一侧倾倒，产生绒毛上部有胶但下部无胶的结果，而双向往复刷胶则可使胶粘剂充分浸润被粘物的表面。

③ 第二遍胶的浓度要大于第一遍胶。第二遍胶对提高剥离强度起着决定性的作用。有研究报道指出：第一遍胶对黏合强度的提高几乎不起作用。但由于第一遍胶的作用是浸润被粘物表面，并扩散、渗透到被粘物的内部，以便形成胶粘过渡层，为二遍胶发挥作用打好基础。因此，第一遍胶的作用不可忽视。

④ 第二遍胶的涂刷方法是单向推刷，这样可以避免胶液产生堆积，胶膜的厚薄也比较均匀。

⑤ 刷胶时应用力适中。

⑥ 每次胶刷完后都必须干燥至指触干。

5. 刷胶操作的注意事项

① 控制胶粘剂与固化剂的比例，控制每次的配胶量，避免造成浪费。

② 严格按照操作规程进行配胶和刷胶。

③ 控制刷胶操作间的温度、相对湿度和空气中的粉尘含量，杜绝火种。一般要求室温在 20℃以上，相对湿度在 70％以下。温度低、相对湿度大时，胶膜表面容易吸附水分，使剥离强度降低。

④ 注意通风、排毒，将胶粘剂中有毒溶剂对人体的损害降至最低限度。现今生产企业的刷胶操作是在封闭式传输通道中进行的，通道的顶部设有抽风装置，刷胶后的料件直接进入干燥通道。

⑤ 刷胶后的料件要避风、避免日光暴晒。风吹会使胶层表面快速结膜，而内部的溶剂和水分被封闭在里边，黏合时会出现拔丝现象，剥离强度也低；而日光暴晒会引起胶膜过早地发生交联反应。

二、胶膜的烘干活化

黏合面经过刷胶操作后，直接进入干燥通道进行烘干和活化。

（一）目的

① 加快胶粘剂中溶剂或水分的挥发，缩短加工时间。

② 促进胶粘剂分子向被粘物内部的扩散和渗透。

③ 为胶粘剂和固化剂发生交联反应提供反应活化能。

④ 软化胶膜和被粘物，降低被粘物的硬度和弹性，增加可塑性，减小黏合时的反弹力，便于在合外底后底型符合楦底形体。

（二）烘干活化条件

根据高分子物理学理论，加热可以加快大分子的热运动，有利于分子间的渗透和扩散，但温度过高，胶膜表面会迅速结膜，而内部的溶剂或水分尚未挥发完全，在胶层的内部就会产生气泡，从而降低剥离强度。若烘干温度过低，胶粘剂中溶剂和水分的挥发、胶粘剂向被粘物内部的扩散和渗透以及交联反应活化能等均不能达到要求，也会使剥离强度不理想。因此，必须根据被粘物的性质，制定烘干活化的温度和时间。

为达到烘干活化目的，温度和时间是两个相互关联的因素。烘干活化的温度越高，在单位时间里料件获得的热量也越大，因而烘干活化的时间就要相对缩短。由于制鞋企业现在都使用干燥通道进行烘干活化，所以要根据烘干活化温度，控制流水线传送带的传送速度，以期达到最佳的效果。

一般第一节烘箱的烘干活化温度为 40～50℃；第二节烘箱的烘干活化温度为 60～70℃，烘干总时间为 10～12min。

（三）烘干活化设备

1. 设备

大型制鞋企业目前使用的烘干活化设备有两类，一类是烘干通道，它是借助于传送带将半成品与底件送到刷胶和烘干活化区分别进行刷胶和烘干活化。整个干燥通道的顶部设有抽风管道，以排除胶粘剂中的有毒溶剂。刷胶区设有操作孔，烘干区的内部装有加热装置。有些企业为方便操作，将刷胶区改为开放式的操作间，但有毒溶剂因此而散发在操作间中。

另一类烘干活化设备是烘箱，分立式和卧式两种。卧式烘箱可以与胶粘鞋流水线连为一体，但占用较大的工作场地；立式烘箱不能与流水线连接在一起，一般都设在流水线的旁边，其占地面积小，但增加了料件的往返运送。

2. 热源的选择

烘干活化所用的加热源可以是蒸气、电热管、红外线灯泡、远红外线元件、远红外线电炉等。目前使用得较为广泛的是远红外加热元件，由于远红外线具有传导和辐射的双重作用，可以对胶层的表面和内部同时升温、活化，溶剂也得到充分挥发，故加工效率高。用同样温度，时间可缩减 1/3，具有安全、散热均匀、耗电少等优点。

三、合 外 底

将刷胶和烘干活化后的外底与帮脚、内底（或中底）黏合在一起的操作称为合外底。

（一）前提条件

① 合外底前，被粘物的黏合面必须已经达到烘干活化的要求，否则会影响剥离强度。

目前，烘干活化的程度一般是采用指触法进行检验的，即用手指触摸胶膜，感到胶膜已不再湿黏但又有黏感时为合适，称为"指触干"或八分干，这种方法适用于氯丁胶。而树脂胶中溶剂的挥发速度很快，刷完胶后，胶膜的触感即已经干燥，但需要注意胶膜仍未活化。

测试烘干程度时只试底心部位，不得触摸黏合面的边缘，距边 20mm 内为禁摸区，以免手上的汗液、灰尘、油污等沾污黏合面，影响剥离强度。

② 硬质外底已经受热返软。

③ 合外底操作间干爽，室温与烘箱温度差不大于 30℃，以免胶膜表面凝结水汽而影响黏合强度。

④ 合外底操作间清洁，与砂磨起绒操作间隔离，以免粉尘沾污胶膜。

（二）合外底的操作及注意事项

1. 合外底操作

合外底的操作方法一般有两种（二维码 6-6）：一种是楦底朝上，将楦台楦面置于腿上或支撑架上；手握外底边缘，使其黏合面朝下，对正后黏合；另一种是将外底平置于腿上，黏合面向上，手握楦台部位，楦底朝下，对正后与外底黏合。

二维码 6-6
合外底操作

成型外底的合外底顺序为：前尖→前掌外侧→前掌内侧→后跟→腰窝部位。

卷跟鞋外底的合外底顺序为：前尖→小趾部位→拇趾部位→跟口线→跟口面→跖趾线至腰窝。

2. 注意事项

① 合外底之前，先除掉黏合面以外的余胶。

如果在合外底之后，待胶粘剂已经固化时再除余胶，在撕扯力的作用下可能会破坏黏合面的胶层，造成局部开胶。

② 对于成型外底，由于前尖、后跟及成鞋的外侧是主要的外露部位，直接影响成鞋的外观质量，所以在合外底时要特别注意。待前尖、前掌及后跟部位黏合端正后，最后黏合腰窝部位。注意要先黏合腰窝的中心，然后黏合腰窝的四周，以免底心包有空气，造成开胶。

③ 卷跟鞋外底的黏合质量关键在于跟口线位置是否准确。如果黏合失误，会造外底偏斜，难以覆盖跟口面等缺陷。也可以将外底后舌片部分事先与鞋跟的跟口面黏合后，再扣底黏合。

④ 墙式与盘式外底的黏合：边墙上画有合外底子口线的鞋帮与外底黏合时，先将前尖对位点粘，再将外底盘的中部顶住使边墙外翻，让外底前掌边墙上缘覆盖在鞋帮面的合外底子口线上，然后，将外底后跟对准鞋帮后端点粘，按成型外底的合外底顺序，依照边墙上的画线将边墙外翻后再逐步黏合腰窝。

⑤ 一般说来，成型外底都是与鞋楦配套的。如尺寸上稍有差错，经加热回软后，外底可适当抻长或皱缩。因此，当前部粘牢后，粘后跟时就可根据具体情况，适当抻拉或皱缩外底，保证后跟端点位置准确到位。

⑥ 合外底后，外底假沿条的上缘应覆盖住帮面上的合外底子口线。

（三）质量要求

① 严格控制烘干活化程度，确保黏合强度。

② 黏合准确、端正、严密，无偏移、扭曲现象。

③ 子口线黏合规整清晰，与帮面黏合严密，无余胶、胶丝。

④ 被粘物黏合面接触紧密，底心处无空气滞留，避免穿用时气流冲开黏合面，造成开胶。

⑤ 黏合后用榔头将外底捶砸一遍，以增大接触面积。注意锤面要平落在底面上，防止砸伤底面和留下捶痕。

[思考与练习]

1. 净化黏合表面的操作需要注意哪些问题？

2. 固化剂的作用原理是什么？固化剂的用量过大或过小会如何影响黏合强度？

3. 合外底使用的胶粘剂有哪些种类？各适用于哪些材料的黏合？

4. 配胶操作有哪些注意事项？

5. 胶膜厚度与哪些因素有关？

6. 剥离强度的影响因素有哪些？

7. 为什么要进行胶粘剂的性能测试？

8. 刷胶操作应该遵循哪些原则、注意哪些问题？

9. 烘干活化的目的是什么？如何控制烘干活化条件？

10. 烘干活化有哪些种类的设备？各有何优缺点？

11. 黏合外底的注意事项及质量要求有哪些？

第三节　黏合后工序及质量分析

[知识点]

　□ 胶粘工艺的黏合后工序。

　□ 掌握压合的作用和条件。

　□ 出楦的条件和方法。

　□ 出楦过程中易出现的问题及原因。

　□ 胶粘鞋的剥离强度分析。

[技能点]

　□ 熟练掌握胶粘工艺的压合、出楦操作。

　□ 熟练掌握胶粘工艺出楦过程中易出现的问题及解决方法。

黏合外底后，还必须进行机器压合，才能确保有较高的剥离强度。经过静置、出楦后才进入成鞋整饰阶段。

一、压　合　外　底

（一）压合外底的作用

① 进一步排除黏合面之间残留的空气。

② 增大黏合面间的接触面积。

③ 促进胶粘剂分子进一步扩散和渗透。

④ 显著提高剥离强度。

（二）设备及操作

合外底后的压合操作是在压合机上进行的。压合机的种类和型号较多，有气囊式、气垫式、墙式、十字型压边机等，但均以气压、液压或气油联动为动力，小型制鞋企业也使用杠杆式手动压合机。图 6-3-1 为自动油压压合机示意图。

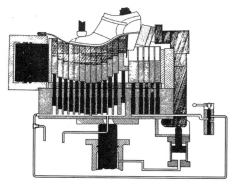

图 6-3-1　自动油压压合机示意图

1. 压合机的主要机构

压合机主要由上压杆、托架、顶杆和气缸（或油缸）四个部分组成。其中上压杆有前后两足。压合时，上压杆的前足压住前帮的跗面部位，后足压住楦台部位。为防止上压杆压伤帮面涂饰层，上压杆前足的杆头要内衬海绵，外边再用皮革包裹。要求这种皮革表面光滑，受压后不发黏、不掉色。

大多数压合机都是双工位的，可以同时压合左右两只鞋。

2. 工作原理及操作

气压型压合机在托架上有一气囊。压合时，将鞋放在气囊上，将上压杆的前足对准前帮的跗面部位，后足对准楦台部位；踩下踏板后，进气阀门被打开，气囊开始充气，在油缸内油压的作用下顶杆也带动托架一起开始上升，直到上压杆的前足压住前帮的跗面部位，后足压住楦台部位。当气囊顶到鞋底而不能再向上挤动时，底面以外的气囊部分因没有受到阻力会继续上移一小部分，使鞋底"陷入"气囊之中。

经过一定的稳压时间后，按下卸压阀门，使气囊卸压；按下换向阀门，踩下另一工位的踏板，则前一工位的顶杆下降，而后一工位的顶杆开始上升，进行另外一只鞋的压合。这时可以将压合好的产品从前一工位取下。

压合机装置有计时器，可以自动控制压合时间和卸压操作。

气压式压合机的工作噪声大。在压合中、高跟鞋时，腰窝部位必须加衬垫块，否则不仅腰窝部位的压合效果差，而且若使用塑料楦时也容易将鞋楦压断。因此，有些企业使用特制的压合底模来解决这一问题。这种特制底模的内腔底面跷度与外底的跷度一致。

油压式压合机的工作原理与气压式的相似，但工作噪声小，而且其托架上是垂直排列的硬质橡胶片。压合时，这些硬质橡胶片可以根据底面跷度自行调节高低，无腰窝部位的架空现象，不必加衬垫块，压合效果好。

3. 压合条件

压合时压力的大小及压合时间的长短对剥离强度的影响很大。

一般说来，压力大、压合时间长，剥离强度则高。但压力越大，压合时间越长，被压物的变形程度也就越大，产生的试图恢复变形的内应力也越大。当卸压后，在内应力的作用下反而会造成开胶。另外还必须考虑生产周期的长短。

剥离强度与压力大小及压合时间的关系见表 6-3-1。表 6-3-2 列出了常用底料的压合条件。

表 6-3-1　剥离强度与压力大小及压合
时间的关系　单位：N/cm

压合时间/s	压力/MPa	
	0.3	0.6
5	—	29.7
30	—	34.9
180	27.0	—
600	40.3	—

表 6-3-2　　常用底料的压合条件

外底种类	压力/MPa	时间/s
猪、牛底革	0.5～0.7	10～12
橡胶底	0.4～0.6	7～8
乳胶底	0.4～0.5	7～8
仿皮底	0.4～0.5	6～8
微孔底	0.4	8～10

需要说明的是，外底的压合应该在粘底后趁胶粘剂分子尚处于活化状态时立即进行压合，固化后压合的效果不好。压合外底操作可扫二维码 6-7。

二维码 6-7
压合外底操作

二、出　　楦

将鞋楦从鞋腔内拨出的操作称为出楦。

（一）出楦的前提条件

实验结果表明：机器压合后，随静置时间的延长，剥离强度也不断增大；当静置时间超过 24h 后，剥离强度随静置时间延长而增大的幅度越来越小，最后趋于一个稳定值。图 6-3-2 给出了静置时间与剥离强度的有关数据，所用的胶粘剂为氯丁胶，列克纳为固化剂。

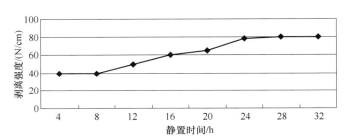

图 6-3-2　静置时间与剥离强度的关系

这是因为在压合外底之后，胶粘剂分子仍然处于活化状态，胶粘剂与固化剂以及被粘物分子之间的交联反应尚未完全结束。因此，在静置时间内，这些交联反应仍在继续，使剥离强度不断增大；当交联反应达到一定程度时，胶粘剂和固化剂分子的扩散及渗透越来越困难，剥离强度的增幅也逐渐减小，直到交联反应完全结束为止。

配胶时将胶粘剂与固化剂充分地搅拌均匀，以及在刷胶时促进胶粘剂向被粘物的内部的扩散和渗透是十分重要的。

剥离强度随静置时间的延长而增大，当静置时间超过 24h 后，剥离强度也逐渐趋于稳定。一般制鞋企业在压合后静置 4h 后再出楦。根据 GB/T 3903.3—2011 标准规定，剥成鞋制成 48h 后，才可检测剥离强度。

现今生产企业采用的另外一种方法是冷定型，即将压合后的在制品送入冷却定型箱中进行冷却，这样可以促进胶粘剂的快速结晶，同时，急速冷冻可以让鞋帮进一步产生收缩，释放鞋帮皮革面料内部的弹性应力，增强定型效果。一般冷却定型的操作是：在－15℃时冷却 15～20min。

当然，随着胶粘技术的进步和新型胶粘剂、固化剂的开发，固化时间也在缩短，为进一步提高生产效率创造了条件。

（二）出楦方法

出楦方法有手工出楦和机器出楦两种。

鞋楦的结构不同，出楦操作也不一样。整体楦和铰链弹簧楦都是一次将鞋楦拉出；而有楦盖的楦，要先出楦盖，后出楦身；两截楦是先出后跟楦，后出前尖楦；加楔楦则是先出楔片，后出楦跟和楦头。

1. 手工出楦法

① 拔掉鞋后帮里上的规帮钉。

② 解开绷帮前系好的系绳或鞋带。

③ 起掉楦盖上的钉楦盖钉。

④ 鞋底朝上，鞋尖朝向身体，用出楦钩钩住楦盖出楦孔，两脚踩住出楦钩的钩座。

⑤ 一只手托住鞋尖，另一只手环握后帮的主跟部位，顺楦盖方向拔出楦盖。

⑥ 再用出楦钩勾住鞋楦的出楦孔。

⑦ 先将楦的后跟部位拔出，然后顺着楦身方向将鞋楦整个拔出。

⑧ 将楦盖复位、钉合。

脱楦过程中双手的用力必须施加在帮套上，不得用力拔外底，手工出楦操作可扫二维码 6-8。

二维码 6-8
手工出楦操作

2. 机器出楦法

机器出楦是在出楦机上进行的。出楦机由托头、托跟、托架、出楦钩和偏心轮五个部分组成，其中托头和托跟都加衬有硬质橡胶垫（图 6-3-3）。

（三）出楦操作过程中易出现的问题

在出楦操作过程中，往往出现坏口、变形或滞楦等问题。

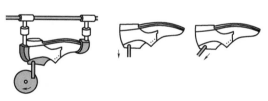

图 6-3-3　机器出楦分解动作

1. 坏口

坏口是指出楦时将鞋的口门、锁口线、后帮鞋口、横条等部位或部件撕裂的现象。产生坏口的原因主要有设计、加工工艺和材料三个方面。

① 设计方面：帮面的分割未按照脚型规律和楦型结构进行，部件的尺寸、比例安排不合理；样板处理特别是曲跷处理有误；锁口线的位置和缝线设计不合理；使用的鞋楦与预期产品不匹配。

设计失误使部件或帮面的局部位置产生应力集中，在脱楦力的作用下，部件或帮面的局部位置所承受的外界应力超过其极限强度，因而会出现坏口现象。

② 加工工艺方面：片边后的部件边口过薄；折下凹型弧线边时，剪口过深；缝线的针距过小，面线和底线的张力均过大；干燥定型及烘干活化时的温度过高，时间过长；出楦方法操作不当等。

上述加工工艺方面的失误，会导致帮面材料特别是部件边口的强度减小，在出楦过程中产生坏口现象。

③ 帮面材料方面：使用低强度帮面材料或劣质帮面材料，帮面材料与产品不匹配。

这些是产生坏口现象的基础因素。在出楦过程中，如果发生坏口现象，应及时查找原

167

因，采取相应的措施。如果是设计方面的原因，则必须停止使用原设计方案，修正样板或改用合适的鞋楦；如果是加工工艺方面的原因，则需要调整相应的工艺条件或工艺参数；如果是帮面材料方面的原因，则应更换帮面材料或采用补强措施。

对已经进入帮底组合工序的产品，能采用补救措施的尽力补救。对于不能补救的，在出楦时应首先在易损部位或部件上刷温水，使帮面回软，增加皮革延伸性；出楦时要缓慢用力，切忌猛拉猛拽。

2. 变形

变形是指出楦后鞋发生扭曲、变跷、皱缩、黏合子口开缝等。产生变形的原因有以下几个方面：

① 出楦方法不当，使内底、勾心、半内底等固型支撑件发生变形或使帮底黏合面之间产生缝隙。

② 部件水分含量过大、未完全定型就已出楦。

③ 固型支撑件的硬度或支撑力不足。

④ 绷帮时主跟、内包头的下口未搭上内底边缘，或割帮里时割除量过大。

在脱楦之后，如出现变形现象，应及时查找原因，采取相应的措施。如果是出楦方法不当，要立即纠正；如果是部件水分含量过大，则应停止出楦，待干燥或晾干后再出楦；如果是所用的固型支撑件不合格，则应停止使用并更换；如果是加工工艺操作方面的原因，则必须予以纠正。

3. 滞楦

所谓滞楦是指鞋楦不能被拔出。产生滞楦的原因主要是黏楦和遗钉。脱楦时，如果整个帮套或局部纹丝不动，一般都是黏楦问题；若帮面松动，但又脱不出鞋楦，则可能是遗钉问题。

① 黏楦：如化学片类的主跟、内包头用溶剂回软后，未经晾置就直接装入帮面与帮里之间，溶剂将化学片中的树脂溶解，产生黏性物质，并透过帮里与楦体黏合在一起；装主跟和内包头时，使用的胶粘剂量过大；粘帮脚时，胶粘剂流到帮里上，特别是腰窝的内怀部位容易流进胶水，造成黏楦。

如果属于黏楦问题，可用榔头捶溜黏楦部位，用竹片插入鞋帮和楦体之间撬拔，然后出楦修整。

② 遗钉：合外底前未将钉内底钉拔除，造成无法出楦。出楦时应设法将后帮的主跟部位脱出，然后插入螺丝刀或竹片，从鞋腔内撬动。或将钉孔活动扩大后拔出鞋楦。

三、胶粘鞋的剥离分析

影响胶粘鞋帮底黏合强度的因素主要有胶粘剂的性能及配胶、被粘物的性能及表面处理、胶粘过程各参数的控制等。

为了确保黏合质量，企业一般都采用抽样分析的方法来检测一批产品的黏合强度。通过对所抽样品进行剥离强度的检测，不仅可以检查产品质量是否符合有关标准，而且还可以分析、判断导致开胶的原因，从而指导生产过程，提高产品质量。

对胶粘鞋进行剥离强度的检测时，一般出现以下几种情况。

（一）黏附破坏

1. 现象

在帮脚和外底这两个被粘物中，只有某一个被粘物的黏合面上有胶粘剂膜，且胶粘剂与该被粘物黏合牢固，而另一个被粘物的黏合面上无胶粘剂膜或大面积缺胶。因此，开胶的根源在无胶粘剂一侧的部件上。

2. 原因

① 黏合面未经处理（包括砂磨起绒和处理剂处理）或处理程度不足。

② 砂磨起绒后黏合面未进行除尘净化。

③ 刷胶前部件的水分含量大，干燥处理程度不足。

④ 刷胶前黏合面上有与胶液不相容的物质或其他隔离物。

⑤ 胶粘剂浓度过大或刷胶方法不当而产生浮胶。

⑥ 黏合面未刷胶。

（二）内聚破坏

1. 现象

两个被粘物的黏合面上都有胶粘剂膜，且胶膜完整，但剥离强度低。因此，开胶的根源在于胶粘剂本身。

2. 原因

① 胶粘剂中未加固化剂。

② 刷胶后停放时间过长，或烘干活化温度过高，导致在黏合之前胶粘剂已经固化，两个被粘物黏合面上的胶膜不再发生黏合。

③ 烘干活化温度过低（或采用自然晾干），所提供的交联反应活化能不足，导致胶粘剂本身的内聚力过低。

④ 胶膜未经活化，或黏合操作室与烘箱的温差太大，导致两个被粘物黏合面上的胶膜不再发生黏合。

⑤ 刷胶后、黏合之前，两个被粘物的黏合面上都有隔离物质（如水分、油污、粉尘等）。

⑥ 胶粘剂失效。

⑦ 合外底后未经压合或未及时压合，压力过小、压合时间不足或压合后的静置时间不足。

（三）拉丝现象

1. 现象

胶粘剂与两个被粘物的黏合力很强，两个黏合面之间也有一定黏合力，但在剥开帮脚与外底时，两黏合面间有胶丝。因此，开胶的根源在于操作。

2. 原因

① 烘干活化的温度低、时间短，使胶粘剂中的溶剂或水分未充分挥发，未达到指触干就进行黏合。

② 刷胶后胶膜被风干，导致表面结膜，但内部仍有溶剂或水分。

③ 胶粘剂中未加固化剂或固化剂的用量不足。

④ 底料较硬，加热回软不足，胶粘剂的黏合力小于外底的回弹力，导致两个黏合面不能紧密接触。

⑤ 合外底后压合时的压力低、时间短。

（四）被粘物破坏

1. 现象

剥离时被粘物被撕破，而黏合面未被剥开。因此，开胶的根源在于被撕破的被粘物。

2. 原因

① 砂磨起绒的程度过大，导致被粘物（特别是帮脚）的强度大大降低。

② 砂磨起绒后黏合面上的绒毛过长，剥离力集中施加在绒毛上。

③ 被粘物本身的强度小于胶粘剂的内聚力。

（五）混合破坏

剥离时，被粘物及胶膜均有被撕裂之处。说明胶粘剂的性能及配胶，被粘物的性能及表面处理，胶粘过程各参数的控制等都比较理想，达到了最佳黏合状态。

在穿用过程中，胶粘鞋的个别部位会开胶，而其他部位的剥离强度又很大。产生这种现象的原因除工艺操作方面外（如局部的砂磨起绒不到位，刷胶量不足等），穿用条件也是造成开胶的主要原因（如局部受到外界强力的冲撞、局部受热等）。

［思考与练习］

1. 压合的目的是什么？掌握压合机的工作原理及操作。

2. 机器压合时采用的压力及压合时间与剥离强度的大小有何关系？

3. 压合后的静置时间与剥离强度有何关系？

4. 掌握手工出楦的操作。

5. 出楦过程中经常遇到哪些问题？其原因及处理方法有哪些？

6. 常见的胶粘剥离现象有哪些？分别由什么原因造成？

第四节　跟底结合装配

［知识点］

　　□ 掌握鞋跟高度与成鞋及鞋楦跷度的关系。

　　□ 掌握鞋跟的分类方法。

　　□ 掌握装跟的操作流程。

　　□ 了解鞋跟高度与脚掌各部位的受力大小及成鞋磨耗、变形的关系。

　　□ 掌握装跟的质量流程。

［技能点］

　　□ 能完成机器装跟操作。

　　□ 掌握不同跟型的装跟技法。

鞋跟与外底、内底的结合称为跟底结合装配。鞋跟的装配质量不仅关系到产品的外观造型，而且还直接影响着成鞋的穿用舒适性及成鞋结构的牢固程度，因此，跟底结合装配是皮鞋生产过程中一个重要的工序。

一、鞋跟的分类

1. 按鞋跟高度进行分类

鞋跟高度是指鞋跟大掌面最高点与水平面之间的垂直高度。有无跟（鞋底后跟部位呈平坦状，无鞋跟结构）、平跟（鞋跟高度小于 30mm）、中跟（鞋跟高度为 30～50mm）、高跟（鞋跟高度为 55～80mm）和特高跟（鞋跟高度大于 85mm）。

另外一种鞋跟高度的归类方法是：鞋跟高度＜1/10 楦底样长时为平跟；鞋跟高度介于楦底样长的 1/10～2/10 时为中跟；鞋跟高度＞2/10 楦底样长时为高跟。

2. 按材质分类

有皮跟、木跟、胶跟、塑料跟、假皮跟、组合跟以及金属跟。

3. 按造型分类

有压跟、卷跟、坡跟、插跟和异形跟。

二、鞋跟高度与成鞋及鞋楦跷度的关系

皮鞋的鞋跟是由鞋楦的前后跷度、成鞋及鞋跟的结构、鞋材和工艺加工的基本厚度等因素决定的。

（一）鞋跟高度和成鞋前跷高度在关系

鞋跟高度与鞋的楦型跷度之间存在一定的规律：

① 楦底样长度在正常状态下，鞋跟高度越高成鞋前跷的高度越低，高跟鞋前跷低于平跟鞋。

检验鞋跟高度与成鞋前跷配合是否符合标准，用成鞋的跷度来衡量。

女式鞋跟与成鞋前跷的关系：当鞋跟高度为 30mm 时，前跷为 15mm，鞋跟高度每增加 10mm，其前跷相应降低 1mm。

男式鞋跟与成鞋前跷的关系：鞋跟高度为 25mm 时，前跷为 18mm，鞋跟高度每增加 5mm，其前跷相应降低 1mm。

② 楦底样长度超长状态下（超过标准规定的楦底样长度），成鞋的前跷普遍增高，但需要维持在正常状态下的正常跷度。由于成鞋前跷角度的存在，在同一鞋号的情况下，鞋楦越长其成鞋前跷越高。但无论前跷如何增高，当人们穿上鞋后，由于外底弹性疲劳的缘故，脚必然要将鞋的前跷踩平，使其在正常长度位置的前跷高度回归到正常状态的跷度，而超越正常的长度部分会向上跷起。

（二）鞋跟高度与成鞋前跷配合失衡对成鞋品质的影响

1. 成鞋前跷过低会加快外底前端的磨损

成鞋前跷偏低是鞋跟偏高造成的，必然导致皮鞋前掌着地面积的加大和前移，穿鞋行走时，外底前尖与地面接触的机会和时间增多，使人体重心前倾，加大了对前掌的压力，造成外底前端磨损。同时，会影响到穿着的舒适性，皮鞋的前脸也容易发生变形。

2. 成鞋前跷过大会使成鞋掌心过早磨损容易断裂

如果成鞋前跷偏大是由鞋跟偏低造成的，会导致前掌着地点与重心后移，穿着时步态失常，前掌重心受力集中，容易磨损。在行走过程中，外底正、反双向曲折，前掌容易断裂。穿着站立时会感觉不稳和影响穿着舒适性。

3. 鞋跟高度与脚底部受力的关系

鞋跟高度与脚掌各部位受力的关系见表 6-4-1。

表 6-4-1　　　　　　　　　　　鞋跟高度与脚底部受力的关系　　　　　　　　单位：%

鞋跟高度/mm	受力部位					
	拇趾点	掌心点	脚心点	踵心点	拇趾点＋掌心点	脚心点＋踵心点
20	6.8	37.1	2.6	52.1	43.9	54.7
30	8.2	37.4	2.6	51.3	45.6	53.9
40	9.1	41.4	2.2	48.1	50.5	50.3
50	12.6	42.8	1.2	43.5	56.4	44.7
60	13.8	45.1	0.6	40.5	58.9	41.1
70	15.2	46.7	0.6	36.5	62.9	37.1
80	15.7	49.9	0.4	34.0	65.6	34.4

① 无跟鞋在穿着行走时，易使人的足部和腿部产生疲劳，地面对后跟部位的撞击会直接传输到大脑，对大脑神经有不良的影响。

② 适当增加鞋跟高度有助于起步，行走时也较为省力，还可以减缓对大脑神经的刺激。

③ 鞋跟越高，跖趾部位的受力也就越大，造成人体的重心前倾，致使外底的前尖部位过早磨损，鞋的口门处受力过大，产生变形。

④ 鞋跟越低，后跟踵心部位的受力也就越大，造成人体的重心后移，致使站立时不舒服，行走时易疲劳，前掌着地点受力集中，过早地磨损前掌部位。

⑤ 最佳的鞋跟高度为 30～40mm。

⑥ 脚掌面的趾掌部位的受力大小以不超过 60% 为宜。

（三）成鞋跟高与前跷恰当配合的依据

成鞋的鞋跟高度与前跷恰当配合的依据，主要是鞋楦跷度与鞋跟高度的准确配合。

1. 成鞋跟高与前跷恰当配合的判别

成鞋跟高与前跷配合恰当的主要依据是成鞋着地点的准确位置应该在前掌凸度点（掌心）至第一跖趾部位点之间，这是成鞋底部正确着地的范围。

观察方法：将成鞋内侧面朝上，让底部和鞋跟与桌子的直线边缘平稳接触（图6-4-1）。

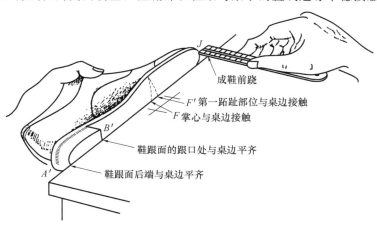

图 6-4-1　成鞋跟高与前跷恰当配合的判定方法

① 检查成鞋前掌与桌子边缘接触的位置是否在前掌凸度点（掌心）至第一跖趾部位点的范围内。凡是向前超过第一跖趾部位点的是鞋跟偏高，若是向后超越前掌凸度点的则是鞋跟偏低，均视为着地点不正确。

② 检查成鞋的鞋跟安装是否合格。看鞋跟面皮（天皮）是否与桌子边缘完全平稳接触。在鞋跟面完全平稳接触、前掌着地范围正确的条件下，鞋跟的安装才算合格。

③ 检查成鞋的前跷。在鞋跟面完全平稳接触、前掌着地范围正确的条件下，测量成鞋外底前端边缘到桌子边缘的垂直距离（即成鞋的前跷高度）。若低于标准视为前跷偏低，高于标准则视为前跷偏高。

2. 鞋跟坯高度的选配依据

根据上述成鞋跟高与前跷恰当配合的判别标准，依照鞋楦的实际跷度，选择恰当的跟高与之配合。

观察方法：将鞋楦平稳地放在桌面上，在鞋楦的踵心部位垫上没有装跟面皮的成鞋跟坯。

① 观察前端接触点的位置。必须让楦底前掌与桌面接触，其接触点在鞋楦的第五跖趾部位点至前掌凸度中心点之间，视为跷度分配合理，接触点比成鞋着地点靠后 10～12mm。鞋内底的前后掌厚度差别、后帮绷帮成型后的帮脚厚度、鞋楦踵心凸度部位与后端点之间的高度差以及穿用时的合理跷度等因素都会对鞋跟高度产生影响，为了平衡和克服各种因素带来的高度变化，确定比较合理的鞋跟的跟坯高度，必须将接触点向后移动。

② 观察鞋跟跟坯小掌部分的接触情况。在上述跷度分配合理的条件下，跟坯小掌的跟口部分与桌面应该有 1～2mm 的空隙。

③ 在上述两项条件合格后，鞋楦后跟踵心部位所垫的鞋跟坯高度，就是合格的高度。而成鞋的后跟高，等于这个合格的跟坯高度加上外底或跟面皮的厚度之和。这样的成鞋底部着地位置正好，其前后跷度分配合理，鞋跟的跟口平整，着地平稳，不会出现抬跟和吊裆现象。

三、鞋跟的装配

鞋跟的装配方法主要有钉跟和装跟两种方式。

钉跟钉从跟体材料钉向外底和内底，将跟体钉固在外底的后跟部位，这种鞋跟的装配方法称为钉跟，多用于平跟产品。

钉跟钉、螺钉、螺栓或卡钉等从鞋腔的后跟部位穿透内底、外底而钉入跟体的鞋跟装配方法称为装跟，多用于中、高跟产品。

（一）鞋跟装配用钉

鞋跟装配主要使用圆钉、螺丝钉和卡钉等。

1. 圆钉

用于钉内底、绷帮、钉盘条、钉跟等。鞋用圆钉是根据长度进行分类的，见表 6-4-2。

表 6-4-2　　　　　　　　　　　　　圆钉的规格尺寸　　　　　　　　　　单位：mm

用　途	全长	钉杆直径	备注
钉盘条，钉鞋跟面皮	10±0.5	1.07±0.3	三分钉

续表

用　途	全长	钉杆直径	备注
钉堆跟,钉鞋跟面皮	12±0.5	1.07±0.3	四分钉
钉内底,钉堆跟	14±0.5	1.24±0.3	
绷帮,钉内底	16±0.5	1.24±0.3	五分钉
绷帮,钉鞋跟	19±0.5	1.47±0.3	六分钉
钉鞋跟	26±0.5	1.65±0.3	吋钉

2. 螺丝钉

鞋用螺丝钉有木螺钉和鞋用螺钉两种。后者的钉帽上无"一"字形刀口，但钉杆更粗，钉帽更厚，螺纹的间距也更大。钉跟用的螺钉一般为 22mm 长，钉杆直径 4.3mm。

3. 卡钉

卡钉实际上是用钢丝制成的。钉卡钉的操作类似于使用钉书器。在钉合操作过程中，钢丝被卡钉机切割成一定的长度，并弯曲成 U 形。制作卡钉用的钢丝有圆形和扁形两种。圆形钢丝的粗细度是用号数来表示的，号数越大，钢丝则越细。绷帮时一般使用23～25号钢丝卡钉，钉合鞋跟面皮时则使用 14～18 号钢丝卡钉。卡钉两脚的长度一般为9～10 mm 和 12～13mm 两种。

（二）钉跟

1. 钉跟注意事项

① 钉的选择要适当，钉锋透过内底的要有 12～15 根，且超过内底面 2～3mm。

② 钉跟钉的距边宽度、钉间距以及倾斜度要适宜，做到钉合牢固且不露钉。

③ 使用锈钉钉合，一般是将新钉浸在盐水中约 10min，再取出，晾干，这样可使新钉的表面产生锈蚀斑。

2. 钉跟方法

钉跟主要有钉皮跟和钉胶跟两种。其加工工序：画跟口线→钉外掌条（插鞋跟皮）→钉鞋跟里皮→测平、修平→钉鞋跟面皮。

皮跟是整个后跟用天然底革叠钉而成。

胶跟是用橡胶预制成的成型鞋跟，因而钉胶跟的操作比钉皮跟的要简单。胶跟的钉合有明钉法和定位暗钉法两种。

（1）明钉法：大多数胶跟在使用模具压制硫化时，模具内的跟面部位已预先设计出了钉跟的钉位，钉跟时只需按钉位钉钉即可，这种方法称为定位明钉法。胶跟跟面上无预先设计出钉跟的钉位，可根据具体情况自行确定，这种方法称为选位明钉法。

（2）定位暗钉法：胶跟面上预先设计出了钉位孔。钉跟时钉子打入胶跟，钉帽陷于钉位孔内，跟面不露钉帽，这种方法称为定位暗钉法。

为确保钉跟牢度，也可用六分木螺钉进行加固；还可在跟口的两边钉螺钉，避免胶跟在跟口处与外底之间产生缝隙。

（3）钉胶跟的操作：

① 根据鞋号大小选择所对应的胶跟。

② 在外底后跟处画出跟口线。

③ 钉合外掌条及单层鞋跟里皮（或插鞋跟皮）。

④ 砂磨胶跟大掌面及外底的结合面，除尘。

⑤ 在胶跟大掌面及外底的结合面上刷胶，晾干。

⑥ 将胶跟对正外底后跟部位，目测二者对称轴线重合后，黏合。

⑦ 将胶跟钉牢。钉长以刚好钉穿内底、钉锋露出 1.5～2.0mm 为宜。

需要说明的是：如外底为橡胶底，帮底结合采用手工线缝法时，一般是将胶跟与胶底先行钉合，然后再缝，这样可以在缝外底时连同胶跟的跟口一同缝住。

3. 钉跟质量要求

鞋跟是成鞋的一个重要组成部分，钉跟的好坏直接影响着成鞋的外观及内在质量和穿用舒适性。

钉跟操作主要从以下几个方面进行质量控制：

（1）跟高符合设计要求且跟面平整　鞋跟高度是在设计时就已经确定好的。钉好鞋跟面皮后，可以直接测量鞋跟高度，以确定是否符合设计要求。另外，也可以通过鞋的前跷大小来检查鞋跟高度是否符合设计要求。

测量鞋跟高度及钉跟的平整度时，将鞋放在平台上，要求鞋的前掌着地点、跟口及鞋跟后端点要三点成一线，鞋跟面皮与平台紧密接触，无跟口架空或撑跟口现象，跟面与前掌心面形成稳定的支撑面；同双鞋的跟高必须一致，前跷必须相同。

（2）钉跟牢固　左手捏住成鞋的主跟部位，右手握紧鞋跟并用力向外拔跟，如跟底结合处无缝隙或在外力的作用下产生较小的缝隙，松开右手后又恢复原状，则可视为钉跟牢固。

（3）同双鞋跟规格一致　鞋跟造型一致，对应尺寸相同；鞋跟面皮上的排钉规律整齐，左右对称。

（三）装跟

使用木质或塑料的鞋跟时，一般是用装跟钉、螺钉、螺栓或卡钉等从鞋腔的后跟部位穿透内底和外底而钉入跟体的，这种鞋跟的装配方法称为装跟。

1. 装跟钉的种类与选择

影响装跟质量的一个重要因素是装跟钉的种类及其长度。

常用的装跟钉有 19mm 和 25mm 圆钉、20mm 的螺纹钉以及 20mm 的木螺钉。螺纹钉属于装跟专业钉，其外观形状与木螺钉极为相似，只是钉帽上无旋钉槽口。高跟鞋的装跟也会使用卡钉（图 6-4-2）或螺栓（图 6-4-3）。

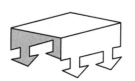 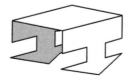

图 6-4-2　卡钉结构示意图

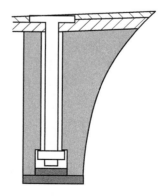

图 6-4-3　螺栓装跟结构示意图

装跟钉的粗细、长度及表面状态不同，其抗拔力也不同；不同材质的鞋跟对同种装跟钉的衔钉力也不一样。表 6-4-3 为鞋跟材质、衔钉力与装跟钉种类的有关数据。

表 6-4-3 **鞋跟材质、衔钉力与钉跟钉种类的有关数据** 单位：mm

鞋跟材质	装跟钉				平均衔钉力/N	备注
	种类	长度/mm	钉杆直径/mm	钉进深度/mm		
桴木	圆钉	20	1.4	15	329.3	新钉
桴木	圆钉	20	1.4	15	664.4	盐水强化锈蚀
桴木	圆钉	25	1.6	20	1058.4	盐水强化锈蚀
桴木	木螺钉	20	2.8	15	823.2	直接敲入木材内
桴木	木螺钉	20	2.8	15	1543.5	先敲入 2/3,再用螺丝刀拧进
桴木	螺纹钉	20	1.9	13	300.9	浅螺纹
桴木	螺纹钉	22	2.0	13	1002.5	深螺纹
椴木	圆钉	20	1.4	15	604.7	新钉
椴木	圆钉	20	1.4	15	134.3	盐水强化锈蚀
椴木	圆钉	25	1.6	20	200.9	盐水强化锈蚀
椴木	木螺钉	20	2.8	15	298.9	直接敲入木材内
椴木	木螺钉	20	2.8	15	637	先敲入 2/3,再用螺丝刀拧进
椴木	螺纹钉	20	1.9	13	49	浅螺纹
椴木	螺纹钉	22	2.0	13	325.4	深螺纹
519 塑料	螺纹钉	20	1.9	15	646.8	
CS004 塑料	螺纹钉	20	1.9	15	1117.2	
519 塑料	螺纹钉	22	2.0	15	1097.6	
CS004 塑料	螺纹钉	22	2.0	15	1470	

由表中数据及实际经验可以总结出装跟钉的抗拔力大小顺序为：

① 螺栓＞卡钉＞木螺钉＞螺纹钉＞圆钉。

② 强化锈蚀钉＞旧钉＞新钉，锈蚀钉的抗拔力约为新钉的两倍。

③ 粗钉＞细钉。

④ 钉杆粗糙钉＞钉杆光滑钉。

⑤ 钉入越深，抗拔力也越大，一般以钉进跟体 13～18mm 为宜。

⑥ 在一定极限范围内，用钉数越多，抗拔力越大。

装跟牢度除与钉跟钉的抗拔力大小有关之外，还与鞋跟材质的衔钉力有关。一般说来，鞋跟材质硬而紧密，衔钉力则大；反之，鞋跟材质软而疏松，其衔钉力则小。因此，要根据鞋跟形体、跟高及鞋跟材质来选择装跟钉。

装跟钉的数量是根据鞋跟的材质和鞋跟大掌面的大小确定的（图 6-4-4）。大掌面小，材质坚硬，衔钉力强，装跟钉的数量少，用较细的钉；大掌面大，材质衔钉力差，装跟钉的数量要适当增加，用较粗的钉和抗拔力较强的钉。

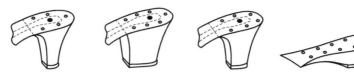

图 6-4-4 装跟钉的数量和位置

装跟钉的长度可按以下公式推算：

装跟钉长度＝内底厚度＋勾心厚度＋半内底厚度＋钉入深度

根据现行材料的厚度，取钉入深度为 15mm，装跟钉长度一般选 19mm，最长为 25mm。

2. 装跟工具

无论是手工装跟还是机器装跟，一般都要用到以下工具：

① 装跟榔头：与制底用的榔头相比，装跟榔头的锤面平而小，便于敲钉；锤面与装木柄孔的间距增大到 85mm，这样，在装跟时木柄便碰不到后帮边口。

② 装跟座：在安装中、高跟时，由于鞋跟的小掌面较小，鞋跟直接放在平台上安装时不平稳。使用装跟座则可以稳定跟体（图 6-4-5），易于进行操作。用柔软光滑的皮革黏附于装跟座的内壁上，可以防止在装跟过程中包鞋跟皮或鞋跟表面的涂饰层受到破坏。

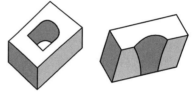

图 6-4-5 装跟座

装跟时，先将鞋跟坐入装跟座中，鞋跟的小掌面不与平台接触，跟体表面与装跟座的内腔表面密切接触，在钉钉时，应力被均匀地分散到整个跟体及装跟座上。

③ 其他装跟工具还有螺丝刀、撬锥、专用扳手等。

3. 装跟方法

跟的形体与结构不同，装配方法也有所差别。皮鞋鞋跟的形体千姿百态，但鞋跟的大掌面与跟体后弧线的夹角都介于 50°～90°，大多数在 50°～60°。在装跟时，装跟钉如果垂直钉入，钉尖就会从跟体表面穿出。因此必须随鞋跟形体来改变钉入的角度。然而，如果只考虑鞋跟大掌面与跟体后弧线的夹角，而采用了 50°～60° 的钉入角度的话，由于在穿用过程中鞋跟所受的外力（包括破坏力）一般都与鞋跟面皮垂直，势必会降低鞋跟的抗拔力和钉合牢度。

除需要考虑钉入角度外，装跟钉距跟体边缘的距离也是一个重要的因素。边距小，鞋跟大掌面边缘与底、帮的结合严密，但钉尖易从跟体表面穿出；边距大，钉尖不易从跟体表面穿出，但鞋跟大掌面边缘与底、帮的结合则不严密，鞋跟的抗拔力及结合牢度也较低。因此在装跟操作中，必须根据鞋跟形体，灵活掌握钉入角度和距边的尺寸。

装跟钉的钉入角度要适应不同的跟墙倾斜角度。不论什么造型的鞋跟，大掌面与跟墙之间总是存在一定的夹角，一般为 50°～65°。装跟时必须根据后跟夹角的大小，确定装跟钉的倾角和钉子后端边距。

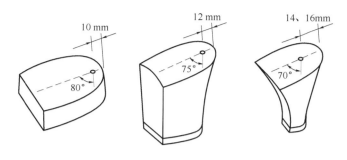

图 6-4-6　装跟钉的钉入角度与边距

一般来说，装跟钉的钉入倾角为 70°～85°，钉入的位置距大掌面后端的边距在 10～16mm（图 6-4-6）。钉入的倾角过小，容易导致装跟不牢，内底上的钉帽不平，榔头无法敲捶。

机器装跟采用钉跟机，具有速度快、效率高、劳动强度低的优点（二维码 6-9）。钉跟机的种类很多，但大致可分为定位钉跟机和选位钉跟机两类。

二维码 6-9
机器装跟操作

（1）定位钉跟机　主要由跟模、输钉管、压力器和冲钉杆等组成。

跟模是根据待装鞋跟的形体及装跟要求而特制的一种装跟模具，在跟模上事先已制好钉位孔，其作用是控制装跟钉的数量、位置及钉入角度。输钉管的作用是从储钉器向跟模输送装跟钉。冲钉杆则是借助于外界动力将装跟钉撞击钉入鞋跟。压力器用于固定待装鞋跟，使之在装跟钉钉过程中不发生位移。

操作时，将出楦后的鞋套在跟模上，并将待装鞋跟放在鞋的后跟部位，校准位置；用压力器压紧鞋跟的小掌面；输钉管将装跟钉送入跟模的钉孔内；启动冲钉杆，在外力的作用下装跟钉刺穿内底、帮脚和外底而钉入跟体。

（2）选位钉跟机　顾名思义，使用这种钉跟机时，由操作者选定钉钉的位置，其工作原理及操作与定位钉跟机相同。

与定位钉跟机相比，选位钉跟机的效率较低，且装跟钉不大规整，但不受跟形和鞋楦大小的限制；而定位钉跟机尽管效率高，装跟钉也规整，但必须根据跟形的不同来更换跟模。

也可以使用打钉器进行装跟。根据鞋后帮的高度可选用不同枪口长度的打钉器。

4. 装跟技法

按照外底的形状可以将鞋分成压跟鞋、卷跟鞋和坡跟鞋。鞋跟的形体、种类不同，帮底结合方法不同，装配方法也不一样。

（1）装压跟　压跟分全压跟和半压跟，这两种鞋跟的装跟方法大致相同。

① 画大掌面轮廓线；将鞋跟端正地复合在外底的后跟部位，使鞋跟后弧线与后帮合缝线对正，跟口的两角距边相等，且两角连线与底轴线垂直，沿鞋跟大掌面画出轮廓线。

② 修削外底；将大掌面轮廓线以外的外底部分削去，使外底与鞋跟连接紧密，弧线自然流畅。

③ 外底后跟部位及鞋跟大掌面刷胶，对正黏合。

④ 从鞋腔内用直锥扎孔，确定钉位及钉入角度。

⑤ 钉装跟钉，中、高跟鞋还需要在勾心固定孔内钉木螺钉，勾心两边再钉两颗木螺钉，使之与勾心固定孔内的木螺钉呈三角状。注意螺钉钉入 2/3 后，再拧入跟内，所有装跟钉的钉帽要与内底面平齐。

需要说明的是，压跟一般都是在合外底、出楦之后安装的；但如果生产统包内底的凉鞋或翻条排楦鞋时，装跟钉不得穿透内底，这时，只能先将外底与鞋跟组合，然后再进行合外底操作。

（2）装卷跟　卷跟的安装方法有两种。

① 第一种方法是在出楦前装跟，俗称"倒装跟"，适用于中、高跟产品。其操作程序如下：

a. 鞋跟大掌面砂磨起绒，将距大掌面边棱 1.5～2.0mm 内的包鞋跟皮也一同砂磨起绒，砂磨不可太靠边棱，以免产生砂痕、胶迹外露。

b. 外底黏合面砂磨起绒。

c. 在内底的后跟部位画跟口线。

d. 内底跟口线后距内底边棱 2～3mm 内的帮脚及内底（包括填芯）砂磨起绒。

e. 除尘，黏合面刷氯丁胶。

f. 钉倒装钉：与鞋跟面皮暗钉法相同，在内底的后端及跟口处两侧各钉一颗 19mm 的圆钉，打入内底 5mm 后，用对口钳斜掐掉钉帽，形成锋利的钉杆尖。

g. 预钉跟：将鞋跟大掌面对准黏合位置，平放在钉杆尖上，用榔头敲击鞋跟小掌面，使之钉粘在正确位置上。

h. 粘外底前掌→跟口线→跟口面，最后将底舌黏合在鞋跟小掌面上。

i. 钉鞋跟面皮。

j. 出楦，注意不得使鞋跟错位。

k. 从鞋腔内钉装跟钉，参见压跟的装配方法。

② 第二种装配方法是在出楦后装跟，适用于平跟鞋产品。其操作程序为：

a. 将鞋跟与外底黏合，组成组合外底。

b. 调正、绷帮、定型。

c. 按成型底的装配方法进行合外底操作。

d. 出楦。

e. 钉装跟钉，参见压跟的装配方法。

（3）坡跟的装配　使用卷跟式外底制作坡跟鞋时，坡跟与内底帮脚的结合可用螺钉（或圆钉）从内底上钉入跟体进行结合；而与外底则可采用黏合法或钉钉法结合。也可先将坡跟与外底结合，组合为成型底，然后再与内底帮脚结合。

由于坡跟的前端距脚的曲折部位及前掌着地点较近，前端太薄则易折断，稍厚又会影响外底的线形，所以采用衬布进行护角处理。用帆布或鞋里革将坡跟的两个跟角顺势延长，使衬布护角比跟体角长出 5mm 左右，然后再粘包鞋跟皮。

如果内底全包时，坡跟与内底的结合则不能使用钉钉法，而要采用胶粘法，在包制坡跟之前必须要进行衬垫处理。先将衬垫革（二层革或类似的材料）的前端逐渐片薄至片边出口，然后钉在坡跟的大掌面上，使衬垫革的前端超出坡跟前端 4mm；刷胶，粘制包坡跟皮。大掌面上的包鞋跟皮要砂粒面，以便与内底黏合牢固；大掌面的凹度必须与内底结合面的凸度相吻合。

如果鞋帮、内底和包鞋跟皮缝合在一起，以排楦法成型时，坡跟则不必进行包制，只需要进行砂磨整型，加上衬布护角即可，待帮底结合的总装时再进行装配。

坡跟的装配有三种方法。

第一种是在出楦前采用胶粘的方法，适用于统包内底产品，其操作工序如下：大掌面砂磨→内底的后跟部位画跟口线→跟口线后的帮脚及内底砂磨→除尘→刷氯丁胶→粘鞋跟大掌面→出楦→（排楦）合外底。

第二种装配方法是倒装跟法，其操作程序与卷跟鞋的倒装跟法基本一致，只是钉入的倒装钉为 19mm 的圆钉 3～5 颗，出楦后从鞋腔内钉装跟钉，钉数量及钉位则根据坡跟形体的大小选定，装跟钉可选圆钉，也可使用螺纹钉，或二者结合使用，钉数量 5～13 颗不等。

第三种方法是将坡跟与外底先装配成组合外底，按照成型底的装配方法进行合外底，出楦后再进行钉合。

5. 装跟的质量要求

① 跟高符合设计要求。

② 装跟端正、牢固，装跟方向及跷度准确，跟面平整。

③ 鞋跟面皮上的排钉规律整齐，左右对称。

④ 内外底-鞋跟-鞋跟面皮的结合缝隙严密，后帮弧线与跟体后弧线顺畅自然。

⑤ 同双鞋跟的形体规格对称一致。

[思考与练习]

1. 鞋跟高度与成鞋及鞋楦跷度的关系是什么？

2. 鞋跟的分类方法有哪些？

3. 如何测量鞋跟高度？

4. 钉跟与装跟有什么区别？

5. 钉跟有哪些操作工序？各工序的操作要点是什么？

6. 钉胶跟有哪些方法？

7. 鞋跟高度与脚掌各部位的受力大小及成鞋的磨耗、变形等有何关系？

8. 掌握钉跟的质量要求。

9. 掌握钉跟钉的种类及抗拔力大小的顺序。

10. 选用钉跟钉时需要考虑哪些因素？

11. 如何控制钉跟钉的钉入角度及钉跟钉距鞋跟大掌面边缘的距离？

12. 掌握机器装跟的种类及工作原理。

13. 如何装压跟？卷跟和坡跟的安装方法各有哪些？

14. 装跟有哪些质量要求？

第七章

其他组合工艺

根据帮底结合方式的不同，制鞋工艺除了胶粘工艺外，还包括线缝、模压、硫化和注压等工艺，本章将重点介绍包括线缝、模压、硫化和注压组合工艺的有关内容。

第一节　线缝组合工艺

[知识点]
　　□ 掌握线缝工艺的常见类型。
　　□ 掌握不同结构线缝工艺的特征。
　　□ 掌握缝沿条工艺操作的技术要点。
[技能点]
　　□ 掌握手工缝沿条操作技法。

使用线缝方法将帮脚、内底与外底结合在一起的加工工艺称为线缝组合工艺。

线缝组合工艺是皮鞋帮底结合的传统工艺，是制鞋工业技术发展的基础。其他如胶粘、模压、硫化等组合工艺都是在它的基础上发展起来的。

线缝组合工艺加工过程精细，工艺路线程序复杂，但是制作出来的鞋具有结构牢固、美观耐穿、造型稳定、穿用舒适度高等优点。

一、线缝组合工艺的分类

根据缝制方式的不同，线缝组合工艺可以分为四类：缝沿条工艺、透缝工艺、缝压条工艺和翻绱工艺。缝制方式不同，其操作技法、工艺路线和技术要求也不尽相同。

1. 缝沿条工艺

以沿条为连接件，在绷帮后缝沿条。先把鞋帮帮脚缝合固定在内底边与沿条之间，然后再将沿条与外底缝合（图 7-1-1）。其特点是工艺复杂，结构牢固，多用于高档男鞋和劳保、军品鞋。

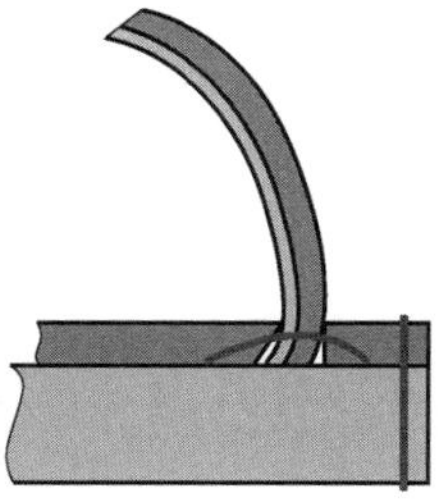

2. 透缝工艺

将内底、帮脚和外底在鞋腔内进行纵向缝合，故也称为暗缝工艺（图 7-1-2）。透缝法在手工制作布鞋时使用得最多，在工业化的规模生产中，透缝法多用于轻便柔软的产品（如室内拖鞋等）。

图 7-1-1　缝沿条工艺

3. 缝压条工艺

在绷帮定型后，将帮脚向外翻起并用压条压住帮脚，然后将压条、帮脚与外底进行纵向缝合（图 7-1-3）。它的一种变形工艺是不用压条而直接将帮脚外翻并与外底缝合，称为拎面结构。缝压条鞋的特点是结构简单，加工便捷，成品轻巧。但外露的缝线被磨断后，帮底易分离。多用于童鞋产品。

4. 翻绱工艺

先将帮套内外侧翻转后，把帮脚的内侧沿柔性内底边缝合，然后再把帮面、底面翻转回原位，最后合外底（图 7-1-4）。翻绱工艺具有缝线不外露的特点，对帮面材料柔软性的要求高于其他产品，多用于轻便柔软的产品。

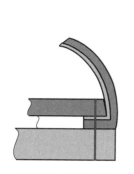 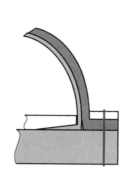 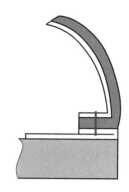

图 7-1-2　透缝工艺　　　　　图 7-1-3　缝压条工艺　　　　　图 7-1-4　翻绱工艺

在以上四类线缝工艺中，缝沿条工艺最为复杂。本节也以缝沿条鞋的加工工序为主线，介绍线缝鞋的有关内容。

二、准 备 工 序

（一）缝线的准备

在线缝组合工艺中，缝沿条和外底所用的缝线通常是苎麻线。

1. 苎麻线的特点、规格及用途

苎麻线具有强力大、伸长率很小、吸湿排湿快和耐磨性能高等特点。苎麻线的伸长率一般为 5% 左右，潮湿时其强度能增加 40%～60%。主要用于皮鞋、皮靴、布鞋的缝纫，如皮鞋的缝内线、缝外线、缝沿条，布鞋的纳鞋底等。

苎麻线的规格用 tex×股数来表示，生产中应根据不同的要求加以选择。常见鞋用苎麻线的规格和用途见表 7-1-1。

表 7-1-1　　　　　　　　　　鞋用苎麻线的规格和主要用途

规　　格		主 要 用 途
tex×股数	英支/股数	
105×3	9.5/3	皮鞋缝帮、合后缝、缝埂
105×5	9.5/5	皮鞋缝底、铲缝
105×6	9.5/6	皮鞋皮底外线、缝底
105×8	9.5/8	毛皮鞋缝内线、皮鞋底缝沿条、胶底外线、皮鞋缝内线
105×9	9.5/9	布鞋和布棉鞋纳底
105×12	9.5/12	皮鞋缝沿条、缝底

续表

规　　格		主　要　用　途
tex×股数	英支/股数	
105×2	9.5/2	皮鞋缝帮、合后缝
222×3	4.5/3	皮底外线
222×4	4.5/4	皮鞋底缝沿条、皮鞋缝内线
66.7×6	15/6	皮鞋缝帮、合后缝

2. 苎麻线的浸蜡加工

苎麻线是把苎麻的茎皮劈成细丝后加捻制成的，经过质量检查合格的苎麻线在使用前必须先进行浸蜡操作。

（1）浸蜡的作用

① 使苎麻线股与股之间的纤维相互黏紧，从而提高了抗拉强度。经测试，浸蜡后苎麻线的强度可提高 30%～35%。

② 改善苎麻线的防潮和防腐性能。由于松香蜡具有很强的黏附力，可以在苎麻线纤维的表面上形成蜡膜，从而提高苎麻线的防潮和防腐性能。

③ 减小缝线与被缝物之间的摩擦力，使缝线操作易于进行。

（2）浸蜡方式　苎麻线浸蜡的方式有手工和机器两种。

① 手工上蜡：先把苎麻线的一端固定，然后分两步进行。首先用一只手拉紧苎麻线，另一只手将裹有蜡块的布块在苎麻线上来回摩擦，蜡块受热后熔融在麻线上，从固定端起依次向后上蜡；其次要进行揩蜡，即用未裹蜡块的布块在苎麻线上来回摩擦，以抹匀并揩除余蜡。经过加工的麻线会变得光润结实，一般只有手工缝制时使用。

② 机器上蜡：与手工上蜡的方法类似，要经过浸蜡和揩蜡处理。操作时先将苎麻线通过蜡线机上的蜡锅进行浸蜡，一般蜡液温度控制在 80～85℃；然后再经蜡线机上的夹线器（揩蜡器）清除浮蜡，最后通过绕线器将苎麻线绕在线盘上。机器上蜡的效果及效率优于手工上蜡，一般用于机器缝制中。采用机器缝制时，为了提高生产效率，许多企业将机器浸蜡与缝制同步进行，这样就可以不必提前加工苎麻线。需要说明的是，目前有许多企业在机器缝沿条时采用 23.3tex×21 锦纶线。

缝线的加工与手工缝制使用的苎麻线有所不同，根据企业对不同品种和材料的要求，缝线可采用浸油、浸水和浸蜡，也有的不经任何加工而直接使用。

（二）沿条及内底的预处理

在第四章"鞋底部件的加工整型"中，我们已经讲述了沿条的整型加工。经过整型的沿条皮由于水分自然蒸发，其含水量有所下降，这将会影响缝沿条的操作，所以在缝制前要进行二次加工。

沿条皮的二次加工是指在缝沿条前对沿条进行浸水回软。浸水时间由皮质的软硬和结实程度而定，一般浸水后沿条皮的含水量控制在 30% 左右，可将沿条皮对折，表面无水珠渗出为宜。若沿条皮含水量过小，其弹性相应过大，缝制时难以将缝线抽紧，并且在鞋的前尖处沿条难以弯折，易产生凹凸不平的现象；反之，含水量过大，缝制时沿条皮因拉伸而变形增大，缝合外底后容易产生裂缝。

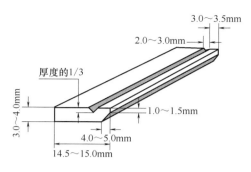

图 7-1-5 沿条加工规格

浸水回软后，如沿条在底部件加工整型阶段未进行片斜坡茬时，还需要在其肉面片斜坡。需要说明的是，片坡茬的工序也可在车缝沿条后用沿条修整机来进行，沿条加工规格如图 7-1-5 所示。

缝沿条前，还需要在内底及沿条的容线槽内刷水，防止扎孔时锥孔破裂。

（三）手工缝制工具的准备

由于客观条件（如设备情况）的限制以及对产品性能的特殊要求，许多企业仍以手工缝制为主。手工缝制不但要求操作人员具有丰富的经验和技巧，并且要有一套好的工具。工具的好坏与生产效率、成鞋质量等息息相关。

手工缝制沿条时常用的工具有弯锥、弯钩锥、弯针、割皮刀、胡桃钳、榔头、平条板等。下面予以简要介绍。

1. 弯锥

弯锥用于缝沿条时的扎孔操作。弯锥的头部呈椭圆形，其圆弧半径为 16～18mm（图 7-1-6）。要求钢质的韧性好，锥刃锋利。

图 7-1-6 弯锥

2. 弯钩锥

弯钩锥外形与弯锥相似（图 7-1-7），但在其头部有一弯钩，以便在缝沿条时可以扎孔、钩线；钩尖低于锥杆杆体约 0.5mm，以便于缝线的穿梭且不会拉毛缝线；锥头粗细略细于两根缝线之和，以保证针孔孔眼对缝线的衔线力，使缝线不发生错位；弯钩内壁光滑平整，不会拉毛缝线。

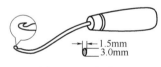

图 7-1-7 弯钩锥

3. 弯针

弯针与弯锥配合使用，主要用来穿针引线。弯针用大号缝衣针经加热后压弯制成，弯成所需弧度（与所用弯锥弧度相同）后再将针头磨钝，并把头部 10mm 左右处略微捶扁，使其便于穿拔。

缝制中使用的其他工具，这里不再赘述。

三、缝沿条工艺

缝沿条工艺是线缝组合方法中的典型工艺，操作过程也最为复杂。本节将以工艺流程为序，介绍缝沿条工艺的有关内容，手工缝沿条鞋操作可扫二维码 7-1。

缝沿条工艺的工艺流程为：缝线、沿条的准备→沿条、内底回软，沿条片斜坡→缝沿条→绊帮脚→割帮脚→沿条整平→钉盘条、插鞋跟皮→修沿条→安装勾心→填底心→合外底→缝制外线→合缝→压道→底面整饰。

（一）缝沿条

缝制沿条有手工和机器两种方式。不同的缝制方式所对应的内底的整型加工也有所不同，手工缝制时一般采用天然底革内底，只需在内底

二维码 7-1
手工缝沿
条鞋操作

的肉面片斜坡和刻容线槽即可。机器缝制时可以破缝起埂、粘埂或者缝埂。

缝沿条就是将加工整型好的沿条与帮脚及内底缝合，使三者结合为一个整体。沿条是缝沿条工艺中一个极重要的部件，它既起着连接鞋帮与内底的固定作用，又起着与外底连结的桥梁作用。沿条必须能够支持两道缝线，其一是沿条、帮脚与内底（起埂或粘、缝埂）的缝线，其二是沿条与外底的缝线。从这里我们不难看出，缝沿条实际上已经成为缝沿条鞋结构牢固性的一个最为重要的环节，缝沿条质量的优劣直接影响成鞋质量的优劣。

1. 手工缝制沿条

手工缝沿条可以用弯锥加弯针，或直接用弯钩锥来进行。由于使用的工具不同，故操作方法也稍有差异，下面分别予以介绍。

（1）弯锥缝沿条的操作方法　弯锥缝沿条是手工缝制的传统操作方法。它是采用弯锥扎孔，双弯针双缝线相对缝合，并且双线之间不构成线套（图7-1-8）。

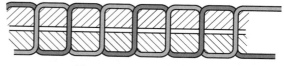

图 7-1-8　弯锥缝沿条线迹

操作时，先借助蹬带等工具固定好鞋楦，再用弯锥从内底容线槽向外扎出，依次通过内底、帮脚、沿条，然后将穿好双针的缝线从锥孔的两侧相向穿过，两手将缝线抽紧，使沿条皮与帮脚缝合在内底边缘，再用胡桃钳敲捶孔眼处使其闭合，这样即完成了缝制的一个循环。重复上述操作，直至结束，最后把线头打结。

采用弯锥缝沿条时，双线之间没有结合点，不构成线套，故容易将缝线抽紧，并且当其中一根缝线断裂后不会影响另一根线，所以这种缝合方法比较结实牢固。

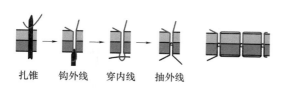

扎锥　　钩外线　　穿内线　　抽外线

图 7-1-9　弯钩锥缝沿条线迹

（2）弯钩锥缝沿条的操作方法　弯钩锥缝沿条法是从弯锥缝法的基础上发展起来的，它是采用弯钩锥扎孔、勾线，双缝线缝合，并形成线套（图7-1-9）。

操作时，先将鞋楦固定于托架之上，然后用弯钩锥从内底的容线槽向外扎出，当锥头穿出沿条皮时，将外缝线（靠沿条一侧的线，也叫主动线）套在锥钩上，然后拔锥，将外缝线的线头从内底容线槽中拉出60cm左右，待缝制结束后打结；紧接着还是从内底的容线槽向外扎第二锥，锥尖从沿条皮的容线槽中穿出后，将外线套在锥钩上，然后拔锥，使外线从内底容线槽中拉出10cm左右（此时外线形成了一个线环），将内缝线（靠内底一侧的线，也叫被动线）的线头穿入外缝线所形成的线环中，再将内外线同时抽紧，即完成一个缝制循环。依次重复，完成后将线头打结。

弯钩锥缝制的缝制速度是弯锥法的3～4倍，但由于内外线之间形成线套，故缝线不易抽紧，并且当一根缝线断裂后会影响另一根缝线。

（3）手工缝制的注意事项

① 缝线用量：对比弯锥缝制和弯钩锥缝制的线迹，两种方法都是采用双线缝制，区别在于前者双线之间不构成线环而后者构成了线环。故前者所用双线的长度基本相等，而后者双线的用量不等，外缝线用量约等于内缝线用量的3倍。

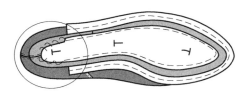

图 7-1-10　起针位置

② 起针位置：所谓起针位置是指缝制第一针时的扎锥位置。一般选在跟口线后 6～12mm 处（图 7-1-10），这样做的优点在于后工序中鞋跟可以压住该部位，从而避免成鞋在穿用时该处产生裂缝。

③ 针码密度：针码密度是缝沿条产品的一个重要技术指标。针码密度过大即针距过小时，锥孔之间的间距小，抽线时易使部件边口碎裂；反之，针距过大时，强度难以保证。所以要根据不同的部位选取合适的针距。一般以针距 9～10mm/针为宜。缝前尖处的 5～6 针时，针距以针距 8～9mm/针为宜，便于沿条的弯折。内怀腰窝处因承受的外力较小，针距以针距 10～11mm/针为宜。

对于帮面由几根较宽条带组成的凉鞋而言，在缝沿条时，沿条和内底上的进出位置与满帮鞋要求基本相同，而针码大小则要根据鞋帮条带宽度的变化而适当变化。当条带宽度大于 20mm 时，可以缝 2 针以上，针距仍为 10mm/针；当条带宽度在 10mm 左右时，则需要用两针缝线各压住条带的一边（图 7-1-11），避免锥孔扎在条带边缘而扎豁带条边，导致帮脚断裂。窄条带式凉鞋（5mm 以下）一般不进行缝沿条操作。

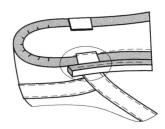

图 7-1-11　沿条压条带示意图

④ 扎锥方向：扎锥方向是指扎锥时锥尖的行走方向，包括内扎锥和外扎锥。内扎锥是指缝沿条时锥尖由内至外依次扎过内底、帮脚和沿条（图 7-1-12）。外扎锥则恰恰相反，锥尖由外至内依次扎过沿条、帮脚和内底（图 7-1-13）。

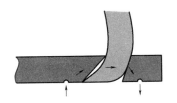

图 7-1-12　内扎锥方向示意图

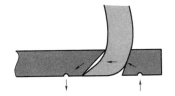

图 7-1-13　外扎锥方向示意图

这两种扎锥方向各有优缺点。内扎锥的优点是缝线针码在内底容线槽中排列规则整齐，且沿条上的锥孔也较小，沿条不易豁裂；缺点是锥尖扎出内底坡茬时的位置不易确定，常会造成缝制后的沿条宽窄不一、高低不等的缺陷。外扎锥的优点是缝线针码在沿条容线槽中的排列规则整齐，且锥尖在内底坡茬上的位置易于确定，沿条的宽窄、高低位置容易控制；缺点是在沿条上的锥孔略大，沿条容易被扎豁。

⑤ 进出锥位置：在手工缝制沿条时，除了以上所述几点外，还必须严格控制锥子在沿条和内底上的扎入和扎出位置，因为这不仅关系到成鞋的外形是否美观，更关系到缝线、沿条等的使用寿命，从而影响整个成鞋的质量。下面以外扎锥法为例，对沿条和内底上的进出锥位置分别予以介绍。

a. 沿条：锥子在沿条上的进出锥位置要整齐一致，扎锥时锥尖沿着槽口边紧贴槽底扎入沿条，出锥位置控制在坡茬上距粒面 1.2～1.5mm 处（图 7-1-14）。在这里关键要掌握好出锥位置：如果出锥位置距沿条粒面小于 1mm，即缝线过于贴近沿条的粒面，则沿条表面会产生"鼓包"，俗称"锥拱子"，不但影响了产品外观，也容易产生沿条露线现象；如果出锥位置距沿条粒面大于 2mm，又会因沿条皮受力面

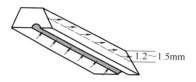

图 7-1-14　沿条上进出锥位置

积的减少而产生沿条松软无力、针码不紧甚至缝豁的现象，同样也会导致沿条露线。所以缝沿条的进出锥位置一定要控制好，保证缝沿条后平整严密，无鼓包、沿条露线等缺陷。

　　b. 内底：内底上的进锥位置一般在内底坡茬的 1/2 处，出锥位置在内底槽口的底部（图 7-1-15）。与沿条皮上的扎锥一样，在内底坡茬上靠上或靠下扎锥都会影响到缝沿条的质量：如果在内底坡茬上距粒面 3mm 以下扎锥，由于内底肉面皮革纤维粗大，刹线时容易将锥孔拉豁；反之进锥位置如果过于靠近粒面，则会使缝制后的沿条松软无力，而且在内底粒面层形成"锥拱子"，影响产品质量。

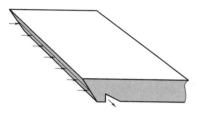

图 7-1-15　内底的进出锥位置

　　比较沿条与内底上的扎锥位置不难发现，在整型加工过程中两者片坡茬后都留有 1.0～1.5mm 的厚度。此时若沿条和内底坡茬上的扎锥位置相同，两者就可以相互吻合，但是在实际生产中却并非这样，与沿条上的扎锥位置相比，内底上的扎锥位置更远离粒面，且两者之间有 1.3～1.5mm 的空隙，这部分空隙正好由帮面和帮里的厚度所填补，使得沿条与内底缝合后紧密无缝，这也正是要求内底厚度要大于沿条厚度的原因之一。

　　c. 帮面：网眼式凉鞋的帮脚在绷帮之前就已用布条或线缝制固定，以防帮脚的松散；在缝制沿条时，扎锥切忌扎在编织的皮条上，而应该在网眼的孔洞中间进出锥。

　　d. 半沿条：缝沿条的部位只占底盘周长的 1/2 左右，故称其为半沿条（图 7-1-16），多用于半跟、高跟式样的高档女鞋。缝半沿条时，沿条的起止点在第一、第五跖趾后 30mm 左右的位置上，所用的沿条比男鞋沿条宽度小 2～5mm，厚度降低 0.4～0.5mm，需要在起止点处各片一个 8～10mm 的坡茬，缝制要求、进出锥位置与沿条缝制方法相同。

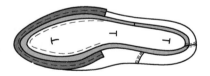

图 7-1-16　半沿条

　　e. 通沿条：也称圈沿条（图 7-1-17），一般用于劳保鞋等重型靴鞋。缝通沿条时，起针位置在内怀掌口后 8～10mm 处，起止端点也要片坡茬，沿楦底棱缝一圈后，在终点处也要片一个与起点吻合的坡茬，在各特征部位的扎锥与缝沿条的一致。由于在后跟部位外底与沿条要钉合，故在缝后跟部位的沿条时要向里缝一些。

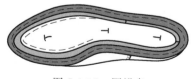

图 7-1-17　圈沿条

　　⑥ 特征部位的扎锥方式：所谓特征部位是指缝沿条起针、收针部位，第一、第五跖趾部位和前尖部位。为了保证成鞋的外观及内在质量，对这些特征部位的扎锥位置就要与

正常情况下的扎锥位置有所不同，通过扎锥位置的变化来调节沿条的宽窄与高低。扎锥位置的变化主要体现在内底坡茬上，而沿条坡茬上则不发生变化。

a. 起针、收针部位：起针一般选在跟口线后 6～12mm 处。由于除通（圈）沿条外，其他产品（如半沿条）在缝制时，沿条的两端与楦底轮廓都要有一个圆滑过渡区域，即沿条在起止部位要逐渐变窄以适应楦底的轮廓曲线。所以对于沿条的两端即起止部位在内底坡茬上的扎锥位置，要比正常部位的扎锥位置更靠近肉面层。一般第一针应使沿条缩进 1.5mm，第二针则缩进 1mm，逐渐过渡至正常的扎锥位置；收针时则恰恰相反，由正常扎锥位置逐渐使沿条向里缩进。

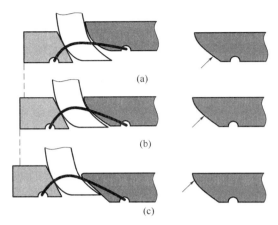

图 7-1-18　特征部位的扎锥位置
(a) 起收针、前尖部分　(b) 正常位置
(c) 第一、第五跖趾部位

b. 前尖部位：前尖部位的扎锥方式要根据产品品种的式样和楦型跷度而定。一般说来，从内包头的边缘开始，特别是前尖处的 5～6 针处，在内底坡茬上的扎锥位置要靠近肉面层一些，使沿条向里缝一些［图 7-1-18（a）］，这样可以抵消由于安装内包头后帮里厚度增加而使沿条外凸的量。具体缝进量的多少要根据内包头的厚度来决定；对于没有硬内包头的鞋，在内底坡茬上的扎锥位置可与正常扎锥位置相同［图 7-1-18（b）］。

c. 第一、第五跖趾部位：第一、第五跖趾部位是楦底盘上最宽的部位，为了显示出跖趾部位的突点，成鞋的底形必须要与楦底形保持一致。因此在内底坡茬上的扎锥位置距粒面要近一些，即把沿条略向外缝出一些，一般情况下最突点可向外缝出 0.5～1.5mm，而在最突点的两侧使其向两边圆滑过渡下来即可［图 7-1-18（c）］。

上面主要介绍了缝沿条时各特征部位的扎锥位置及方式。从整体来看，缝沿条时还要考虑外底材料的性质对扎锥位置的影响。如对于胶底品种，为了防止胶底下坠而产生沿条露线问题，通常要将沿条整体缝进一些；相反，对于皮革外底，由于它自身具有良好的成型性且容易上卷，则可整体缝出一些。

2. 机器缝制沿条

机器缝制沿条时采用缝沿条机来进行。与手工缝沿条相比，机器缝沿条在材料要求、工艺操作、生产效率等方面都存在很大的差异。它适合于批量生产，常用于生产劳保鞋和军品鞋。

（1）材料要求　与手工缝沿条的底部件相比，机器缝沿条的内底不进行片斜坡、开槽，而是进行破缝起埂或粘、缝埂（图 7-1-19），所以若使用天然底革材料时，机缝沿条鞋的内底比手工缝沿条鞋的内底要厚，否则就难以进行破缝起埂，不能保证强度。为实现部件的标准化、装配化，提高生产效率，现今企业多采用内底粘埂的方法，以代替传统的破缝起埂。这样，内底可以使用代用材料，从而节约大量的天然底革。

机器缝沿条一般多采用注塑沿条。注塑沿条是采用塑料挤压机注塑加工而成，它的一致性好，具有一定的强度和硬度，耐折、耐磨、耐寒性能也较好，具有很好的防水性能，特别适用制作高温下穿用的劳保鞋。采用注塑沿条使操作工艺大为简便，生产效率得到了提高。

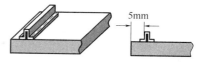

图 7-1-19　内底粘、缝梗

（2）机器侧缝沿条的工艺操作

① 缝沿条机的缝制线迹：缝沿条机的缝制线迹为单线链式，线码仅在沿条的槽口内相互交织（图 7-1-20）。

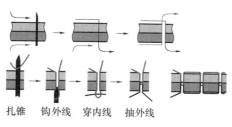

扎锥　　钩外线　穿内线　抽外线

图 7-1-20　机缝沿条线迹构成

缝沿条机的机针是圆弧状的，工作时压脚抵住内底上的立埂，机针依次刺穿沿条、鞋帮和内底的立埂后暂时静止，线钩拉紧缝线并由绕线管把线绕在针尖的螺旋钩槽内，然后由机针带着缝线从缝料孔中退出，此时已经形成了构成线迹所必需的一个线环，压脚把鞋向左推动一个针码距离，在压脚送料的同时，挑线杆下降放松并扩大线环，线环脱离针槽松套在针杆上，使弯针可以从线环中再次升起，机针再一次刺穿缝料，由绕线管把线绕在针钩上，然后机针带着缝线从缝料孔中退出，依次重复，从而构成了链式线迹。

② 缝制要求：机缝沿条的速度快，对操作者的操作技能要求较高，需要操作者手脚相互协调、密切配合。缝制时要控制好机器的缝制速度，平稳移动鞋楦，根据楦型的变化掌握好缝制的角度，使缝线落在沿条的容线槽内，机缝沿条的针码为 8～10mm/针。

与手工缝制的另一个不同点在于沿条的缝合位置。机缝沿条时，沿条缝在内底周边竖起的"埂"上（包括起埂、粘埂或缝埂），而埂距内底边缘的宽度已经确定，所以无所谓缝进一些或缝出一些，而只要求控制沿条缝在埂子上的高低位置，因为它直接影响着产品的外观和内在质量。如果缝线处于内底立埂上端，则容易产生沿条露线现象，且缝出的沿条软弱无力；反之，缝线如果偏低（处于立埂底端或棱根以下），又容易将内底立埂缝豁。在机缝沿条时，一般要求弯钩针穿刺的位置恰好在接近内底棱根处，且缝线轨迹与内底棱根间距小于 1.5mm。

机缝沿条时，还需要根据缝料性质、机器性能、产品类别等条件适当选择机针和缝线，使其能够相互配合，减少断针、断线等质量问题的发生。常用的配合关系见表 7-1-2。

表 7-1-2　　　　　　　　　　　　弯钩机针与缝线的配合关系

弯钩机针型号/号	41	43	45
弯钩机针直径/mm	2.413	2.235	2.057
缝线规格（英支/股数）	9.5s/8～9	9.5s/7～8	9.5s/6～7

（3）机缝沿条的缺陷分析

① 沿条露线：沿条露线严重影响着沿条的缝合牢度。产生的原因主要有缝制时弯钩机针忽高忽低；沿条在立棱上缝制的位置不当；缝线张力未调节准确等。

② 内底立棱被缝豁：内底立棱被缝豁有两种情况，一是棱根处豁裂，这是由于缝线距离棱根太近造成的；二是针孔与针孔之间豁裂，这是由于没有调节好压脚，被缝件每次

的移动量过小，使得针距过密而造成的。

③ 缝线钩毛：缝线钩毛是指缝制过程中缝线被钩出毛刺或被劈开，这会降低缝线的强度，直接影响产品的内在质量。产生的原因有弯钩针、绕线器等过线部件上有毛刺，过线部件之间的配合间隙不当。

④ 断线、针孔过大：缝沿条时产生断线、针孔过大等缺陷，主要是由于缝线与机针的选择搭配不当造成的，断线也可能是由于过线部件的间隙调整不当或缝线质量太差。

3. 其他类型沿条的缝制

上文中主要以平面侧缝沿条为主，在侧缝沿条的基础上，由于结构、材料和工艺技法的不同又演变出侧面立缝沿条工艺，即翻条工艺。翻条工艺的沿条在缝制后需要翻转一定角度才可与外底结合，故这种工艺中的沿条也被称为翻条。

翻条工艺可分为两种类型：其一是绷帮成型前缝翻条，另一种是绷帮成型后缝翻条。下面分别予以介绍。

（1）绷帮成型前缝翻条 绷帮成型前缝翻条可以分为以下三种：

① 下翻侧缝翻条：下翻侧缝沿条中的沿条需要在肉面片斜坡，缝制时，将沿条粒面与鞋帮面粒面相对缝合，沿条边缘缝于帮面绷帮余量线以内 2mm 处。绷帮时沿条就随着帮脚向内底方向旋转 90°，帮脚与内底结合后沿条随之定型（图 7-1-21）。这种沿条容易被当作是侧缝沿条，但是它的生产效率比侧缝沿条高。

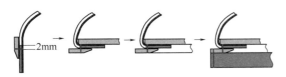

图 7-1-21　下翻侧缝沿条

② 上翻侧缝翻条：上翻侧缝沿条中的沿条整型时需要在粒面铣容线槽，缝制时，将其肉面与帮脚粒面相对缝合，注意缝合要在大于绷帮余量 6mm 处进行。绷帮成型后，将沿条向粒面方向上翻 90°，并用平条板擀平（图 7-1-22）。这种工艺操作较为简便，生产效率高，成鞋给人一种粗犷、强悍的美感，它的防水性能也较好，一般多用于生产男鞋和劳保鞋。

③ 镶嵌底型翻条（包裹式沿条）：镶嵌底型翻条的材料一般选用轻革或软性代用材料。操作时，将翻条革面与鞋帮粒面相对、垫式内底面与帮脚肉面相对，边口平齐，然后缝合，缝合的位置距料件边口 4～6mm（翻折后的缝合位置在楦棱内 1～2mm

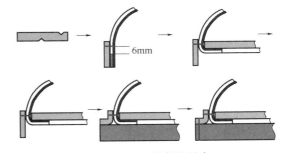

图 7-1-22　上翻侧缝沿条

处）；经过排楦成型后翻条会自然下翻，然后在其肉面刷胶与中底黏合（图 7-1-23）；此时，翻条既可与外底缝合，也可黏合，因此翻条上可有针码，也可无针码，甚至可以是假针码。为了使成鞋轻便舒适，在内底下可粘贴海绵类弹性材料。翻条鞋给人以舒适、轻便、随和、富态的

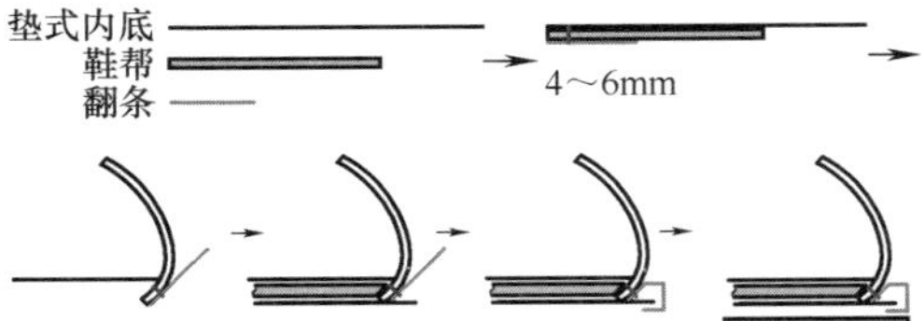

图 7-1-23　镶嵌底型翻条

感觉。

（2）绷帮成型后缝翻条　操作时，首先从内怀起锥，在距离内底边 3～5mm 处，以 30°～45°角依次扎入内底、帮面和翻条，从翻条的容线槽内穿出，钩线缝合。针距一般为 5～8mm/针。最后将沿条向粒面方向翻转 90°，进行缝合外底的操作（图 7-1-24）。

图 7-1-24　成型后缝翻条流程图

（a）绷帮成型　（b）缝沿条　（c）沿条翻转　（d）填底心　（e）缝合外底

还有一种绷帮成型后缝合的高式翻条，是胶粘与线缝工艺的结合。这种翻条多为注塑成型，横边和竖边呈现直角形状，其夹角比装配后的夹角约大 10°，缝制后产生回弹力，促使翻条竖边紧贴帮面。操作时将沿条与外底黏合或缝合，再将外底与帮脚、内底黏合，翻条竖边与鞋帮下部周边贴合（翻条竖边高为 8～15mm）。出楦后沿竖边的容线槽将翻条与鞋帮底边缝合，针距为 8～10mm/针。这种结构的牢度主要依靠内底、帮脚与外底之间的黏合力来保证，翻条与外底和帮面的结合只起到一种装饰作用。

4. 缝制沿条的质量要求

沿条是缝沿条工艺中一个极为重要的部件，是缝沿条鞋帮底结合的基础，缝沿条质量的优劣直接影响着成鞋质量的优劣，所以对于沿条的缝制质量要求比较高。

① 沿条缝制在楦底面上以后必须平伏规整，符合楦底曲面的整体造型。

② 缝线要具有一定的强度，能够承受正常穿用的负荷；针距大小均匀一致；不能有鼓包、断线、露线、缝豁等质量缺陷。

③ 手工缝制沿条时，进出锥位置在不同部位要有所区别，符合产品穿用要求。

（二）绊帮脚

在传统的缝制工艺中，当沿条缝制结束后，一般都用缝沿条所剩余的缝线将后跟部位的帮脚直接缝合在内底上。具体操作步骤如下：首先将多余的帮脚切割整齐；接着用弯锥从后跟部位的帮脚扎入，从内底扎出（注意不能将内底扎透）；然后用剩余缝线中的一根，把帮脚缝在内底上。绊跟线缝到鞋帮后缝中心时，继续缝 2～3 针即可停下来，用另一根线从沿条起点处缝绊跟线，两线相遇后打结固定（图 7-1-25）。

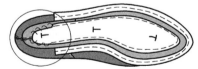

图 7-1-25　绊帮脚

（三）割帮脚

缝完沿条后，沿条、帮脚和内底三者已经结合在一起，这时必须将超过沿条里边口的帮脚割除掉，以便后续工序的操作，防止合外底后出现表面不平整、底边缘过硬不易弯曲等缺陷。割帮脚的方法有手工割除和机器割除两种。

1. 手工割除帮脚

手工割除帮脚用割皮刀来完成。操作时将鞋楦夹在两腿之间，一只手将帮脚翻起，另一只手拿割皮刀（与楦底面的夹角为25°左右）从跟口线起开始切割。割帮脚时要注意不能将缝沿条的缝线割断，刀尖不能割进内底。为防止缝线被割断，可用一个挡刀板垫在帮脚下与割皮刀同步移动。

对一些特殊品种的产品如由编织物制成帮面的鞋，则不必割除帮脚。因为这类产品在绷帮前帮脚部位已经经过缝合，此时如果割去帮脚就会使编织皮条松散而影响穿用。

2. 机器割除帮脚

机器割除帮脚主要用于机器缝沿条的产品，通常采用割帮脚机或割帮茬机来进行。其工作效率较高，且有效地降低了劳动强度。

割帮脚机类似于电剪刀，通过装置在运动机件上的主动刀与固定于刀架上的被动刀交合切割将超出内底棱的帮脚割除。操作时要将鞋楦托平，不得左右晃动，不得割伤内底棱，割除后，帮脚边沿距缝线约为3mm。若不慎损伤或割断缝线，应予以标记补针。

目前割帮脚还可以采用割帮茬机来进行。该机通过夹边轮将帮脚翻起，用旋转的圆刀（杯刀）割除多余帮脚（图7-1-26）。

（四）沿条整平

沿条整平是指用敲捶及挤压的方法使沿条符合楦底面的形状。缝制后的沿条在缝线拉力的作用下会向帮面翻翘，出现高低不平、帮脚与沿条相缝合形成的线条不清晰等现象。这些都不利于合外底的操作，因此要进行沿条的整平。沿条整平有手工和机器两种方式。在整平前可根据需要适当刷水使沿条回软，含水量一般控制在25%～30%。

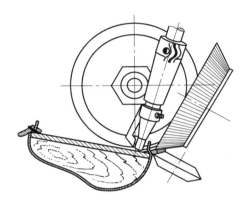

图7-1-26 割帮茬机工作示意图

1. 手工整平

将鞋楦平放在平条板上，然后用平条板光滑的一面压紧沿条往复推动，擀平沿条表面的皱褶，使沿条随着楦底弧度变化即可。

2. 机器整平

操作时将楦底朝上，以沿条与鞋面缝合的棱线为定位线，将鞋楦靠压在圆柱形垫块上，然后移动鞋楦，依靠机锤的上下往复运动依次捶平沿条，在这里，圆柱形垫块也起到了翻条送料的作用（图7-1-27）。

整平后的沿条要求表面平整、挺括，纤维更紧密，竖立在楦底边沿外的沿条符合楦底的弧度。

（五）钉盘条、插鞋跟皮

同缝沿条之前的准备工作一样，盘条要先进行浸水回软，以改善其可塑性；另外，为了使盘条与沿条

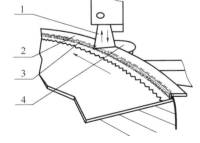

图7-1-27 机器整平沿条

1—锤头 2—沿条 3—缝线 4—送料轮

紧密衔接，还需要根据沿条两端坡茬的坡度及宽度，在盘条的两端片坡茬5～6mm，其坡度及宽度与沿条的两端对应一致。

钉盘条通常采用12～16mm的圆钉，钉间距约为10mm，钉子距盘条外边沿7～8mm。

一般盘条要超出植底边口 1.5～2.0mm，且进出宽度均匀一致，以便于后续工序的加工（图 7-1-28）。

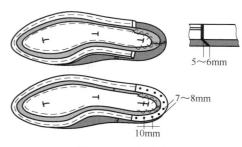

图 7-1-28　钉盘条

对皮质外底而言，钉盘条后再经过装勾心等工序就可直接合外底；对于胶质外底，则还需要钉插鞋跟皮，因为这类产品的后跟通常采用钉合的方式与外底连接，而胶底的弹性较大，要提高后跟的安装牢度，必须要有一个良好的基础，此时可采用天然底革制成的插鞋跟皮。钉插鞋跟皮操作一般在装勾心之后进行。为了增加钉合牢度，可采用先粘后钉的方法，即先把胶粘剂涂在插鞋跟皮和盘条之间，然后再钉合，钉合时可以钉圆钉，也可以用机器打钉，注意要将插鞋跟皮与盘条外沿并齐钉合（图 7-1-29）。需要说明的是，对于缝通沿条和半沿条的产品则不需要这道工序。

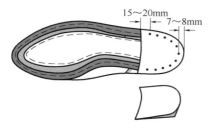

图 7-1-29　钉插鞋跟皮

（六）修沿条

沿条经过缝制、整平等工序操作后，还会存在宽窄不一的缺陷，修沿条就是根据外观要求的需要对沿条的外边缘进行修削。

修沿条后，要使沿条的侧面与沿条粒面保持互相垂直，不能出现坡茬；沿条的保留宽度要根据产品品种和穿用要求来确定。一般说来，沿条在第五跖趾部位的保留宽度最大，依次是在第一跖趾部位、前尖部位、跟口部位。跟口部位沿条保留宽度最小是考虑到要与盘条、插鞋跟皮等圆滑衔接；前尖部位保留宽度过大会造成前跷相对增大，也容易产生沿条下坠的现象；第五跖趾部位宽度最大是从人行走时脚掌肌肉群的运动情况考虑的，人在行走时为了保持重心平衡，脚前掌外侧肌肉群要向外运动，因而鞋前帮部位也会跟着向外增宽，如果第五跖趾部位沿条的保留宽度小于或等于其他部位，就会在视觉上给人造成一种错觉，沿条的外侧看起来好像特别窄，所以在修沿条时，第五跖趾部位沿条保留宽度要略大于其他部位 1.0～1.5mm。以男鞋为例：前尖部位为 6mm 左右；第一、第五跖趾为 7～8mm，且第五跖趾部位稍大于第一跖趾部位；跟口部位过渡部分为 3～4mm；其余部分的宽度要根据这些特征部位来确定，保证沿条侧面各处光滑连接即可。对于劳保鞋等特殊品种则应根据有关技术标准和具体要求确定修沿条的保留宽度。最后，在修沿条时还要根据成品鞋对沿条宽度的要求，为后续工序留出适当的加工余量。

一般要求缝沿条鞋的沿条宽度男鞋为 5～7mm，女鞋为 4～6mm。沿条的保留宽度与成鞋的结构造型有关，它体现着设计人员的审美观，也将随社会流行风格的变化而变化。另外，保留宽度也和成鞋的曲挠性能要求有关，随着沿条宽度的增大，外底也更加宽大，使得成鞋在穿着时曲挠增大，易使人疲劳。

（七）装勾心

勾心装于腰窝部位，用来加强腰窝段的承载能力，保持腰窝部位的鞋体造型；另外，对于沿条鞋而言，勾心可以填补由沿条所形成的空穴部位，提高成鞋的穿着舒适性。线缝鞋主要选用钢勾心和竹勾心，也有部分企业选用木勾心。

线缝鞋勾心的安装位置和安装角度与胶粘工艺的要求大体相同，勾心的选用和固定方法根据工艺的要求而定。手工缝沿条工艺多采用钢勾心，因为腰窝处凹度小，钢勾心容易整型，便于适应腰窝处的弧度变化。机器缝沿条工艺多采用竹勾心或木勾心，利用其厚度大的特点，能很好地适应机缝沿条凹度较大的要求。

装勾心前要注意将内底固定钉起掉，勾心安装位置要恰当，使其足以补强腰窝。

（八）填底心

填底心是为了垫平由沿条在内底表面所围成的凹陷。填底心后，底面形态与楦底型凹凸度一致，成鞋底面平整饱满，穿着舒适，延长成鞋使用寿命。

（九）合外底

合外底是将整型加工后的外底暂时固定于鞋楦底部，以便后续修边、缝制外线的操作。使用的外底材料不同，合外底的操作及技术要求也稍有差异。

1. 合皮外底

在合外底前先要进行刷胶，目前企业多采用聚氨酯胶粘剂，这样可使产品结实耐用，尤其是有利于沿条与外底的黏合。黏合后再用钉子固定，一般是在距前尖 30～40mm 处、勾心之前 15mm 处、跟口线后钉钉。定位钉不能过多，否则钉孔会影响鞋底的外观。

2. 合胶外底

胶质外底的弹性较大，所以合底时需要多钉一些固定钉，固定钉分布在前尖及两侧、第一及第五距趾部位、腰窝两侧等，一般使用 5～7 颗钉。钉钉时距外底边为 20～25mm，以防止固定钉影响缝制外线的操作。有些企业为了增加外底的牢度，常采用先粘后钉的方法。

（十）缝外线

缝外线是将沿条与外底边沿缝合在一起的操作，一般有机器缝外线和手工缝外线两种方式。缝外线的质量不仅关系到成鞋的外观质量，也影响着外底与沿条的结合牢度。要求缝线在沿条粒面上的针码均匀一致、清晰整齐，缝线轨迹符合鞋楦底形。

1. 机器缝外线

机器缝外线采用外线机缝制，它是以旋梭钩线、双线锁缝的方式将沿条与外底缝合。外线机由以下部分组成：基础构件部分、线迹形成部分、主轴和传动系统以及其他辅助装置。

缝制外线时要根据被缝物来选用合适的机针、缝线及锥子，确定针码密度和机器转速。一般说来，上线（底线）采用 6 股线（浸水），下线（面线）可采用 9 股苎麻线浸松香蜡后使用，也可采用 23.3tex×24 锦纶线。缝制前要调整好上、下线的拉力。缝外线的针距根据外底材质的不同而异。对于皮质外底，其针距为 6～6.5 针/20mm，胶质外底的针距则相对大一些，为 4.5～5 针/20mm。缝制后针距要均匀一致，缝线交结点处于沿条与外底厚度的 1/2 处。缝底后不许有翻线、缺针、跳针等质量缺陷，缝线轨迹符合楦底形，外底开槽后的缝线应全部落在容线槽内。

操作时，通过右踏板控制压脚提起，将鞋底向上，底边与沿条放在压脚与嘴子之间，并靠住根据缝线到鞋底边缘距离而调整好的挡尺，松开踏板使压脚压住缝合部位，踏动左侧启、刹车踏板即可开始缝制。也有外线机只有一个踏板，踏下踏板后液压控制的压脚自动放下，根据材料厚度自动调压，然后开始工作。机缝外线操作中的关键是要掌握好鞋的角度。与其他机器不同的是，外线机没有放置鞋楦用的支柱，机器转动后，鞋楦要靠操作人员用双手托住，随着机器运转，将鞋按顺时针方向匀速转动。缝制前尖部分时，要适当减速并灵活移动鞋楦，防止出现针距不均、双针眼、线道不符合底形等缺陷；缝腰窝里侧时，要将鞋楦略抬高向里倾斜，使机针准确地落在沿条上，防止缝线出轨。对于非通沿条产品，沿条两端要缝进一些，起针、收针时要超过盘跟条皮一针，以防砂磨边缘后产生露线现象。

在缝制过程中，常常会产生各种质量问题，如断针、断线、跳针、浮线等，要根据具体情况加以分析并调节排除，下面予以简要介绍：

① 断针：断针往往是由于针没有正确插入锥子刺穿的锥孔而造成的。可能的原因有：机针变弯；因为机件磨损使针的相对运动位置不准确；操作不正确等。

② 断线：机器工作时，下线在形成线迹之前在机件上往返拉动多次，这种摩擦减弱了下线的强度，当摩擦剧烈、运动阻力大而对线的拉力过大时则造成断线。可能的原因有：梭盘、梭子、挑线钩、针钩等零件有锐棱；梭挡间隙不正确；下线供线部分与刹线动作配合不正确；上线或下线的拉力太紧；选择的针号与线不匹配；蜡线没有预热；压脚顶牙磨损造成压脚跳动、工作不稳等。

③ 跳针：主要是由于没有很好地形成线环或钩线机构没有钩住线环，因此不能形成线迹造成的。可能的原因有：针勾、拉勾线道、挑线勾的位置不正确或者动作配合时间不正确；梭盘磨损后间隙过大而导致梭尖不能勾住线环。

④ 浮线：浮线是由于上、下线松紧程度不一致造成的。

2. 手工缝外线

手工缝外线常用的工具有钩锥和扁锥，分别对应为钩锥缝法和对针缝法。扁锥的头部呈扁形，锥头锋利光滑。

手工缝制皮质外底品种属于中高档产品，一般采用外底面开暗槽、扁锥扎孔对针缝制法。缝制操作水平要求比较高，使用扁锥扎孔时锥体不能晃动，必须直挺而过，以防锥尖断裂；扎孔时要扎在沿条粒面上靠近帮面约 1/3 处，并从外底面暗槽线道内扎出；扁锥扎出的锥孔较小，缝线在沿条上刹入锥孔较浅、线迹美观。

对于胶质外底品种，由于胶质外底的收缩复原性好，故衔线力较好，故外底面上不须开槽，一般多采用钩锥缝制法，并使缝线结合点位于外底与沿条厚度的 1/2 处，即靠近胶底一侧。

同机器缝外线一样，手工缝外线的针距也因外底材质的不同而异。一般皮质外底品种的针距要小于胶质外底品种的针距，民用鞋的针距要小于劳保鞋的针距，通常皮质外底为 6～7 针/2cm，橡胶底为 5～6 针/2cm。对于半沿条产品，缝制时要求缝线将沿条的起止点压住，起、收针要处于沿条与盘条接缝处后面约 1 针的位置；在扎锥的同时，手指要顶住外底边缘相应的部位，确保缝外线后沿条不外翻、不变形；缝外线后线道排列边距要整齐一致，刹线时双手用力要均匀，保持线迹洁净平伏。

（十一）合槽皮

对于线缝鞋而言，在皮质外底上一般均要开暗槽。当外底缝制完毕后，必须将外底容线槽的槽皮覆盖黏合回原位，此工序称为合槽皮。

合槽皮的方法可以分为手工、机器两种。手工合槽皮借助榔头、弯锥、平条板、钝木锉等工具来进行，其效率较低。采用机器合槽皮时，首先在槽口附近刷上少量的水，使皮革回软，然后在槽口内两侧均匀地涂上胶粘剂（聚乙烯醇或氯丁胶），当胶粘剂晾干后，合槽机上的胶质压轮将翘起的槽口皮压回原位并与外底黏合，从而消除硬边或边沿裂痕的现象。为了使破缝处紧密结合，可用合槽机上有圆形光滑面的压轮再滚压一次。

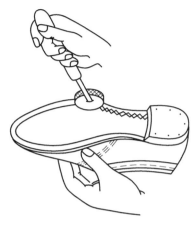

图 7-1-30　滚压花纹

合槽后，要求槽口皮与皮质外底贴合紧密，在贴合部位无裂损，成鞋外底边沿呈方形。对于开正暗槽的外底，其开槽痕迹在外底表面仍十分清晰。为掩饰开槽痕迹，美化外底外观，通常合槽后要在槽口处滚压花纹，即在外底槽口处轧出一圈花纹，花纹多为连续的菱形或椭圆形（图 7-1-30）。滚压时，要先对滚压轮加热到 60℃ 左右，用力均匀，使花纹压在槽口的破缝处，并且花纹要清晰流畅、深浅一致。

（十二）压道

采用天然底革制作沿条的鞋，在缝外线后沿条表面线迹不清晰，为了使沿条表面更加美观，通常需要做进一步的修饰即压道。压道也叫作沿条修饰，它是指在沿条表面按外线针迹做装饰效果处理并压出条纹。

传统的压道采用压道刀来进行（图 7-1-31），压道时持刀要用力均匀，按外线针迹压道，每针压一道，要求道迹深浅一致，压道印间距一致，进出整齐。

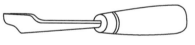

图 7-1-31　压道刀

目前，压道也可以采用沿条压痕机来进行，它是利用加热的齿轮刀具来进行压道（图 7-1-32）。操作时，首先根据缝沿条的针距选择适当的齿轮齿数，压道时要在每一针孔处压下一横向压痕，以使针距平均。压道后要求压痕清晰、所压出的齿痕必须配合针距。

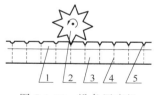

图 7-1-32　沿条压痕机
工作原理示意图
1—沿条　2—齿轮刀具　3—外底　4—缝线　5—压纹

（十三）底面整饰

底面整饰是指修饰外底面的外观缺陷，使其符合鞋楦底部的形状。在以上各工序中，如合外底、缝外线、合槽皮等都会影响外底的外观和整体形状，例如合外底时留下的钉孔；合槽皮、缝外线、压道等操作使得外底产生一定的内应力等，所以必须对外底面进行整饰。

为了消除皮质外底产品在合外底时留下的钉孔，一般需要用特制的"米"字冲在钉孔处冲出花纹（钉花），以掩饰钉孔，使外底更加美观；同时，冲压压力使得皮革纤维更加紧密，也可防止水从钉孔处渗入鞋腔。操作时注意要将冲杆中心对准钉孔中心。

为了使皮质外底表面光滑明亮，有些企业常在外底面上刷石花菜水，用来填压外底表面微小的空隙，然后经过抛光，使外底表面更加光滑平整。

目前，常用外底整型机来滚压外底底面，使其更加符合楦底曲面的形状（图 7-1-33）。其中装在两轴之间的压轮是一个内凹型的部件，它可以倾斜一定角度向前移动，其倾斜角度、移动距离、施加压力都可以调整。经过滚压后的外底底面基本上符合楦底底面的形状。

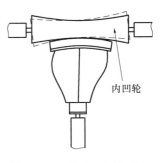

图 7-1-33　外底滚压示意图

四、其他线缝工艺

通过对缝沿条工艺的学习，我们已经对线缝组合工艺的整个工艺流程有所了解。本节在缝沿条工艺的基础上，继续论述线缝组合工艺中的其他几种工艺。

（一）透缝工艺

1. 透缝工艺的特点

透缝工艺是在鞋腔内部将帮脚、内底与外底（或中底）缝合为一体。它不仅可以与胶粘工艺结合，还出现了多层次结构和交叉加工的组合，如透缝加缝外线结构、带中底透缝加缝外线结构。

2. 透缝鞋工艺流程

透缝工艺的工艺流程为：绷帮成型→装勾心、填底心→合外底→脱楦→缝内线→排楦。

（1）绷帮成型　与胶粘工艺的绷帮操作相同，要将帮脚与内底平伏地黏合在一起。由于要缝内线，所以它的绷帮余量要大于缝沿条鞋的绷帮余量：缝一道内线时（如加固胶粘结合），绷帮余量与胶粘鞋的要求相同；缝两道内线时，则要按缝第二道线的位置再增加 2～3mm 的余边量。

（2）装勾心、填底心　选用适当的勾心，安装位置及安装方法同胶粘工艺。根据需要，还可以钉插鞋跟皮。填底心材料和工艺操作与缝沿条工艺相同。

（3）合外底　多采用胶粘定位结合法，工艺操作方法与胶粘工艺的相同。如采用钉定位钉定位时，如果不是全透缝，外底跟部也需要钉底盘钉。

（4）脱楦　缝内线需要脱楦。注意不得掀掉外底，或使底心脱落，更不能撕裂鞋口。对于加固胶粘鞋的透缝工艺，要在一切装配完成之后再脱楦，避免二次排楦。

（5）缝内线　缝内线可以有手工缝制和机器缝制两种方式。

手工缝内线有三种方法：猪鬃引线缝制法、空心锥缝制法、钩锥缝制法。前两种方法缝制前需要在外底容线槽内扎孔，操作方法比较陈旧，现在已经很少采用；钩锥缝制法可以一边扎孔一边缝，生产效率大为提高，目前应用较多。这种缝法既适用于皮质外底，也适用于胶底，类似于缝沿条的针距。缺点是缝合强度不高，当外底上的缝线被磨损后会直接影响成鞋的牢固度。

机缝内线一般都采用内线机来进行。根据针码的构成方式内线机可以分为两类：一类为单线缝内线机，其结构特点是没有线梭，只用一根缝线形成单线链式线迹，因此又被称为"码线机"；另一类为双线缝内线机，结构中有梭子部件，形成双线锁式线迹。

缝内线可采用苎麻线或锦纶线，缝线的选择要依据产品品种和缝制方法而定。缝线针距为 10～12mm/针，前尖部位的针码可略小些，以利于拐弯，腰窝处则可略大些，缝线的起止点应放在跟口线以后 10mm 处。缝内线线迹距内底边 5～6mm，缝线后要求无翻线、断线、跳线等缺陷，线迹整齐一致。对于破缝开槽的外底或带有容线槽的注压、模压外底，缝线要全部落在容线槽内。

（6）排楦（闯楦）　根据鞋帮的松紧，用原号鞋楦或小半号的鞋楦闯入鞋腔内（最好用绞链弹簧楦）。

对于开暗槽的产品，还要进行合槽皮，并要对底面进行修饰；如果是待加工的外底就需要进一步整型，以便与前掌和鞋跟结合。

（二）缝压条工艺

缝压条工艺的特点是采用压条压住帮脚后与外底缝合。它的工艺流程为：绷帮成型→装勾心、填底心→翻帮脚、帮脚整平→合外底→缝压条。

缝压条工艺与缝沿条工艺最大的区别在于沿条所处的位置不同：前者处于帮脚和内底之上，而后者处于帮脚和内底之下。为区别沿条鞋中的沿条，故称其为压条。

缝压条工艺操作简便，生产周期短，效率高，成本低。压条鞋轻便舒适，结构简单，一般用来制作中低档或轻便鞋。由于其结构的多变性，可以生产出各种具有不同性能和艺术效果及穿用效果的鞋。

1. 绷帮成型

与胶粘工艺的绷帮成型技术要求基本相同，只是在帮脚的处理上稍有差异。缝压条工艺在绷帮成型时，帮面与内底之间不黏合，而只将鞋里与内底黏合，帮面可用少量的钉子暂时固定在楦底上即可。操作时只在内底肉面边缘和帮脚鞋里处分别刷胶，然后按绷帮要求黏合在一起即可。

要求鞋里保留 5～6mm 的宽度，主跟、内包头的保留宽度一般小于 3mm，帮脚要片削平整，以免过大的帮脚造成底面不平整而影响合外底。

对于半压条结构或拎面结构的产品，后跟部位要进行绷粘。

2. 装勾心、填底心

装勾心的操作与胶粘工艺的相同，填底心的操作方法与其他产品类似。

3. 翻帮脚、帮脚整平

翻帮脚及帮脚整平的作用是为后续的合外底及缝压条操作提供一个基础。绷帮后帮脚处的帮面会随着帮里折向内底一侧，此时需要将折向内底的帮面翻到鞋楦外侧，使帮脚与内底的肉面平齐，故也称为平帮脚。翻帮脚应在鞋里与内底黏合牢固之后进行。具体操作如下：

① 拔掉绷帮钉。

② 为了便于翻帮脚，对通压条产品需在后跟部位打剪口，剪口的深度和密度以帮脚能翻平为准，剪口数量在 5～10 个（图 7-1-34）；对于半压条的产品，后跟部位不需要打剪口，只需在缝压条的起止点各打一个斜向过渡切口。

图 7-1-34　后跟部位打剪口

③ 为了防止鞋面在翻帮脚时回弹变形，对于有压条的产品，可在帮面子口部位钉钉将鞋帮临时固定，注意要选用小一些的钉子且不能钉得过密，钉钉的位置在楦底棱以上 4mm 的范围内（图 7-1-35），帮面上留下的钉孔不做处理，因为在缝压条后可以被压条所遮盖；对于拎面结构的产品，由于没有压条，所以不能钉钉。

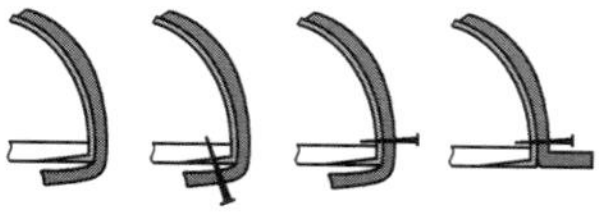

④ 把帮脚揭起翻向鞋楦的外侧。

⑤ 为了使翻起的帮脚基本定型，在翻帮脚后还要用电

图 7-1-35　翻帮脚前的钉钉

烙铁熨烫帮脚。操作时，烙铁的温度应控制在 80～100℃，熨烫的位置在楦底棱处帮面的肉面层上。

4. 合外底

合外底的操作方法及要求与胶粘工艺类似，注意要将帮脚外翻的部分与外底平伏地黏合在一起。对于通压条产品，后跟部位的帮脚由于打剪口而不平整，此时应该用面革按剪口的实际形态进行垫平，以便在缝压条时使周边平伏。合外底后，要将楦面上翻帮脚时钉的固定钉拔掉以便于缝压条。

5. 缝压条

缝压条工艺所使用的压条可用天然底革或塑料制成，压条宽度一般为 8mm 左右，厚度为 2～3mm，具体的加工整型方法可参照第四章的有关内容。缝压条的起点位置一般在里侧跟口线后 6～8mm 处，使用外线机或手工缝合，针距为 4mm/针。

6. 压条的变异结构

（1）拎面结构　拎面结构是在缝压条结构的基础上省去了压条部件，而直接用缝线将帮脚与外底缝合在一起，故也叫作压面结构。

拎面结构的工艺操作要求与缝压条结构基本类似，仅在翻帮脚时有所差异。拎面结构的后跟处通常不翻帮脚，而是在跟口线后 6～8mm 处打一个斜向过渡切口，使缝合外线时腰窝部位与后跟部位实现圆滑过渡。因省去了压条部件所以不能在帮面子口部位钉钉。

拎面结构的成鞋更加轻便舒适且生产效率高，但是缝线质量、帮面材料等因素对成鞋的牢固度影响较大，所以拎面结构常用于生产童鞋或低档产品。

（2）半压条结构　半压条结构是指压条只缝在跟口线后 8～10mm 以前的部位，后跟部位则不用压条。半压条结构产品后跟部位的处理与拎面结构的相同，其他要求与通压条结构的相同。

（3）无内底压条结构　不使用内底，直接使用外底或加用中底来完成缝合结构，称之为无内底压条结构。这种结构只在后帮使用皮里，前帮一般没有鞋里，其主跟、内包头直接粘在帮面革上，并且主跟、内包头和后帮皮里的保留宽度都较小，一般超出楦底棱仅 2～3mm。翻帮脚前可在帮面距楦底棱 2～3mm 处钉上条皮来暂时固定帮面，然后进行翻帮脚、合外底、缝压条、出楦等操作，最后在成鞋内垫上通鞋垫即可。

（4）排楦成型压条结构　排楦成型压条结构有三种形式：一是直接将帮脚在楦底棱线处与垫式内底缝合，经过排楦成型后，在帮脚肉面刷胶，与外底黏合，然后缝压条；二是将帮脚、软垫式内底和包条皮缝合，排楦成型后，再进行填底心（填底心材料多用海绵）、安装中底、底边与包条皮里刷胶、用包条皮粘包中底边，最后缝外线、刷胶黏合外底，也可以在黏合外底后缝外线；三是所用的内底轮廓大于楦底面轮廓，内底超出的宽度为 3～5mm，沿着楦底棱线处将帮脚与内底缝合，排楦成型后，用帮脚粘包内底边，最后合外底。

（三）翻绱工艺

翻绱工艺是先将制好的帮套内外翻转，将帮面与底面的粒面相对，边口对齐进行缝合，然后将里外翻转即可成鞋套，该工艺也称反绱工艺（图 7-1-36）。它是线缝组合工艺中一种较为传统的缝制工艺技法，也是线缝组合工艺中效率最高、操作最简便的一种工艺，具有结构简单、轻便舒适等优点，一般用来制作皮便鞋和婴儿鞋。近几年来，翻绱工艺鞋特有的轻便柔软、舒适合脚的特点又为人们所发现，常用来制作室内便鞋。

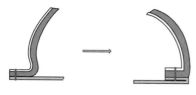

图 7-1-36　翻绱工艺操作示意图

1. 传统翻绱工艺

传统翻绱工艺的操作步骤是：先将外底反钉在楦底面上，把鞋帮套内外侧翻转，使鞋里朝外进行绷帮，绷帮时只在前尖和后跟部位钉定位钉（12～16颗钉）。然后再用钩锥将帮脚缝合在外底里面上，缝合后起掉定位钉，垫上带有弹性的软质垫心，再在帮脚处扦缝鞋垫（布垫），出楦后再次将鞋面和鞋里翻转，经过排楦定型后出楦即为成品。

2. 新翻绱工艺

新翻绱工艺省去了绷帮定型的过程，操作步骤更为简便。先将帮套内外侧翻转，让鞋帮面与垫式鞋底的底面相对，将帮脚与底边缝合，然后翻转鞋套，粘垫后进行排楦加温定型，最后出楦。也可先排楦定型，出楦后再粘垫。

新翻绱工艺对帮脚、外底、主跟的处理有所要求，一般帮脚要按楦底棱线放出 2～5mm 的缝合量。鞋底采用厚度为 2mm 的绒面革或软性苯胺革，边缘需要片边，片宽为 4mm、边口留厚 1mm，缝合量为 2～3mm。也可使用橡塑外底，它的底边有槽式边牙，边牙厚 2mm 左右，要求柔韧、不易撕裂，具有一定强力，帮脚与底槽边牙反缝即可。在主跟部位可喷热熔型树脂，定型后可以产生一定的弹性支撑力。

新翻绱工艺中缝合操作可在制帮缝纫机上进行，使用尼龙线双线缝合，针距为 2～3mm/针。

[思考与练习]

1. 苎麻线为什么要浸蜡？

2. 钩锥法缝沿条有什么优缺点？

3. 里扎锥和外扎锥两种缝沿条方法各有什么优缺点？

4. 缝沿条时各特征部位的扎锥位置是怎样变化的？

5. 机器侧缝沿条时应在什么位置上扎锥？

6. 割帮脚时应注意哪些事项？

7. 修沿条时怎样确定沿条的保留宽度？

8. 叙述钉盘条的技术要求。

9. 插鞋跟皮部件的位置和作用是什么？为什么要求其厚度要一致？

10. 叙述合皮外底的操作顺序和要求。

11. 机器缝外线针距多大为宜？

12. 手工缝外线的针距为多大？缝线结合点为什么定在沿条与外底厚度的 1/2 处？

13. 怎样进行沿条压道？

14. 压条鞋后跟部位翻帮脚时怎样处理？

15. 什么是翻绱结构工艺？有什么特点？

第二节　模压组合工艺

[知识点]

☐ 了解模压工艺的加工原理。

☐ 了解模压工艺常见的质量问题及其成因。

□ 了解模压皮鞋加工的质量要求。

[技能点]

□ 掌握模压工艺加工的基本流程。

模压工艺是利用橡胶的热硫化性能，将未硫化的橡胶胶料放入模压机的外底模具中，在一定的温度和压力下使其发生硫化反应，在橡胶胶料硫化成型、形成外底的同时，也与鞋帮的帮脚和内底结合在一起。由于帮底结合是在模具内于一定的温度和压力下完成的，故被称为模压工艺。

一、模压工艺的种类及特点

在民用鞋的生产中，模压工艺已经基本上被胶粘工艺所取代。但由于模压鞋所具有的特点，使其在劳保和军用鞋的生产中仍占据一定的地位。目前在企业中使用的模压生产工艺主要有两种。

（一）缝帮套楦法

缝帮套楦法的主要工序有：将鞋帮帮脚与内底用缝纫机直接缝合→在模压机上套楦→模压硫化成型。

由于缝帮套楦法是先制出"鞋套"，再套楦模压，而未经过绷帮成型，因此，这种方法又称为排楦成型法。

需要说明的是，缝帮套楦法所用的内底尺寸小于楦底尺寸，以便将帮脚与内底缝合的棱埂向底心转移（图7-2-1）。

缝帮套楦法的特点：

① 为便于排楦成型，所用帮面材料必须柔软。

② 内底选用帆布和无纺布等材料制成，以便于"鞋套"的缝制。

③ 不使用较厚、硬的主跟和内包头，以免影响"鞋套"的缝制。

图 7-2-1　缝帮套楦结构图

④ 由于未经过绷帮工序，产品的成型稳定性差，易变形走样，主跟和内包头部位也容易产生不平伏的现象。

⑤ 生产效率高，成本低，劳动强度大。

（二）绷帮模压法

绷帮模压法的主要工序有：绷帮→与内底结合→出楦→套铝楦→模压成型。

绷帮模压法的帮脚与内底采用绷粘的方式结合（图7-2-2），它的特点是：

① 与缝帮套楦法相比，绷帮模压法对帮面、内底、主跟和内包头等材料无特殊要求。

② 由于经过了绷帮定型，产品的成型稳定性好，不易变形走样。

图 7-2-2　绷帮结构图

③ 与缝帮套楦法相比，生产效率低，成本高，劳动强

度也大。

二、模压工艺的特殊要求

模压工艺的特殊要求主要包括对材料和帮脚处理两个方面。

(一) 对材料的特殊要求

模压过程中，所用材料要经受一定的温度和压力的作用，因此，模压工艺对帮面、内底及主跟和内包头的材料有一定的特殊要求。

1. 对帮面、帮里材料的要求

在模压鞋的生产过程中，硫化温度一般都在150℃左右。而在硫化时，帮脚要与模具边缘及高温胶料接触。因此，要求所用材料的耐热性要好。帮面材料最好使用收缩温度高的天然皮革，而少使用植鞣革；鞋里材料则多采用帆布或剖层天然皮革，否则帮面材料易出现卷缩、焦化等现象。

2. 对内底材料的要求

模压工艺多使用耐热性能较好的再生革。若鞋的卫生性能要求较高时，可以使用铬-植结合鞣或纯铬鞣的天然底革。

植鞣底革的收缩温度一般在70℃左右，模压时往往出现焦化、破碎现象；弹性硬纸板的耐热性能好，但在穿用过程中容易分层，吸收脚汗后其周边易翘起，所以模压工艺一般也不采用植鞣底革或弹性硬纸板做内底。

3. 对主跟、内包头材料的要求

模压工艺对主跟和内包头材料也有耐热性的要求。现今企业多使用化学片类的合成材料，一些高档产品也采用天然底革的主跟和内包头。

表7-2-1为模压皮鞋用主要材料的厚度要求。

表7-2-1   **模压皮鞋用主要材料的厚度要求**   单位：mm

材料名称	男 鞋	女鞋及大童鞋	童 鞋
猪皮正绒面革 牛皮正绒面革	1.3～1.5	1.2～1.4	1.0～1.2
牛正面多脂革 牛绒面多脂革	1.5～1.8	1.3～1.6	1.0～1.2
羊正面革 犊牛面革	0.9～1.4	0.8～1.0	0.8～1.0
鞋里革	0.7～1.0	0.6～0.8	0.6～0.8
橡胶外底	5.0以上	4.5以上	4.0以上
再生革内底	2.4～2.6	2.2～2.4	2.0～2.2

(二) 对帮脚处理的要求

模压工艺对帮脚处理的要求主要有两个方面：

1. 帮脚的固定

在绷帮操作工序、操作方法和技术要求等方面，模压鞋的与胶粘鞋的基本相同，帮脚的固定方法则有四种。

（1）缝合固定法 如果采用缝帮套楦工艺时，首先将鞋帮帮脚粒面处砂磨 6～8mm，然后装主跟、内包头，再与中底一起车缝，制成鞋套。

（2）胶粘固定法 同胶粘鞋一样，模压鞋的帮脚也可以用胶粘剂黏合在内底上。模压鞋粘帮脚多使用绷帮专用胶粘剂。由于模压时的温度很高，已接近或超过了热熔型胶粘剂的熔融温度，所以，如使用热熔胶或氯丁胶粘帮脚，模压时的高温会造成帮脚开胶，故一般都不使用热熔胶或氯丁胶。

（3）粘缝固定法 使用聚乙烯醇胶粘剂黏合帮脚时，由于其黏合强度略差，并且会影响鞋楦的使用寿命，所以用缝内线的方法加强固定效果。

（4）钉合固定法 在劳保和军用鞋的生产中，一般都使用钢丝机将帮脚直接钉合在内底上，类似于订书机的钉合作用。

需要说明的是，模压鞋的帮脚宽度比胶粘鞋的要小，基本上与线缝鞋的帮脚宽度相同，目的是为了使帮脚平整。因为较大的帮脚余量会产生皱褶，使底面不平整，导致模压后胶外底的厚度不一致，从而影响产品质量。另外，如需要缝内线时，过大的帮脚余量也会影响缝内线操作。因此，模压鞋在绷帮后，如皮革伸长率较大而导致帮脚余量过大时，应将多余的帮脚割掉，再黏合固定帮脚。

2. 砂磨帮脚

为促进胶粘剂的扩散和渗透，使外底能与帮脚、内底结合得更牢固，黏合帮脚后的模压鞋也需要进行砂磨帮脚，砂磨帮脚的操作及质量要求与胶粘鞋相同。砂磨时应注意不可将缝合帮脚与内底的缝线砂断，也不可将固定好的帮脚剥开、掀起。

需要特别说明的是，虽然在制帮时已经将帮脚砂磨过，但由于后续工序如套楦、热定型等的影响易使皮革产生收缩，故模压前需要对帮脚进行补充砂磨。

由于模压时外底胶料具有流动性，可以自动填平底心，故一般不需要填底心。

三、模压胶粘剂及外底胶料的制备

前已叙及，模压工艺所具有的特点，使得模压工艺的使用有很大的局限性。其中模压用胶粘剂及外底胶料的制备是一个主要问题。

（一）模压用胶粘剂的制备

在模压操作之前，为便于底料与帮脚及内底结合牢固，需要在帮脚及内底上刷专用胶粘剂。

模压用胶粘剂俗称胶浆，它不是胶粘工艺中所使用的氯丁胶、树脂胶或热熔胶，而是根据模压工艺条件专门配制的混炼胶浆。这种胶浆的主要原料是天然橡胶，可根据需要调整配合剂的比例，以控制胶浆的硫化速度。有关胶浆配方可参阅《革制品材料学》的相应内容。

用炭黑做填料而配成的胶浆俗称"黑胶浆"，而用白炭黑等填料配成的胶浆俗称"白胶浆"，后者用于白色或浅色产品。

胶浆的配制方法如下：

① 在塑炼机上将天然橡胶进行塑炼，以软化胶片，增大其可塑性。

② 在混炼机上将塑炼胶进行混炼，混炼时加入除硫化剂外的其他配合剂。

③ 用切胶机将混炼胶切成小碎块。

④ 将碎块胶加入溶胶器中，用 120 号汽油溶解，调配成胶浆。

⑤ 使用前加入硫黄粉，搅拌均匀后即可使用。

胶浆浓度的大小影响着外底的黏合强度。浓度大，胶粘剂不易渗入材料的内部，形成表面浮胶，结果是黏合强度低；而若浓度过低，胶粘剂的黏度则小，胶浆易渗透而难以形成胶膜，同样会影响黏合强度。

在模压前一般都要在帮脚及内底上刷两遍胶。与胶粘工艺一样，第一遍胶的浓度要低，以利于扩散和渗透，胶料与溶剂之比约为1:3.3；第二遍胶的浓度要大，以便形成胶膜，胶料与溶剂之比约为1:2.7。

（二）外底胶料的制备

我们知道，在模压工艺中使用的是经过塑炼和混炼的胶料。混炼后的生胶胶料若存放时间过长时，胶料会发生"自硫"反应，在高温季节更为明显。这种胶料的流动性差，模压后的外底往往具有缺胶、花纹不清、光泽差等缺陷。因此，模压鞋生产企业都自备炼胶车间，以便生胶完成塑炼和混炼后进行模压操作，防止胶料发生自硫。

1. 原材料

制备外底胶料用的原材料主要是橡胶和配合剂。

（1）橡胶　包括天然橡胶、合成橡胶及再生胶。

① 天然橡胶：天然橡胶由橡胶树产生的胶乳经过提炼加工而制成，其品种因干燥方法的不同而有烟片胶、皱片胶和风干胶三种，模压工艺中使用的是烟片胶。

② 合成橡胶：合成橡胶是由低分子单体经过聚合或缩合反应制成的高分子聚合物。模压工艺中使用的合成橡胶品种有顺丁胶、松香丁苯胶和充油丁苯胶等。这类合成橡胶具有强度高、耐磨性好的特点，但工艺性能差，价格也较高。

③ 再生胶：再生胶是以废旧橡胶制品及橡胶制品生产过程中产生的边角碎料为原料，经过粉碎、清洗、除杂、配料后进行塑炼和混炼而制成的，其性能较差，但价格低廉。在模压工艺中，再生胶是主要的填料。

（2）配合剂　橡胶生产用配合剂主要包括硫化剂、硫化促进剂、活性剂、软化剂、防老剂、补强剂、填充剂、着色剂等。有关配合剂的内容及外底的胶料配方可参阅《革制品材料学》一书。

需要说明的是，由于前掌部位和后跟部位外底的耐磨性要求不同，因此，生产企业一般都制备出前掌胶和后跟胶两种，使用时分别放到底模的前掌及后跟部位。

2. 胶料的制备

模压鞋生产用胶料的制备包括塑炼、混炼和出片三部分。

（1）塑炼　除了一些恒黏度的品种外，天然橡胶的塑性很低。这种高弹性的材料不仅无法与配合剂混合均匀，而且加工难度很大。借助于热、机械力的作用或加入某些化学试剂等方法，使橡胶软化成为具有一定可塑性的均匀物质的过程称为塑炼。

通过塑炼可以增大生胶的可塑度，便于在混炼过程中配合剂的混入和均匀分散；便于出片；还可以提高胶料的流动性，使制品的花纹清晰；提高胶料溶解性和黏着性，使其易于渗入纤维的孔隙中。

天然橡胶的塑炼设备有开炼机、密炼机和螺杆塑炼机等，还可以使用化学塑解法进行塑解。

天然橡胶的塑炼工序为：烘胶→切胶→塑炼。

天然橡胶一般处于硬化的结晶状态，通过加温可解除结晶，使之变软，以利于切胶，同时在塑炼时节省大量的电能，防止损坏设备。天然橡胶的烘胶温度一般为 50～60℃，时间为 24～36h，冬季可延长到 72h 左右。

经过加温的胶块需用切胶机切成小块，以便于输送和操作。一般天然橡胶切成 10～20kg 的胶块。

天然橡胶用开炼机塑炼时，最常用的方法是薄通塑炼法，即将胶料塞入两辊之间，通过辊压，使胶料软化。辊筒的温度为 30～40℃，一般不宜超过 50℃，辊筒转速为 13～15r/min，时间为 15～20min。然后将辊间距调整至 12～13mm，再薄通两次以上，至规定时间为止。最后下片停放、冷却 24h。

天然橡胶采用密炼机塑炼 3～5min 后，温度可达到 120℃以上。

塑炼的同时加入塑解剂或塑解剂时，可以显著缩短塑炼时间，提高塑炼效果，并可将塑炼和混炼两过程合并进行。

（2）混炼　混炼的目的是将胶料与各种配合剂在炼胶机上混合均匀。混炼过程也是一个机械-化学过程，即橡胶大分子与填充剂生成结合橡胶的过程。

混炼质量对胶料的后期加工以及成品的质量有着决定性的影响。即使胶料的配比得当，如果混炼不好，也将会出现配合剂分散不均匀、胶料的可塑度过高或过低、易焦烧以及喷霜等缺陷。从而将使压延、压出、涂胶和硫化等操作不能正常进行，并导致最终产品性能的下降。

混炼设备有开炼机和密炼机两种。

开炼机混炼的灵活性较大，适用于生产规模小、胶料批量小而品种多的生产企业，但也具有许多不足之处，如劳动强度大，生产效率低，不安全，有污染，混炼的均匀性较差等。开炼机的混炼操作顺序为：包辊→吃粉→翻炼→加硫。

与开炼机混炼相比，密炼机混炼具有时间短，效率高，劳动强度低，操作安全，胶料质量好，环境污染小等特点，但不适宜浅色胶料和品种变换频繁的胶料的混炼。密炼机的混炼过程为：湿润→分散→捏炼。

胶料的混炼需要注意辊距与填料容量、辊筒的转速与速比、辊温、混炼时间以及加料顺序。

用开炼机混炼天然橡胶时，加料顺序为：生胶→固体软化剂→小料→炭黑、填充剂→液体软化剂→硫黄、超速促进剂。

用密炼机混炼天然橡胶时，加料顺序为：生胶→小料、填充剂或 1/2 炭黑→1/2 炭黑→油类软化剂。

（3）出片　经过塑炼和混炼后的胶料还需要在压延机上制成 7～8mm 厚的胶片。然后摊开晾置，使胶片自然冷却。如叠置堆放时，可在每层胶片之间用布或滑石粉隔离，防止胶片互相黏合、撕拉不开而影响使用。

四、模压硫化条件

橡胶硫化是橡胶分子由线形结构转变成网状结构的交联过程，橡胶经过硫化后，其内部结构发生了变化，从而使橡胶呈现出许多优异的性能，如耐磨性。要使硫化反应顺利进行，就必须控制好硫化的时间、温度和压力，也就是硫化三要素。

从模压工艺的整个生产过程来看，模压工艺的核心是外底成型过程，也就是胶料硫化的过程。在进行模压时，必须掌握好模压硫化的条件，使三要素之间相互配合，保证产品质量。若三要素控制不当，则会影响成鞋的各项理化性能。硫化温度过高或时间过长时，胶底表面会产生过硫现象，反之会产生欠硫现象，过硫或欠硫都会使成鞋耐磨性能下降；模压时的压力过大，容易使鞋帮面革被切断或压伤，并且会使模具的磨损加剧；反之，压力过小时容易造成缺胶，底纹不清晰，胶底疏松，附着力和耐磨度降低等缺陷，从而影响成鞋的穿着寿命。

模压时要根据不同产品的特点如外底厚度、帮面材料等因素掌握好硫化三要素。这三个参数的确定需要反复测试，确定最佳方案，操作人员应严格执行生产操作规程，不得随意更改。

五、模压工艺过程

模压过程是模压鞋生产的主要工序，主要包括：缝内线→套楦→装勾心、衬跟→加料→模压→开模出楦→修整。

（一）缝内线

对于绷帮模压鞋，经绷帮、砂磨帮脚后，需要在帮脚处缝内线，这是由模压的理化条件所决定的。在模压时呈熔融态的橡胶胶料在一定的压力和温度下充满整个模具型腔，由于压力较大，胶料在流动时很可能将帮脚揭起，从而使成鞋的外底厚度不一，甚至使被揭起的帮脚露出外底面而造成残次品。

缝内线可以采用手工、机器两种方式进行。机器缝内线时需先出楦。缝线一般选用苎麻线或锦纶线，苎麻线不需要浸蜡或浸油，防止在模压时发生质变降低帮底之间的黏合力。内线在内底周边距楦底边棱 10～13mm 处缝一圈，针距为 10mm/针。由于在模压时模具型腔后跟部位面积较小，帮脚不易被流动的胶料揭起，为提高生产效率，目前许多企业对后跟部位不缝内线，仅在前帮部位缝内线，这样也有利于成鞋内底的平整性。

（二）套楦

套楦是指将鞋套套在模压机的铝楦上。套楦前要检查并分清左右脚，并仔细核对帮套与铝楦是否同号。套楦时先套前帮，然后用鞋拔子插入帮套将后帮套好。套楦后先检查是否套正，然后系好鞋带。对套楦歪斜的予以纠正，防止模压时鞋帮破裂或胶底偏斜。

（三）装勾心、衬跟

模压鞋装勾心是在套楦工序之后进行，这是因为在套楦时腰窝部位要产生较大的弯曲，若在内底整型时已经将勾心与内底固定在一起，将会影响套楦操作。

模压鞋的勾心一般选用由弹性硬纸板制成的纸勾心，也可根据企业生产状况选用竹勾心，但是不能选用钢勾心或者铁勾心。这是由模压工艺的生产工艺条件所决定的：首先，由于工艺条件的限制，模压鞋一般不生产高跟鞋，多用于劳保和军用鞋靴的生产，所以对勾心的"强度"要求不是很高；其次，考虑到脱楦的方便性和穿着的舒适性，要求勾心具有一定的"弹性"。综合这两方面的因素，从降低生产成本的角度上考虑，故多选用耐高温的纸勾心。

所谓衬跟是指安装在模压鞋后跟部位的一个底部件。衬跟所起的作用有两个：其一是减少模压时橡胶胶料的用量，从而减轻成鞋重量，使成鞋穿着轻便；其二是平衡前掌部位与后跟部位的正硫化点。

在进行模压硫化时，由于外底在前掌和后跟部位的厚度不同，所以硫化条件的要求也不同。若以前掌部位胶料达到正硫化点为标准，则后跟部位会由于厚度大而产生欠硫，反之若以后跟部位达到正硫化点为标准，则前掌部位又会造成过硫。在后跟部位的中心加上衬跟，平衡了前掌与后跟部位的胶料厚度，从而有效地解决了这一问题，使外底前掌和后跟两个部位同步达到了正硫化点。

为了防止外底变形，制作衬跟的材料不能有弹性，生产中常用软木、纸板、皮革等材料来加工制成衬跟。衬跟的规格尺寸和安装位置如图 7-2-3 所示。

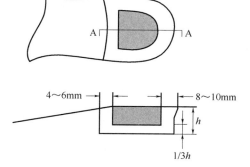

图 7-2-3　衬跟的规格尺寸和安装位置

勾心和衬跟在使用前应根据产品类别喷上模压用的黑胶浆或白胶浆，注意要使勾心和衬跟的每个面上都黏合有胶浆，以备模压时使用。按照勾心和衬跟规定的安装位置，将两者分别粘衬在内底上，要求黏合位置准确、粘贴牢固、不移位、不脱落。

（四）加料

加料是指将称量好的胶料分别放置在模具的前掌部位和后跟部位。

胶料应整齐摆放于模具中间位置，在高温、高压的作用下胶料会呈现熔融状态，流向整个模具型腔。若胶料摆放不当，则会使胶料在模具型腔内的流速减缓，导致胶料分布不均，从而产生跑胶、缺花、底纹不清晰等缺陷。生产中胶料下裁的面积一般都小于成鞋外底的面积，而胶料的厚度都大于成鞋外底的厚度，这样做可以使压力集中，便于胶料熔融后迅速充满模具型腔。为了加快模压硫化速度，提高生产效率，也可将生胶胶料提前放在模压机上预热 10～20min，然后开始加料、模压，但只能逐双预热，防止胶料提前硫化。

（五）模压

模压时所需要的温度是由模压机上的电热装置提供给模具的。模压前应先开通机器电源，使模具达到预定的温度要求。生产时则应严格控制模具温度，不能忽高忽低，以防产生过硫或欠硫现象。模压温度是根据胶料配方和胶底厚度等因素决定的，生产男鞋时模具温度一般控制在 140～160℃。绷帮法的模压鞋通常只对底模具加温，而不对铝楦加温。铝楦的温度是在模压过程中通过自然导热而获得的。如果也对铝楦加热，温度升高时，会将鞋里及内底烫焦，穿用中鞋底受曲折易断裂。

模具是否清洁对产品质量也有一定影响。模具在生产过程中会产生胶渍、锈斑等污渍，这会影响胶料在模具内的流动，产生底花不清晰、底边不齐等质量缺陷。清洗模具时多采用稀盐酸，因而模压鞋的模具损耗较大。

加料后，就可以开启模压机，使套有鞋套的铝楦下降，压紧在底模上，此时要注意检查鞋帮是否安放端正，如有歪斜应及时予以调整校正。模压时要严格按照生产规程进行操作，发现异常情况要及时调节排除，以保证产品质量。

模压开始时，由于各种原因，会有少量胶料从模具结合处挤出，通常称其为"水口胶"。水口胶出现时，操作人员应及时回收以便再利用。

（六）开模出楦

当预定的稳压时间结束时，自动计时控制装置会发出信号，这时可启动机器打开合模，启动油缸使铝楦上升。旋转铝楦架，使模压好的成鞋翻转到机器上方，已套楦的另一只铝楦翻到下方，然后再加料进行模压。此时模压好的成鞋处于冷却阶段，等到冷却结束后方可进行脱楦，脱楦要求与其他工艺的脱楦要求相同。

（七）修整

模压鞋的修整主要是指修整子口余胶。子口余胶是指成鞋帮面与外底连接处被挤出的多余胶块，模压时虽然回收了一部分，但仍有一些较小的胶块需要清除。为了防止外底开胶，修整余胶必须在成鞋完全冷却后方可进行，清除后应使外底边缘光滑一致。

清除余胶可以用冲边锥来完成。操作时，将冲边锥锥刃蘸少许水后对准余胶，沿着帮脚周转冲除，注意不能冲伤鞋面，蘸水的目的是减小冲除阻力。另外也可以用热切割的方法，即将刀具通过电热丝加热到 100℃ 左右，当刀口触及余胶时，使其呈熔融状态而被切割。

六、模压鞋的常见质量问题

在模压生产过程中，因为材料、工艺技术、模具等方面的原因经常会产生各种质量问题，如出现焦化、脆裂、缺花、欠硫、过硫、开胶、喷霜、压歪等缺陷。在生产中一旦发现质量问题，要及时分析问题产生的原因，做出相应的处理，严重者必须停止生产，最大限度地减少因产品质量带来的损失。下面对模压工艺过程中一些常见的质量问题进行分析。

1. 焦化、脆裂

焦化、脆裂是成鞋脱楦后出现在内底、帮面上的质量缺陷，主要表现为材料烧焦、发脆、易断裂。它严重影响产品的穿用寿命，因此必须及时分析原因并反馈信息。

产生原因：铝楦的楦温过高；内底、帮面没有选用耐高温的材料。

2. 缺花

缺花是指模压时胶料没有充满模具型腔，使外底出现缺角或凹陷。

产生原因：胶料重量不足；胶料塑炼不透，流动性差或者压力不足；模具精度不高，逃料严重。

3. 欠硫

胶料尚未达到完全的硫化点，称为欠硫。欠硫现象一般在成鞋出楦时不易被发觉，在抽验测试时，几项物理力学指标往往达不到要求，有时经消费者实际穿着后才发现。欠硫的主要表现是耐磨性能差。

产生原因：胶料在硫化过程中突然失压或温度下降；选用的硫化温度偏低、稳压时间不足等。

4. 过硫

胶料在一定的温度和压力下，已达到最理想的硫化点，此时，如果对它继续升温延时，则胶底的理化指标反而会显著下降，这就是过硫。

产生原因：控制温度的系统失灵；稳压硫化时间过长。

调节排除的方法：经常检查加温系统的灵敏度，及时测试胶底的物理力学性能，严格控制稳压时间。

5. 开胶

帮与底之间黏合力差，穿着不久就会产生帮底分开，称为开胶。

产生原因：硫化不完全；涂刷胶浆不均匀，胶浆过稀或过稠；涂刷胶浆后，胶面上又沾有油类、水分和灰尘等污物；阴雨天防潮措施不佳以及选用压力偏低等。

调节排除的方法：每批胶料都要测试其可塑度，涂刷后的半成品一定要有防尘、保温等措施。还要经常检查压力系统；发现故障，应及时排除。

6. 帮面断裂

产品经过模压，楦底边口把鞋帮面革切断或压伤，叫作帮脚断裂。

产生原因：模具与铝楦配合不正，内底大于模具，选用压力过大或模具上口不光滑。

调节和排除方法：发现帮脚断裂，应立即停止生产。如属楦模位置不正，则必须校正。模具上口不光，可用砂磨方法修饰光滑，压力过大则调节减小；内底大于模具的应停止生产，待纠正后方可继续生产。

［思考与练习］

1. 什么叫模压皮鞋？它有哪几类？

2. 炼胶前要做好哪些准备工作？

3. 请叙述炼胶的过程。

4. 为什么研制配胶料的比例时，要经过综合平衡？

5. 炼胶后的胶料存放有哪些技术要求？

6. 如何安全地操作炼胶机？

7. 请写出胶浆的配方。

8. 模压前应做哪些准备工作？

9. 模压机有哪些主要部件组成？

10. 怎样正确安全使用模压机？

11. 模压产品经常出现哪些质量问题？造成这些质量问题的原因是什么？

12. 什么叫模压工艺？

13. 与胶粘工艺相比，模压工艺有何特点？

14. 模压工艺有哪两种方法？各有何特点？

15. 模压工艺有哪些特殊要求？

16. 模压鞋帮脚的固定方法有哪些？

17. 制备外底胶料时所用的橡胶材料有哪些？各有何特点？

18. 不同的橡胶配合剂的作用是什么？

19. 塑炼的目的是什么？

20. 为什么模压皮鞋的帮脚要缝内线？

21. 为什么要严格控制模压鞋外底胶料用量？

22. 模压鞋生胶胶料存放有何要求？

23. 模压皮鞋为什么要使用衬跟？对衬跟材料有什么要求？

24. 模压皮鞋胶外底有哪些质量检验要求？

第三节　注压组合工艺

［知识点］

☐ 了解注压工艺的加工原理。

　　□ 了解不同注压材料所加工外底的特点。
　　□ 了解注压工艺常见的质量问题及其成因。

[技能点]

　　□ 掌握注压工艺流程。

　　注压工艺是利用塑料、橡胶等材料热熔冷聚的特点，通过注压机加热、熔融，把材料注压到模具型腔内塑造外底并与帮脚、内底结合的过程。

　　注压工艺的特点是生产效率高，劳动强度低，成本低，产品规格、造型一致，外底绝缘、耐油、防水。采用多次注塑，可塑造不同性能、不同色彩的多色底。注压工艺要根据底型来设计制造模具，频繁更换模具会使得生产成本大幅度提高，因而不适用于小批量的生产。

一、注压材料

　　注压工艺中采用的材料种类很多，它们的质量有较大的差别。主要表现在制成品的外形、舒适度、手感、轻软度、绝缘性、透气性等方面；其物理性能指标也存在差异，如最大的抗张强度、伸长率、耐磨性、耐潮湿及耐化学品腐蚀的程度等。

　　根据注压工艺所用的材料，注压工艺可分为注塑、注胶、橡塑并注等三种。

　　(一) 注塑材料

　　鞋用注塑材料品种繁多，常用的有聚氯乙烯 (PVC)、聚乙烯 (PE)、丙烯腈-丁二烯-苯乙烯三元共聚物 (ABS)、聚氨基甲酸酯 (PU) 等。为满足皮鞋鞋底耐磨、耐腐蚀、易于注压、成本合理的要求，外底常用的材料是 PVC 和 PU。

　　1. PVC 塑料

　　PVC 塑料是以 PVC 树脂为基料，根据产品的性能要求，添加增塑剂、稳定剂、填充剂、润滑剂、着色剂、发泡剂、改性剂等配合而成。各种配合剂可参阅《革制品材料学》的有关内容。

　　PVC 塑料货源充足，因其良好的加工性能和适当的价格受到了企业的青睐。又因其材料固有的耐磨、耐寒、耐湿滑性能差而逐渐被挤入生产低档鞋的行列。为了改善 PVC 的理化性能，可以使用丁腈胶 (NBR)、Elvaloy、氯化聚乙烯 (CPE)、Chemigum P83 等材料对其改性，取得了较好的效果，但由于条件的限制，部分材料依赖于进口，且价格昂贵，不利于扩大生产。也可使用高聚合度聚氯乙烯 (HPVC) 生产注塑鞋底，弥补了 PVC 的不足。HPVC 具有较高的冲击回弹性及耐寒性能，生产出的注塑底弹性较好，有橡胶的手感，耐磨性好，比普通软质 PVC 的温度敏感性小，低温下仍然能保持良好的弹性，避免了普通 PVC 注塑鞋底冬天打滑发硬的缺点，可用于生产中高档注塑鞋底。

　　2. 聚氨酯 (PU)

　　聚氨酯是聚氨基甲酸酯的简称，由二元或多元异氰酸酯与二元或多元羟基化合物反应制成。PU 用途十分广泛，根据不同原料可得到不同性质的产品：例如可以为热塑性，也可以为热固性；可以制成柔软的弹性体，也可以制成很硬的塑料，或制成居于两者之间的产物。

　　PU 具有优异的耐磨、耐曲挠性，且质轻柔软，强度大，压缩形变小，耐油及化学稳定性良好，易于加工。因而是一种多功能多用途的材料。在制鞋工业中，PU 胶粘剂、

PU 人造革、PU 合成革已经广为应用。

按照加工方法的不同，聚氨酯弹性体可分为混炼型、浇注型和热塑型三类。注塑用的聚氨酯材料是一种热塑型 PU 弹性体，简称 TPU。它易于加工，又非常耐磨。成品具有耐油、耐低温、耐老化的特点。

（二）注胶材料

注胶所用的主要原料是橡胶，包括天然橡胶、合成橡胶以及热塑性橡胶。其中以热塑性橡胶的注胶性能为最好。

1. 天然橡胶及合成橡胶

由于注压工艺是利用材料的热熔冷聚性能来完成帮底结合的，所以注压用的胶料必须具有良好的热流动性能，以便能快速注满模具型腔。在注压过程中，由于高温和摩擦所产生的热量使得胶料极易初硫定型，造成注不满模具或发生胶烧现象。所以必须使注压胶料具有较慢的初硫点，又有较快的正硫化点和较短的硫化时间。因此，胶料的配方设计与制备是注胶的关键，在注压前必须进行配方设计和试验。

天然橡胶在用作注压底材时要严格控制炼胶时胶料的可塑度，一般控制在 0.50～0.55。用于注压工艺的合成橡胶主要有顺丁橡胶和再生橡胶。

2. 热塑性橡胶

热塑性橡胶是一类兼有塑料和橡胶特点的新型高分子聚合物，在常温下它具有普通硫化橡胶的弹性和强度，在高温下又具有热塑性塑料良好的加工性能，从而有效地实现了节约能源和提高生产效率的问题，热塑性橡胶简称 TPR 或 TPE。

热塑性橡胶在制鞋工业中广泛应用的是苯乙烯-丁二烯-苯乙烯嵌段共聚物（SBS），SBS 具有良好的强伸性能、较高的弹性和表面摩擦因数（防滑性能好），并且具有很好的低温柔软性。

热塑性橡胶加工工艺简便，可根据产品性能需求及加工设备等条件加入适当的配合剂，如稳定剂、操作油、填充剂、着色剂和功能性添加剂等，以改善产品的物理力学性能。

注压热塑型橡胶的设备与注塑的设备基本相同。注压 SBS 时的温度应控制在 160～220℃，温度过高，胶料容易从喷嘴处溢出，且聚合物会发生降解；反之，温度太低时，胶料流动性变差，并且由于分子取向强烈，制成品会产生严重的各向异性。SBS 的注射压力应控制在 25～30MPa，压力过高易出现溢料现象，甚至损坏模具；压力过低时会造成底纹不清晰、表面凹陷或不能充满模具等缺陷。在压力和温度之间，一般应该先调整温度，再调整压力。注压时间包括进料加热时间、注射时间、保压时间、冷却定型时间，这四个时间段形成一个周期，即是成型周期。其中以注射时间和冷却时间最为重要，决定了制成品的质量。

（三）橡塑并注材料

除了上述注塑、注胶材料外，注压工艺还可以使用橡胶和塑料的并用材料。来改善和提高制成品的综合性能。

根据主体的不同，橡塑并用体系可分为以橡胶为主体的并用体系和以塑料为主体的并用体系。例如以聚氯乙烯（PVC）为主体，用粉末丁腈橡胶进行改性的橡塑并用体系，注压时流动性能好，且制成品的耐磨、防滑、耐低温曲挠、压缩变形、耐油等性能都得到了有效的改善。

橡塑并用体系在捏合造粒时，为了使橡胶便于和塑料混合，必须先将橡胶塑炼，以降低弹性、增大塑性，然后通过捏合机均匀地与塑料及其他配合剂捏合在一起，经过切粒机，制成颗粒料以备注压。

二、注 压 设 备

注压结合总装工艺中使用的设备是注压机。根据其结构形式的不同分为卧式、立式、转盘式和轨道式四大类，其中转盘式和轨道式的应用较为广泛。

注压机的主要技术参数包括工位数，输料轴转速、直径以及长径比，最大注射容积、压力及速度，开合模行程及容模空间，功率消耗，生产量等。

注压机主要由供料系统、控制系统、注射系统和模具系统等四大部分组成。下面予以简要介绍。

（一）供料系统

顾名思义，供料系统用来存放和传送原料。在早期的注压设备中，连续注压时直接将原料填入料筒中；对于定量注压件则需先称重，然后将原料填入料筒内，原料经过传送机构被送至预热机构进行预热。

目前，部分企业生产的注压机的供料系统已有较大改进，如采用透明式自动吸料机，使入料状况清晰可见；采用计算机计码器，将输料轴后退的长度转换成数字而显示出精确的料量；采用快速换料装置，既节省了人工成本，又提高了工效。

（二）控制系统

控制系统主要是对温度、压力、时间以及料量等进行控制和调整。注压机的控制系统一般集中在一个由电气、电子目视元件组成的控制板（箱）上，采用 PC 和 PLC 控制器以及视窗系统。对于主要的机械动作，均可建构控制程式，部分注压机还采用了触摸屏作为人机交互界面，这些技术的使用大大提高了控制精度，使得设备操作简便，易于维护，可靠性增强。

（三）注射系统

注射系统的功能是把机筒内呈热熔状态的材料经注压嘴挤压进模具。它是注压机的动力机构，该动力机构的主要部件是注压推进杆，较早的注压推进杆有柱塞式、螺杆式、柱塞-螺杆式三种形式。

1. 柱塞式

柱塞式注压机构依靠柱塞杆直接将热熔料注压进模具（图 7-3-1）。要求料粒在机筒中必须达到熔融状态，便于流动。该机适宜于定量注压件。

2. 螺杆式

螺杆式注压机构依靠螺杆单向连续旋转所产生的轴向推力将热熔料注入模具（图 7-3-2）。该机构的特点是物料混合均匀，注射力强。使用时由于摩擦力大，易升温，故应严格控制机筒温度。在配料时要求加入溶流性好的配合剂，防止由于剪切作用使外底的耐磨性降低。

3. 柱塞-螺杆式注压机

柱塞-螺杆式注压机构依靠螺杆的轴向推力和柱塞的挤压推力将热熔料注入模具（图 7-3-3），其效果最佳。

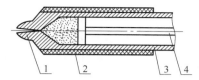

图 7-3-1 柱塞注压机工作示意图

1—注压嘴 2—加热保温装置

3—注压筒 4—柱塞

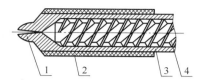

图 7-3-2 螺杆注压机工作示意图

1—注压嘴 2—加热保温装置

3—注压筒 4—螺旋注压杆

注射系统是注压设备的核心部分。目前生产的注压设备的技术含量大大增加，如使用高精密度电阻尺检测入料量和射出量计量的准确性；针对不同原料的特性，搭配入料转速检测功能；有的注射器装备有部分排空螺旋，即注射加料仅加到填满模具所需的数量；对于多工位的设备，按

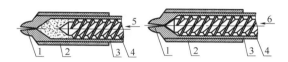

图 7-3-3 柱塞-螺杆注压机工作示意图

1—注压嘴 2—加热保温装置 3—注压筒 4—螺杆 5—注压前螺杆位置 6—注压后螺杆位置

照产品的不同，在每个独立工位用计算机或者模具上的微型开关控制注射容积使注射停止。注射各参数的精确化使成品鞋质量得到了很大的提高。

（四）模具系统

模具系统由楦模（阳模）、底模（阴模）、开合模装置和锁模装置组成。根据配置模具的数量，注压机可分单工位和多工位两种类型。单工位注压机采取单模固定形式，主要有立式和卧式两种；多功位注压机采取多工位多模具形式，主要有轨道式和圆盘式两种。多工位注压机可以同时进行套楦、注压、出楦作业，过程连续，生产效率高。目前已有四工位、八工位、十二工位、十六工位和二十四工位多种形式。开合模装置多以液压为动力，部分设备备有油压驱动调模机构，调整量为 2～4mm，用于鞋帮的正确定位，这些依靠计算机自动控制来完成。锁模装置有液压和机械制动两种形式，采用精密仪器测试锁模力的均衡，不但降低了次品率，还有利于延长模具的使用寿命。

除了以上部分，注压设备还包括预热保温系统、冷却系统、计量系统、安全系统等。

三、注 压 工 艺

注压生产车间应与其他加工车间分开（如制帮车间）。在进行整体布局时，除合理配置设备外，还需留有加工后产品的修饰整理场所以及一个对废料进行粉碎、回收的场所。对于热熔性合成料如 PVC、TPR 的废料进行磨碎并加工处理，然后回收再生；对于原来在制造中进行交联并起了不可逆转的化学反应的合成料如橡胶、聚氨酯，可以将其废料粉状化，最后进行回收利用，这也是环保工作的要求。

注压是注压结合总装工艺中最为关键的工序，对制成品的质量起着决定性作用。因此，注压前应根据制成品的特点进行原料配比、制定生产工艺；注压时要严格按照操作规程来进行，控制好注压温度、压力、时间等因素，并及时对制成品进行质量分析，以便改进和调整生产工艺。

根据生产过程注压工艺分为两个阶段：准备阶段和注压出楦阶段。

（一）注压前的准备阶段

1. 注压机的准备

在进行注压前必须对注压机进行全面检查，仔细检查模具型腔是否清洁，注射嘴与模具进料孔是否紧密吻合等；在检查后开始对注压机进行预热，使机筒温度保持在 160～180℃。

2. 套楦前工序

（1）注塑鞋　注塑鞋的成型方法依据制帮材料和帮面结构来确定，有缝帮成型、绷帮成型和拉线成型三种方式。

对正面革和合成革可采用绷帮成型法：绷帮→与内底结合→砂磨帮脚→出楦→套铝楦。

对帮面材料比较柔软的如仿羊革鞋帮可采用缝帮成型法：将帮脚与内底合缝→套铝楦。

对于一些易撕裂的如纤维织物、软绒革制成的鞋帮也可采用拉线成型法：套楦→将帮脚拉线锁缝→拉线绷帮→出楦→套铝楦。

注塑鞋帮脚的固定方式有胶粘法、缝合法、粘缝结合法和钉合法四种方式。

为使注压外底与帮脚、内底牢固结合，注压前需要进行帮脚砂磨，其操作方法及质量要求与胶粘鞋相同。对于采用套楦拉线锁缝成型的鞋帮，可以不砂磨帮脚，直接注塑。

在注压时，由于胶料具有流动性，在一定压力下可以自动填平底心，故无须再填底心。

砂磨帮脚后要涂刷胶粘剂。胶粘剂可以选用能溶解 PVC 的丙酮或环己酮，使 PVC 在注塑过程中与酮类溶合，产生很强的结合力。也可以选用强力更好的聚氨酯胶粘剂。胶粘剂必须涂刷两遍并进行烘干处理，严格控制烘干温度和烘干时间。最后还要注意保持胶面清洁无尘。

（2）注胶鞋　注胶鞋的成型可以采用绷帮成型或缝帮套楦成型方式。

注胶鞋鞋帮与内底的结合即帮脚固定的方法与注塑鞋略有不同，因其用天然橡胶及合成橡胶的硫化胶料作为底材，采用模具硫化法生产，所以模具具有硫化的温度，注入的胶料也有一定的注射温度和注射压力。这就要求帮脚与内底的结合面必须承受一定的温度和压力而不揭开，故帮脚与内底结合成型时常用过氯乙烯胶或白胶处理。

同注塑鞋一样，注胶鞋也需要对帮脚进行砂磨处理，然后刷胶。所刷胶浆为天然硫化胶浆，它由天然胶制成混炼胶料后再用汽油溶解而成。硫化速度快于注胶料，为防止胶浆自然硫化，采用的措施是将硫化剂和其他配合剂分开，分别炼成甲、乙两种混炼胶浆，然后将两种胶浆按比例配比、搅匀后使用。

（二）注压出楦阶段

启动注压机，调整好工位后，动力机构带动螺杆或柱塞开始将预热好的、呈熔融状态的原料注进模具型腔，保压 40～50s，使原料充满整个模具型腔并根据工艺条件留出冷聚时间，然后脱模出楦。

在整个成型周期中，以注射时间和冷却定型时间最为重要。为了定量地将不同尺寸模具的注射时间加以对比，在这里引出注射速率这一概念，注射速率即单位时间内所注射的原料的容积，注射速率越大，则注射时间越短。选取适宜的注射速率是保证制成品高强度、低收缩率的重要条件。冷却定型时间取决于鞋底的厚度，时间过短会使产品变形，过长则使生产效率降低，并可能使脱模困难，制成品内产生脱模应力。下面分别以注塑和注胶为例进行说明。

1. 注塑

注塑多采用多工位的圆盘式注塑机来完成。注塑时首先将套好铝楦的楦模（阳模）底边棱与底模（阴模）口紧密对齐吻合，然后将预热好呈熔融态的料液挤压注入模具型腔。熔融状态的材料迅速将聚氨酯胶膜熔化从而相互溶合，在保压冷却后，鞋底与帮套通过黏合层的固化而胶结。

在注塑模具中设有溢料孔。当模具型腔被注压满后，多余的料液从溢料孔处挤出，触动微动开关使注塑停止。注塑嘴离开模具的进料嘴，圆盘转动一定角度，此时第二个工位上的模具到位，注压机筒向前推进，使注塑嘴插入底模模具的进料嘴中，进行注塑过程。依次循环，在不同工位完成套楦、注压、脱楦的工序。

2. 注胶

注胶采用注胶机来完成。注胶时首先将套好铝楦的楦模安装在注胶机上，底模合模，楦模下落与底摸紧密吻合。注胶机的注压嘴插入底模模具注胶孔内，加压将胶料注入模具型腔。充满模具型腔后多余胶液从溢胶孔挤出，顶动微动开关使注胶停止。胶料在模具型腔中硫化，按设定的硫化条件，控制打开底楦，使楦模上升，然后脱模出楦。

四、产品缺陷及质量分析

在注压成型过程中，用于原辅材料、配方、设备、模具结构及多种工艺因素的影响，制成品常会出现一些质量问题，造成物理力学性能下降或外观造型有缺陷等现象。

（一）成型不足

成型不足主要表现为鞋底底纹不清晰或料液未充满模具型腔，严重时表现为缺料。产生的原因：

① 供料不足。

② 模具排气孔或溢料道设计不当，胶料温度不够。

③ 注入推进压力不足。

④ 螺杆或柱塞杆保压时间太短。

（二）收缩凹陷

收缩凹陷是指在注射口处、外底周边、后跟甚至整个外底表面出现凹陷不平的现象。产生的原因：

① 料温过高，模具温度过低。

② 保压及冷却定型时间不足。

③ 模具设计不当，厚薄相差太大或溢料。

（三）飞边、跑料

注压过程中，料液从模具缝隙中溢出称为跑料或飞边。产生的原因：

① 注射压力过高。

② 料量过多或料温过高。

③ 模具精度不够、楦模与底模配合不当或者模具变形。

④ 锁模力量不足。

⑤ 内底与模具子口配合不当。

⑥ 鞋帮结构或结合工艺不当。

（四）成品变形

产品变形指脱楦后的产品外观不平整，轮廓不分明，短时存放后出现翘、歪、扭等现象。产生的原因：

① 冷却定型时间过短。

② 脱楦太早或方法不当，脱楦后存放方式不正确。

③ 成型后烘干定型不够。

④ 注胶欠硫时也会发生变形。

（五）鞋底内有气泡

鞋底内有气泡，外观看有凹坑，有的外观不明显，但剖开时能见到空洞。产生的原因：

① 注压时温度太高，材料产生分解反应。

② 材料含水量大。

③ 注入时带进空气或模具排气不好。

④ 保压时间不足。

（六）出现水印

水印即料流痕迹十分明显的现象。产生的原因：

① 模具设计不当，如注射口位置不当或注射口尺寸过小。

② 温度控制不当，应适当提高料温及模具温度。

（七）开胶

帮与外底之间黏合强度不够，导致帮底分离或部分裂开。产生的原因：

① 帮脚砂磨起毛不符合要求。

② 黏合面不清洁，胶粘剂未涂匀或涂胶后停放时间过长。

③ 注塑温度过低。

④ 起模不当。

⑤ 注胶欠硫。

（八）断帮

鞋帮在帮底结合处断裂。产生的原因：

① 模具子口的压条过于锋利。

② 楦模下降高度过大。

③ 内底过大，与模具配合不当。

④ 楦模压力过大。

⑤ 鞋帮结构设计不合理。

（九）焦点、底面发黏或帮茬外露

注压鞋的底面上出现可以直接观察到的有烧焦似的斑点叫作焦点。在底面上出现鞋帮脚的茬痕或茬边叫作帮茬外露。底面发黏是指注胶鞋鞋底发黏，抗张强度降低。产生的原因：

① 欠硫、过硫会造成注胶鞋鞋底发黏。

② 出现焦点是由于胶烧或注压筒内温度太高，胶料滞留时间过长引起注压材料分解。

③ 鞋帮与内底结合不牢，被料液冲开揭起；楦模不正、底料设计得太薄，不能压住帮脚，都会出现帮茬外露。

④ 拉线成型时未能拢紧，使料液进入楦与帮脚之间，顶起帮脚外露。

以上简要介绍了在注压过程中容易产生的质量缺陷。在生产实际中，要仔细分析产生问题的原因，采取不同的解决措施。

[思考与练习]

1. 注压工艺的原理是什么？有何特点？

2. 注压用原材料有哪些？所制成的外底各有何优缺点？

3. 了解注压工艺中使用的配合剂及其作用。

4. 了解注压机的工作机构及其作用。

5. 掌握注压工艺中常出现的缺陷及原因。

第四节　硫化组合工艺

[知识点]

□ 了解常见的硫化方法。

□ 了解硫化工艺常见的质量问题及其成因。

[技能点]

□ 掌握硫化工艺的加工流程。

硫化工艺是利用橡胶热硫化定型的原理，将生橡胶经过塑炼、混炼、出型等工艺制成橡胶坯料，鞋帮经过缝中底、套楦、粘围条、粘底和进入硫化罐硫化等一系列工艺性加工，在热量及压力的作用下，帮底牢固结合。

硫化工艺具有生产效率高、生产成本较低、劳动强度低、机械化程度高的特点。其产品性能具有胶鞋的特色，外底柔软，防水性好，透气性较差，帮底易变形。由于硫化工艺过程比较粗糙，一般多用于生产低档产品。

一、硫化前的准备

硫化前的准备工序主要包括胶料及其出型、胶浆和帮套的准备。

（一）胶料

与注胶鞋、模压鞋的胶料一样，硫化鞋的胶料也需要经过塑炼、混炼并返炼出型。另外，由于硫化鞋各部位受力不同，质量性能要求也不同，故硫化鞋各部件胶料的配方设计要针对不同情况而予以改变。如内围条、底心所受的强力很小，因此含胶量很低甚至可以全部用再生胶，相反，外底要求耐磨、高强力，因此要求含胶量相对要高一些。

（二）出型

将混炼好的胶料在压延机上压出所需要规格的部件叫作出型。例如，外底的厚度、形体和花纹，内胶条的厚度和宽度、外胶条上的压道印等，注意对同一批产品的外底要压出相同规格的厚度、形体和花纹。

（三）胶浆

硫化鞋所使用的胶浆有黑胶浆和白胶浆两种。

当内底采用轻革，或者在内底上衬有保暖材料时，胶浆不易透过内底表面渗到表层，此时可以选用黑胶浆，它与注胶鞋、模压鞋使用的胶浆相同，是用炭黑做填料配制而成的。当使用织物材料做内底，或者用于白色或浅色鞋时，黑胶浆会渗到内底表层使内底布变黑，因此多选用白胶浆，白胶浆一般是用白炭黑等填料配制而成的。黑胶浆和白胶浆都属于天然胶粘剂，黏合力不高，只是起到暂时性的固定作用。

（四）鞋帮套的准备

硫化鞋与模压鞋的帮套相似，区别在于硫化鞋都使用中底，采用缝帮套楦即排楦成型的方法。具体操作方法可参照模压工艺中的相关内容。做好的鞋帮套直接套在铝楦上，以备下道工序使用。

需要说明的是，由于硫化工艺是在高温高压下硫化定型的，因此帮面、帮里、主跟、内包头及内底均需选用耐高温的材料。

1. 鞋帮的准备

在制帮过程中，除绒面革外，采用其他正面革制成的鞋帮在帮底结合部位都要进行砂磨处理，以便于黏合牢固；在与内底缝合的部位上，要进行片边处理，片宽 3～4mm，这样在缝合后不会产生较大的棱埂。另外，在帮脚前后端点还要标定缝合的标志点，便于与内底正确缝合。根据具体情况也可在其他部位标定缝合标志点。

2. 内底的准备

由于采用缝帮套楦法，故内底材料要求柔软。可选用帆布、复合布或纯铬鞣的天然底革。采用天然底革时需要片压茬边：片宽 8mm，边口留厚 1mm。

内底尺寸的大小依据成鞋式样、结合牢度、材料及加工工艺等因素而定。通常有三种

形式（以楦底尺寸为界）：一种是小于楦底边缘 3～4mm；另一种是与楦底大小相等；还有一种是大于楦底边缘 1～2mm（图 7-4-1）。内底尺寸的不同决定了内底与帮脚缝合处在楦上的位置各不相同，故处理底口时所用的方法也不相同。

图 7-4-1 硫化工艺帮脚与内底结合位置

对应于缝制好的鞋帮，应在内底的相应位置上标定缝合标志点，避免发生缝合错位。

3. 主跟、内包头的安装

在帮底缝合之前，要先装好主跟和内包头。为了便于缝合套楦，常采用柔软且弹性好的材料做主跟、内包头。另外，由于硫化鞋没有绷帮工序，这些材料不易定型，套楦后表面不平伏，所以需要使用胶粘剂黏合。

4. 帮底缝合

将帮脚与内底按照标定的标志点对齐后进行缝合。一般由后缝处开始，缝到前尖部位时，用镊子或拨锥使帮脚皱褶均匀分布，以便排楦成型。缝合时距边 2～3mm，针码密度为 3～3.5 针/cm。

5. 套楦整理

硫化鞋生产中使用铝楦。首先核对鞋套与铝楦尺码是否相符，然后在楦体上撒上滑石粉，最后通过手工或机器将鞋套套在铝楦上。

套楦后要进行修饰整理，包括系带、消皱、敲平等工序。耳式鞋要系好鞋带。帮脚及底棱以上 10~15mm 周边处，特别是前尖部位，需用烙铁熨烫消除褶皱。要剪齐敲平帮底合缝茬。

6. 检验

套楦后必须及时逐双检验，发现问题及时修正，以降低次品率。

检验项目有端正度、牢度、对称度等。端正度检验套好的鞋帮前端中点是否与楦体前端中点重合，后帮合缝是否与楦体中心线重合等；牢度检验包括后帮合缝的缝线及帮脚-内底的缝合线是否有断裂现象；对称度则检验同双鞋各部位是否对称一致。

二、硫化鞋粘制工艺

（一）涂刷胶浆

1. 刷胶注意事项

刷胶前先要根据材料性质选好黑胶浆或白胶浆，然后净化黏合面；刷胶时不能刷到砂磨面以外；对于绒面革不能让胶浆沾污鞋面；刷子要垂直，用力来回刷几次，使胶浆充分渗透到纤维层内，并防止胶浆漏刷或堆积；刷胶后，要保持黏合面清洁无尘。

2. 刷胶方法

刷胶必须刷两遍。第一遍要求胶浆稀一些，便于渗透；第二遍要求胶浆浓度较大，以增强黏合力。第一遍胶刷完要晾 15~20min 至"指触干"，然后刷第二遍胶，晾 20~30min 后，再进行粘底。

（二）粘底

1. 填底心

填底心材料要与外底材料一起参与硫化反应，故要选用同类型材料，一般使用再生胶片。将再生胶片裁成底心形状，厚度与底心凹度相同，再进行黏合填平即可。也可裁成厚度小于底心凹度的底心形状，然后在胶料中加入发泡剂，硫化后底心材料发泡膨胀填平底心，并使内底富有弹性，穿着舒适。

2. 粘围条

（1）作用及方式　粘围条可以掩饰帮脚褶皱，增加鞋帮与中底的结合牢度，改善成鞋的防水性能，为黏合外底打下基础，起到承上启下的作用。

当内底尺寸小于或等于楦底尺寸时，要粘内围条和外围条；内底尺寸大于楦底尺寸，只粘外围条即可（图 7-4-2）。

（2）方法　需要粘内围条时，将胶条平粘在帮脚四周缝合线以外的部分，一般从腰窝内怀处粘起，接头处要重叠 1.0~1.5mm，然后再粘外围条。外围条与假沿条相似，其厚度为 3~4mm，宽度为 6~8mm，粘在楦底口的侧面，与内围条垂直相接或包过底棱。

（3）整理美化　粘围条时，胶条与帮脚、填底心材料之间不可避免会存在空隙，空隙中残存的空气会降低黏合强度，造成硫化开胶。因此在粘完胶

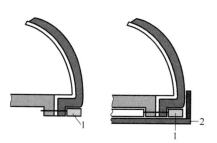

图 7-4-2　粘围条示意图

1—内围条　2—外围条

条后，要用滚压轮在胶条上进行滚压，排除空气。最后再用花纹滚轮滚压一遍，压出清晰的花纹以增加成鞋美观性。

3. 粘外底

粘外底是将经过压延出型的外底复合粘贴在中底之上。

黏合外底前，需用少量汽油刷于外底的黏合面上，一方面可以清洁黏合面上的油污、灰尘等，另一方面还可以将外底的黏合面表层溶解，增强黏合力。

粘外底时要粘正，使沿条（外胶条）四周边缘宽度相等，并在专用设备上将外底挤紧合严，使外底与中底之间无空气残留。外底黏合后，要按照设计要求对外底进行修整。

由于在压延时具有方向性，故硫化鞋的胶料在压延后纵横方向的性能也不同：横向的强度小，伸长率大，而纵向则恰恰相反。所以在外底出型时，胶料必须要沿纵向一致下裁。

4. 检验

经过上述各工序的加工，即将进入硫化工序前，应严格进行逐双检验，不符合要求的及时予以返修，防止其流入下道工序。检验完毕后将鞋挂上铁架等待硫化。

三、硫 化 工 艺

硫化是橡胶最普遍的加工过程之一，在硫化过程中发生着极复杂的物理-化学变化。通过硫化，橡胶的性质有了根本性变化。原来的长链分子变成立体网状分子，从而使塑性的未硫化胶变成高弹性的硫化胶，获得良好的物理力学性能，制成的鞋底耐磨且强度高。

硫化过程是硫化鞋生产工艺中最关键的工序。它是在硫化罐中进行的，一般称为罐法硫化。

（一）硫化设备

硫化罐（图7-4-3）是生产硫化鞋的专用设备。从外形上看，硫化罐是一个卧式筒形容器，一端带有封盖，可承受一定的压力，故封闭性能好。罐的上部安装有安全阀、温度计、压力表等仪器仪表，用来监测硫化过程中的各项指标数据的变化；罐的底部有铁轨与罐外轨道相连接，挂鞋铁架可沿轨道被送入罐中，在罐中设有固定装置使铁架不能与罐壁相接触；罐内设置的供热系统有双壁、单壁和单壁蛇管等三种形式。双壁式硫化罐靠双壁内通过的热蒸汽增加温度，单壁式硫化罐靠直接通入的热蒸汽来增加温度，而单壁蛇管式硫化罐则靠蛇形管内通过的热气增加温度；罐壁上还有进气管和排气管等装置，用来输入、输出压缩空气。

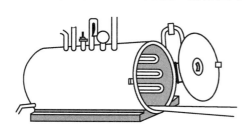

图 7-4-3　硫化罐

硫化罐上安装的各类仪器仪表和其他阀门器件，要经常检查其灵敏度，以免发生意外事故。

（二）硫化条件

温度、压力和时间是贯穿于整个硫化过程中的三个重要条件。

只有在一定的温度下，胶料才能硫化，使塑性降低、弹性增加。在相同条件下，温度越高，硫化时间则越短。实践证明：硫化温度每上升 10℃，硫化时间则缩短一半，温度的升高使生产率得到了提高；但是过高的温度会使鞋面革的性能大幅下降。温度高于皮革的临界收缩温度越多，鞋帮面革的破坏率就越大。温度太低时硫化时间太长，又会影响整个生产周期。

硫化罐内要施加一定的压力。因为胶料在温度升高后体积膨胀，此时如果不加压或压力不足，制成品中将会产生气孔，严重影响产品的外观和穿用效果。

综上所述，在生产实际中要把各个技术经济指标进行综合平衡来确定硫化的最佳温度、压力和时间。

目前常用的硫化温度控制在 105～114℃，压力控制在 0.3～0.4MPa，时间为 60～80min。

（三）硫化方法

硫化鞋在罐内进行硫化时，可分为热空气硫化法和混气硫化法。

1. 热空气硫化

在硫化罐内有由蒸汽管散热所提供的热量和由进气装置所提供的压缩空气。这种硫化方法的优点是可使成品鞋鞋底外观色泽光亮、平滑美观，鞋面干净无水渍。缺点在于硫化罐内存在大量氧气，会使胶料发生氧化反应，面革中的水分、油分散失过多，降低了鞋底和帮面的强度。

2. 混气硫化法

混气硫化法是直接将热蒸汽压入罐内，通过循环装置使罐内各处温度均匀。其优点是由于饱和蒸汽中含氧量极其微小，减少了胶料的氧化反应和面革中水分、油分的蒸发，从而使胶料和面革的物理力学性能比热空气法有所改善。缺点是采用混气硫化时，由于有大量的冷凝水滴在鞋上形成水渍，水渍影响了皮鞋的美观和光泽，胶底的外观光亮度也较差。

因此，目前硫化皮鞋生产多采用热空气硫化法。

（四）硫化操作

1. 检查、预热

在皮鞋进罐之前，必须先对硫化罐进行预热。操作步骤为：检查压力表、温度计、进气阀和排气阀→关闭罐盖→关闭排气阀→放入压缩空气→排出冷凝水→开放蒸汽阀升温预热，使罐内温度达 90℃→关闭蒸汽进气阀→打开排气阀，将罐内压力降至零→开启罐盖。

2. 进罐硫化

硫化操作步骤为：将挂鞋铁架沿轨道送入罐内→关闭罐盖、拧紧螺丝→打开蒸汽阀加温→同时压缩机向罐内加压→观察压力表达到规定数值→关闭压缩机进气阀→观察温度计升温至 110℃→开始保温 45～50min→逐渐降温至 90℃，硫化工序完成。

在硫化过程中操作人员要仔细观测，记录升温、保温、保压时间参数，发现问题及时反映，避免发生事故。

当采用混气硫化时，排气阀要稍微打开一些，以排除冷凝水。要测定硫化罐内各部位温度，以保持平衡，避免温差过大。

3. 出罐出楦

出罐的主要步骤有：在硫化结束后，关闭蒸汽进气阀→使硫化罐内的气压降至零→开启罐门→将铁架拉出罐外→排风冷却。

硫化后的鞋在室内常温下放置 12～24h 后再出楦。

四、硫化鞋常见的质量问题

硫化鞋常见的质量问题包括欠硫、过硫、内胶条开裂、鞋口门破裂等。生产中要仔细分析，具体情况具体对待。

（一）欠硫与过硫

1. 欠硫

指胶料尚未达到硫化点而未能完全硫化的现象。产生的原因：

① 混炼胶料不合格，胶料配方设计与硫化条件不相符。

② 温度、时间控制不当。

2. 过硫

指胶料在达到最佳硫化点后继续升温延时，胶底的各项理化性能显著下降的现象。产生的原因：

① 混炼胶料不合格，胶料配方设计与硫化条件不相符。

② 硫化罐控制温度系统失灵。

③ 硫化过程未严格执行操作规程。

（二）内胶条开裂

产生的原因：

① 鞋帮漏刷胶粘剂，鞋帮砂磨起毛不匀。

② 黏合面不洁净或帮脚与胶条、胶件之间留有空气。

③ 滚轮滚压不匀、不足。

（三）鞋口门破裂

产生的原因：

① 面革含水量低、变脆，出楦过早或方法不当。

② 帮结构设计不合理，缝线针距过小。

[思考与练习]

1. 硫化皮鞋有哪些优缺点？

2. 试述如何制备硫化鞋的帮套。

3. 硫化鞋如何粘制装配？

4. 试述罐法硫化的加温方法。

5. 试述硫化鞋的硫化操作过程。

6. 硫化过程中应注意哪些事项？为什么？

7. 硫化鞋常见哪些质量问题？应如何解决？

第八章

成鞋的整理、修饰、检验、包装及储运

　　成鞋还需要进行整理加工，以提高产品的外观质量；再经过成鞋的质量检验，方可进行包装。由于皮鞋是一种与季节密切相关的消费品，皮鞋生产企业都是在产品的消费季节来临之前，提前安排好产品的开发及生产，因此，在产品上市之前，一般还有一定的存放时间。

第一节　成鞋整理

[知识点]
　　□ 掌握整理加工的操作内容。
　　□ 掌握不同整理工序的操作质量要求。

[技能点]
　　□ 能根据工艺要求完成相关整理工序的操作。

　　胶粘皮鞋的整理工序包括冲修鞋里、补伤、摸钉和平整钉孔、鞋口整型、粘贴鞋垫、去污、熨烫加工等。

一、冲修鞋里

　　在设计冲里工艺的鞋里时，为方便绷帮成型，使后帮上口平齐并达到预定的高度，一般在鞋帮里上口都留有一定余量的鞋里，用来钉规帮钉。在脱楦后进行成鞋整饰时，必须冲去多余的帮里。

　　在冲修鞋里时，要确保鞋里相接平齐，冲切和修剪的鞋里边口与鞋帮上口缝线之间的距离应保留 0.8～1.0mm，皮里冲切的边口距鞋帮边缘 0.3～0.5mm（图 8-1-1）。

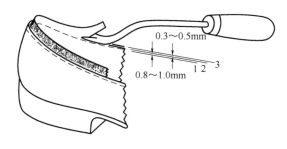

图 8-1-1　冲修鞋里
1—鞋帮缝线　2—里皮冲修边口　3—鞋帮上口

　　冲修鞋里操作时，将鞋平稳放于工作台面上，一只手拉住冲切的鞋里，另一只手握住冲里边刀，起刀朝前方用力，边冲切边沿着鞋帮转向，直到冲切完毕。冲修鞋里操作也可以使用冲鞋里机进行。

　　注意事项：严防冲坏鞋口、滚口或缝帮线。

二、补　伤

在皮鞋生产过程中手工和机械操作可能会造成帮面脱色、裂浆、划伤、砂伤、硌伤等外观缺陷，在成鞋整饰工序中要进行修补。

① 表面轻度伤残：首先用细砂纸磨平伤残处，然后用画笔蘸涂饰剂进行涂饰，或上色烫蜡，接着再用细砂布砂平修补部位，最后抛光复原。

② 深度伤残：如皮纤维外露，或底沿、皮跟侧面有缺陷露孔等。首先用砂布磨平缺陷边缘或伤口处的纤维，然后用烙铁蘸取松香蜡烫补伤口，接着涂刷涂饰剂，烫蜡砂平后抛光。

三、摸钉和平整钉孔

绷帮时采用打钉的方式将内底固定在鞋楦底盘上，如果忘记拔钉，既妨碍后续出楦，又会给穿鞋者造成伤害，必须用手摸钉，严格把关清除危害。如果发现遗钉，用拔钉钳将遗钉拔出。如果固定时采用圆钉，需要钳住钉杆摇动，将钉孔弄大，然后拔出圆钉。如果采用 U 形钉，则需要先将一个钉脚剪除，然后钳住另一个钉脚拔出。

拔钉后，内底上会留下钉孔，使内底面凹凸不平，如不做处理会导致穿用时硌脚和磨损袜子。一般使用竹板推擀的方法将不平整的钉孔擀平，然后用毛刷刷净钉孔皮屑。

四、鞋 口 整 型

鞋口整型即对后帮鞋口进行定型处理，在脱楦操作的过程中，由于鞋楦底部宽度和长度明显大于鞋口部位，致使脱楦后的皮鞋鞋口发生变形。鞋口整型处理，可以把鞋口和后身部位的变形恢复到脱楦前的状态。

鞋口整型可以采用鞋口敲平和模压定型两种方式。鞋口敲平采用敲平机，将鞋口置于锤头和锤座之间移动，对鞋帮及鞋口边缘进行敲打和熨平；模压定型采用鞋口定型机，将需要定型的部位放在特殊的冷模或热模中，经过加热（或冷却）、型腔加压等处理后，使鞋里、帮面及主跟等更加紧密地结合在一起，避免出现"敞口"现象，使鞋口恢复如初，并使鞋型更加美观和适用。

五、粘 贴 鞋 垫

为遮盖内底上的轻微伤残、钉孔、钉帽和合成内底的粗糙外观，提高鞋的穿着舒适性，美化外观，需要在鞋腔内粘贴鞋垫。

1. 鞋垫的种类

从形体上看，鞋垫有整垫（满垫）、大半垫、后跟垫；从材质上看，鞋垫又有底革垫、面革垫、海绵垫、仿革垫、纤维垫之分。

2. 鞋垫的规格

① 采用天然底革内底的满帮鞋多使用半垫或大半垫。半垫的长度为脚长的 26%～30%；大半垫的长度则为内底后端点至距趾线后 10～15mm。

② 代用材料内底一般都使用满垫。满帮鞋的满垫长度在前尖部位要小于内底 1.0～1.5mm；距趾部位以前的宽度等于或略小于内底 0.5mm；腰窝外怀部位要大于内底 1.0～2.0mm，腰窝内怀部位要大于内底 3.0～4.0mm。

③ 凉鞋的内底经过了包边，鞋垫尺寸要小于内底周边 1.0mm。

④ 如果鞋跟装配钉露于内底面时，为提高穿用的舒适性，应在鞋垫下粘贴用薄海绵、单面绒、帆布、里革等材料制作的衬垫。衬垫尺寸小于内底后跟 4.0～5.0mm，长度根据衬垫部位的需要和设计者的意图来确定。衬垫边棱必须平伏，以免影响鞋垫表面的平整度。

3. 烫印商标

鞋垫上一般都印制有产品商标，有些还印制生产企业或国别。印制部位一般都在腰窝部位或后跟部位。字或图案从后跟方向看是正字；或字体从鞋前方向鞋跟方向排列。

4. 粘贴鞋垫操作

先在鞋垫后跟部粘贴衬垫材料，如泡沫海绵、轻泡片等，衬垫材料要比鞋垫的后跟四周小 4mm，周边片斜坡状；在鞋垫的内层刷胶或使用双面不干胶，将鞋垫贴进鞋内（二维码 8-1）。如果鞋腔前掌处不平不挺，需用刮尺将鞋垫推平贴伏。

二维码 8-1
粘贴鞋垫

粘贴鞋垫时要粘正、粘牢、粘平整；同双鞋垫色泽、粒面粗细对称一致；商标图案清晰，手摸不易掉落。

六、去　　污

在皮鞋生产过程中，各种操作或机械加工都会在帮面及帮里上或多或少地留下污渍或加工的痕迹，这些痕迹对成鞋的外观有着不良的影响，必须在去污工序中去除。

① 滑石粉：用刷子刷去。

② 糨糊：用软布蘸清水擦拭。

③ 余胶：用生胶块或用软布蘸有机溶剂擦拭。

④ 油渍：用软布蘸汽油擦拭。

⑤ 水银笔迹：用软布蘸丙酮擦拭，或用专用清洗笔去除。

⑥ 白色或浅色帮里上的污物：用毛刷蘸草酸刷洗。

⑦ 绒面革帮面上的糨糊、胶渍：用铁丝刷或细砂布砂磨，然后撒上相应的鞋粉。不得损伤帮面，不能造成明显的修复痕迹。

七、熨烫加工

帮面如果有轻微皱纹、帮面不挺、压痕等，或者鞋里有褶皱，鞋帮边缘处有帮皱不平等现象，需要用烙铁熨平、烘烤等方法进行整修加工。

烙铁温度一般控制在 80～90℃，不能烫焦帮面。在使用烙铁时，应先用烙铁蘸一下蜡饼或鞋油，确保在熨烫过程中不损坏帮面。除了黑色面革使用黑色蜡饼外，其他颜色面革均使用白蜡饼。

整烫鞋里时，在被烫部位先刷些清水，烙铁上不能有污染物质，应尽量擦干净后再整烫。如果主跟处鞋里被胶粘剂粘实，难以烫平，应该先在被烫部位周围用钢针挑松，再刷水整熨。

帮面如有轻微松面、干燥定型不足、塌软不挺实等缺陷时，可在相应部位刷水然后烘烤；或将烙铁加热到80℃左右，蘸蜡烫烙；也可以使用填充性处理剂进行表面填充。

帮里和帮面黏合不牢、不到位，有脱壳脱层现象时，可以使用注射器，由鞋里方向注入封帮胶填充黏合。

[思考与练习]

    1. 冲里的要求是什么？

    2. 不同程度的伤残该如何补伤？

    3. 为什么要进行鞋口整型？整型的方法是什么？

    4. 鞋垫的种类和规格分别有哪些？

    5. 如何进行帮面去污？

    6. 成鞋熨烫加工如何进行操作？

第二节　成鞋修饰

[知识点]

    □ 掌握常见的修饰工序的种类。

    □ 掌握不同修饰工艺的操作目的和注意事项。

    □ 掌握不同修饰工艺所用的材料特点及操作手法。

[技能点]

    □ 掌握常见的修饰工序的操作方法。

    □ 能熟练使用修饰工具和设备。

    □ 能根据成鞋要求选择合适的修饰方法。

修饰也叫后整饰或后处理，是指对成鞋整体表面进行修饰，改善皮鞋光亮度和手感的工艺过程。

修饰常用的材料有清洗剂、填充剂、光亮剂、蜡块、鞋油等。修饰一般分为清洁、帮面上色、填充、上光、抛光等。修饰的工艺和工序不是一成不变的，需要根据皮革的特点和所要达到的效果，按照实际需要选择合适的修饰材料和工艺方法。

一、帮面清洁

1. 清洁的目的

后处理工序中多使用清洁剂对帮面进行清洗，除去帮面的水银笔线、溢胶、油污及帮面上的蜡感剂、手感剂和其他杂质等，使粒面和毛孔清晰，确保帮面修饰的顺利进行，保证成鞋修饰质量。

2. 清洗工具

清洗工具一般有海绵、棉布和刷子。海绵和棉布的吸附性好，刷子清洁力度大，但棉布容易在帮面上留下细小绒头。在使用时应视具体情况灵活选用，比如轻涂饰皮革（如全粒面、苯胺革）用海绵较好，重涂饰皮革（如修面革）则使用棉布或刷子为好（二维码8-2）。

二维码 8-2
帮面清洁

3. 清洗剂种类

后处理操作时，需要合理选用清洁剂。一般情况下，浅色皮鞋应选择柔和型清洁剂，以防止清洗时掉色；对于涂饰层较重的皮革（如修面革），则适合强力型清洁剂，以利于后续处理剂的渗透和结合；对于较难清洗的污渍或后处理返工的帮面，应选用强力型或超强型清洁剂；特殊皮革类（如漆皮）应选用专用型清洁剂。

常用的清洗剂主要分为水性清洁剂和溶剂型清洁剂两类，按形态分为液体和膏乳状两种，按清洁力度又可分为柔和型、通用型、强力型和超强型等。

① 水性清洁剂：对帮面涂层无不良影响，可以有效清除帮面的污渍、油渍、汗渍及水银笔迹。

② 溶剂型清洁剂：主要用于漆革、修面革等鞋类，可使去污后的表面具有一定的自我防护功能，表面上也不易留下指纹、汗液等。

另外，还有一些专用型（如漆革清洁剂）和复合型（清洁填充双效合一、清洁扩充双效合一）的清洁剂、扩充剂等。清洁扩充剂中含有特殊的表面活性剂成分，可以舒展和扩张毛孔，以利于下道工序涂饰剂的渗透和结合，并能增强粒面的清晰度。

有的清洁剂不适合某些皮革如苯胺革的特殊要求。因此在使用前，必须仔细阅读有关清洁剂的使用说明，避免产生质量问题。

4. 清洗工艺操作注意事项

① 清洗时的力度要均匀一致，避免出现色差，色差不利于后续加工，严重的还会影响成鞋的外观质量。

② 涂擦清洁剂后，皮面不能遗留太多清洁剂，否则干燥后会留下痕迹和斑点，给以后的填充操作增加困难。

③ 清洗工具要干净，不能掉杂质；盛放清洁剂的容器口径不宜过大，停工时应立即盖上，以免落尘污染和清洗剂过度挥发。

④ 清洗皮革帮面时，先使用溶剂型清洁剂，还需要使用水性清洁剂清洗。因为使用溶剂型清洁剂后，不能直接喷水性填充剂、光亮剂，否则容易出现表面涂层发花、发白、结合不牢等现象。同时，溶剂型清洁剂也不具备滋润帮面和扩充毛孔的性能。

⑤ 对于修面皮革和重涂饰的鞋面革，在清洗时需要使用强力清洁剂，因为鞋面革的涂饰层很厚，不利于填充剂、蜡水等材料的渗透和结合，需要强力型清洁剂在一定程度破坏涂层。

二、帮面上色

皮革存在色差，为了皮鞋帮面色彩美观一致，在必要时可使用色浆、着色剂或喷涂剂实施喷涂上色。对帮面的着色，应根据工艺要求配色，达到美观、耐折、防霉、不脱色的效果。

三、帮面填充

1. 填充的目的

① 清除皮革表面的细小皱纹，使鞋面更丰满紧实。

② 填充毛孔、粒面，使皮面更平滑细致，改善帮面局部松面和鞋里粗糙的现象。

③ 有利于增强后续修饰层的黏合力。

④ 提高亮度，增加色度。

⑤ 缩小部位差，使鞋面均匀一致。

⑥ 提高鞋面的耐磨性。

2. 帮面填充的材料

填充剂有连接皮革纤维和后处理涂饰层的作用，渗透能力和黏合力强，成膜极软，耐曲挠性和耐气候性好，在此基础上再喷光亮剂，可得到更好的防寒裂效果。常用的填充剂材料有水性填充剂和填充蜡两种。

① 水性填充剂：是一种具有渗透和填充效果的材料，对处理表面有遮盖效果，使处理后的皮革表面更加自然、饱满。

② 填充蜡：是粗蜡质的蜡块，能够填充皮革表面上的毛孔，使皮面顺滑。

使用时，将蜡块靠在抛光机布轮上，蜡块受热后黏附在布轮上，对皮鞋表面进行填充和抛光（二维码 8-3）。布轮转速为 800～1000r/min。

二维码 8-3
抛光机抛
涂填充蜡

3. 填充工艺方法与注意事项

填充的方法有手涂和喷涂两种。

① 手涂填充：节省材料，操作简单，利于渗透。但手涂操作劳动强度大，涂层不够均匀，容易出现刷痕、颗粒，缝隙部位不易刷到。

手涂填充时用力应均匀，使用棉布、天然海绵，不要停顿或往复涂刷，涂刷工具应勤洗或更换，以免出现颗粒（二维码 8-4）。

② 喷涂：比较均匀，容易改善粗糙粒面，在某种程度上可适当增强皮革厚度，皮面不易出现颗粒。但浪费较多，污染较严重。

二维码 8-4
手涂填充剂

在喷涂饰剂时，必须注意先用气流吹去鞋面上的落尘，再根据鞋面革的部位差调整喷涂量的大小，以减少部位差，如皮面粗糙部位多喷，使鞋面整体达到一致（二维码 8-5）。喷涂后不应干燥过快，避免出现未完全渗透就已经干燥，造成毛孔发白、与皮革纤维结合不牢的不良后果，因此烘干温度不可太高。

用喷涂法喷填充剂或蜡水时，应防止出现流浆。轻微流浆应立即局部处理，用干净丝袜蘸少量水性清洁剂将流浆擦去，注意清洁范围不要太大，然后再补喷填充剂或蜡水，以达到改善缺陷的目的。流浆严重的则需返工，彻底清洗后再重新喷涂填充。

二维码 8-5
喷涂填充剂

四、上　　光

此项操作的目的是提高成鞋表面的光泽，使皮面产生光亮、透明度和柔软性。

1. 上光的主要材料

上光材料叫上光剂，主要有水性和油性两种，水性上光剂一般为乳剂，上光效果柔和自然；油性上光剂为溶剂型，渗透力强，亮度高。常用上光剂有以下几种：

① 渗透性乳蜡：可使皮革表面的毛孔收缩，粒面更加细致，手感更加柔软。用棉布或天然海绵涂抹，与抛光蜡配合使用。

② 上色乳蜡：可使皮革表面的色泽更加均匀、柔和。用棉布或天然海绵涂抹，与抛光蜡配合使用。

③ 即亮乳蜡：是自亮型光亮剂，可提高皮革表面的光泽，改善手感。用棉布或天然海绵涂抹，与抛光蜡配合使用后效果更佳。

④ 蜡水：分遮盖型和透明型两类，但产品的品种却很多，适用对象也各不相同。主要用于改善皮革表面的光泽、手感及平滑性，还可以在一定程度上遮盖皮面的天然缺陷，并且对鞋面有一定的保护作用，防水防污，提高鞋面的耐摩擦、抗碰撞性能。一般采用喷涂的方法，但也可用棉布或天然海绵涂抹。

蜡水又可分为粉质型和成膜型两种。粉质蜡水由不成膜的树脂和蜡乳组成；成膜型蜡水所含的成分为成膜性强的树脂和蜡乳，一般光泽度高，常用于喷鞋头和后跟部位。两者的区别在于，成膜型蜡水脱落时呈片状，而粉质型蜡水脱落时呈细微粉末状，肉眼不易察觉。成膜型蜡水不可喷涂在鞋油面上，粉质型蜡水可在上鞋油之后使用。

⑤ 镜面亮光剂：是一种高光泽的光亮剂，主要用于鞋头部位的特殊处理。一般使用喷枪在极低的压力下进行喷涂，然后自然晾干。

⑥ 抛光蜡：适用于鞋面、鞋底和鞋跟表面处理，往往与其他表面处理剂配合使用，使用布轮或羊毛轮进行抛光处理。

2. 上光方法与注意事项

为了保证上光效果，一般采用喷涂机操作，喷涂微粒细，分布均匀，喷涂后进入烘道烘干。注意事项如下：

① 在喷蜡水前，应先检查蜡水是否有沉淀或杂质，必要时需要对蜡水进行过滤（过滤布应为 200 目左右），并用气流吹净鞋面杂质后再喷，以避免因杂质产生修饰颗粒；经常检查操作工具（喷枪、气管、喷台等）是否干净，不可掺杂油污或杂质，以免鞋面发花或产生修饰颗粒；喷涂蜡水要操作规范，注意调整气压和喷涂的扇面张角，根据皮面性质随时调整喷涂量大小，避免喷涂太重导致流浆；控制烘干温度（50~70℃），温度太高容易使鞋面发花发雾，温度太低又无法适时烘干。

② 严格控制涂饰工艺和规范操作，避免掉漆。引起掉漆的主要原因有：皮革表面油脂过重，清洁不彻底，导致鞋面与光亮剂黏着不牢；填充剂过少，渗透力不强，使得底层成膜不好，影响黏着力；鞋用后处理材料与制革涂饰用的化工材料不匹配，发生不良反应；修饰层过厚，对皮革表面的黏合强度下降。

③ 注意防止裂漆现象的发生。裂漆有常温裂漆和寒冻裂漆两种。

常温裂漆一般是油性光亮剂中的助软剂被鞋面吸收，降低了光亮剂的延伸性，导致涂层发脆，产生裂漆，常见于使用油性光亮剂处理后的移膜革鞋面。

寒冻裂漆是指在涂饰完毕后，在寒冷的气候条件下，鞋面自然或经手按压出现裂痕。产生寒冻裂漆的主要原因有：某些鞋面材料经高温压花后其延伸性及化学性能有所改变，使修饰层与皮革的延伸性不一致；鞋面皮革本身的涂饰层不耐寒；后处理使用的化工材料耐寒性差；修饰层太厚，导致耐寒性降低。

④ 注意防止出现发花现象。发花是指鞋面经过处理后出现花斑。造成发花的原因有：工具和设备中混有不相溶的水、油等物质，必须经常定期检查、清洗气泵和管道上的过滤器；皮面上的油脂、污渍的清洗不彻底；遇有某种特殊的鞋面革用常规方法难以清除花斑时，应考虑更改后处理工艺和材料。

⑤ 注意防止修饰层发白。这种发白是指修饰层出现白色雾状现象。造成发白的原因

有：喷涂光亮剂时鞋面革水分含量较高，干燥挥发的水汽凝聚所致；气候潮湿，空气湿度大；喷枪与鞋面距离太远，气压大；上道工序喷涂的修饰层未彻底干透；填充处理时干燥太快或填充剂喷得不够，使填充剂没有完全渗入皮革纤维内部；在喷油性光亮剂时使用的工具（如气管）、压缩空气等含有较多水分；在打蜡抛光时操作不当，未清光或清光不彻底等都会引起白雾。

二维码 8-6
上光操作

上光效果要有层次感，一般来说，鞋头和后跟部位选用成膜高光型蜡水，鞋身选用粉质型自然光蜡水，既突出头尾的亮度，又能保证鞋身自然与和谐的效果。对于休闲鞋，头尾不宜过分突出，适宜全鞋身共用同一种蜡水，应保证上光效果一致。

五、特殊效果处理

1. 具有特殊效果的表面处理剂

① 手感剂：改变皮革表面的手感（如油皮的油感、胶状手感等）。

② 防水剂：防水、固定皮料色泽。

③ PU/PVC 专用处理剂。

④ 柔软剂：皮革吸收后变软，防止绷帮、脱楦或排揎过程中帮面出现破裂。

⑤ 熨烫剂：在熨烫时，缓和与降低熨烫温度，消除表面轻微皱褶，防止高温灼伤皮革。

⑥ 硬化剂：处理"一刀光"产品的皮革断口，消除毛边，同时具有染色美化的效果。

⑦ 视觉效果处理剂：赋予皮革特殊的视觉效果（如仿古、做旧、擦色等效果）。

2. 擦色皮的后处理

擦色皮的擦色效果需要擦色蜡和布轮结合操作，在擦色完毕后，必须将鞋面的蜡屑清洗干净，清洗时必须注意不能洗去鞋面的颜色，洗净蜡屑后方可进行下道工序，否则会出现结合不牢、掉漆等缺陷。

3. 粒面过于粗糙的鞋面革的后处理

填充时应选择填充性能和遮盖性能好的填充剂，可先涂刷填充再喷涂填充。打填充蜡或擦鞋油时应多用一些以更好地填充毛孔，使粒面平整细致。对于特别粗糙的鞋面，可在涂饰前用优质填充蜡和布轮打磨，使皮革粒面收紧，再进行后处理操作。

六、抛　　光

抛光工艺是后期整饰处理的主要工序之一，利用抛光机对皮鞋表面进行整饰和打光，可以提高成鞋的外观质量。

抛光机结构简单，在传动轴端安装抛光轮即可，传动轴最好是无级调速以适应对不同材料的抛光，转速为 600～2500r/min。

抛光轮有多种类型，分别用皮革、合成革、布料、毛线等材料制成。抛光时应首先在抛光表面涂刷抛光剂、抛光膏等，然后用抛光轮反复抛光，使皮鞋表面呈现较强的质感。

在鞋面后处理末期，使用抛光机给鞋面上填充蜡，可以起到进一步填细毛孔，防水防污，保护皮革及后处理修饰层，增强蜡感和色泽，提高亮度，延长修饰层寿命等作用。

1. 填充蜡的使用

鞋头和后跟部位上蜡稍多以增强效果；上填充蜡时需要有一定的力度以保证填充效果；布轮的转速应该在 500～700r/min，转速太慢填充效果差，转速太快则容易损伤皮面；上蜡时应少量、多次，避免一次上蜡太多造成填充蜡堆积在鞋面上，并且用干净的布轮清除鞋面上多余的蜡屑。

2. 抛光操作

抛光时一般使用布轮，具有进一步清光（去除蜡屑）的作用，布轮转速为 300～500r/min（二维码 8-7）；若使用羊毛轮，一定要事先彻底清光，转速为 800r/min；上蜡时间要长，而抛光时间要短。

打蜡抛光时，应注意解决鞋面出现的黏毛现象。因为填充蜡、鞋油在布轮高速运转的作用下生热而变软变黏，很容易黏着布轮上的细小绒毛，应适当控制转速，并经常刷理修剪布轮。另外，如果布轮本身潮湿，细小的蜡粉会黏在潮湿的布轮上，极容易导致鞋面黏毛，需要及时烘晒或更换布轮。

二维码 8-7
抛光操作

3. 上光鞋油的使用

鞋油可起到滋润、保护皮革、防水、防污、护理皮革、增强色泽、提高亮度等作用。

擦鞋油宜采用划圈手法（二维码 8-8），不要来回擦，因为鞋油为乳状，往复来回式的涂擦易在帮面上擦出丝痕，而且不易擦均匀；擦完鞋油后，需要用干净的布轮干抛；布轮和操作工具应定时清洗或更换。

二维码 8-8
擦鞋油操作

七、鞋面修饰范例

1. 全粒面革

① 采用刷涂法，用水性清洁剂进行表面清洁。

② 用天然海绵刷涂蜡乳，晾干。

③ 使用中速（500～1000r/min）棉布轮上填充蜡。

④ 手涂或喷涂蜡水，晾干。

⑤ 上抛光蜡，在羊毛轮上抛光。

2. 修面革

选用作用缓和的清洁剂进行表面清洁，其余的与全粒面革相同，上填充蜡时力度要加大。

3. 压花革

① 手涂封底蜡。

② 使用中速（500～1000r/min）棉布轮打磨。

③ 采用刷涂法，用水性清洁剂进行表面清洁。

④ 手涂或喷涂蜡水，晾干。

⑤ 上抛光蜡，在羊毛轮上抛光。

4. 绒面革

① 根据绒面色差的大小，在绒面固定剂中配加一定的染料。

② 喷涂绒面固定剂，喷嘴压力 4atm，喷嘴直径 0.5～1.0mm。

③ 喷涂绒面手感恢复剂，喷嘴压力 4atm，喷嘴直径 0.5～1.0mm。

5. 软革、纳帕革

① 采用刷涂法，用水性清洁剂进行表面清洁。

② 用天然海绵刷涂高渗透性蜡乳，晾干。

③ 使用棉布轮轻轻打磨。

④ 再次刷涂高渗透性蜡乳，晾干。

⑤ 上抛光蜡，在羊毛轮上抛光。

6. 植鞣革

① 用天然海绵刷涂高封底性蜡乳，晾干。

② 上填充蜡，使用棉布轮打磨。

③ 手涂或喷涂蜡水，晾干。

④ 上抛光蜡，在羊毛轮上抛光。

7. 羊皮革

① 用天然海绵刷涂高封底性蜡乳，晾干。

② 上填充蜡，使用棉布轮打磨。

③ 喷涂光亮剂，晾干。

④ 上抛光蜡，在羊毛轮上抛光。

8. 漆革

① 用软布蘸漆革清洁剂在表面上"打圈"清洁。

② 快速干燥。

③ 干布清抹。

9. 白色革

喷涂白色革专用光亮剂，喷嘴压力 3～4MPa，喷嘴直径 0.5～1.0mm，无须抛光。

10. 仿古效应革

① 用天然海绵刷涂蜡乳，晾干。

② 使用中速（500～1000r/min）棉布轮，上少量的填充蜡，观察效果。

③ 用天然海绵刷涂封底蜡蜡乳，晾干。

④ 上抛光蜡，在羊毛轮上抛光。

11. 刷色效应革

① 用粗蜡、棉布轮将鞋面刷成褪色效果。

② 采用刷涂法，用水性清洁剂进行表面清洁。

③ 喷涂填充蜡，晾干 10～15min。

④ 喷涂光亮剂，晾干 10～15min。

⑤ 上抛光蜡，在羊毛轮上抛光。

12. 烧焦效应革

① 涂刷鞋乳，晾干 5min。

② 用马尾轮抛光。

③ 上烧焦效果蜡，用马尾轮擦成双色效果。

④ 喷涂光亮剂，晾干 5～10min。

⑤ 上粗蜡，用布轮抛光。

⑥ 上抛光蜡，在羊毛轮上抛光。

［思考与练习］

1. 成鞋整饰有哪些内容？

2. 掌握成鞋整理的内容及操作。

3. 掌握去污方法及操作。

4. 成鞋上光所用的材料有哪些种类？各有何用途？

第三节　成　鞋　检　验

［知识点］

□ 掌握成鞋检验的标准及对检验人员的要求。

□ 掌握成鞋检验的主要方法。

□ 掌握感官检验的主要内容。

□ 掌握物理力学性能检验的主要内容。

［技能点］

□ 掌握感官检验的具体操作。

□ 熟悉物理力学性能检验的具体操作。

在皮鞋整个生产过程中，操作工人要按照标准在每道工序之后进行自检，以便及时发现不合格的部件并防止其流入下道工序，同时下道工序对上道工序的部件也要进行质量检查即互检。在鞋帮总装、绷帮成型等某些重要工序之后的检验为半成品检验。

经过若干道工序，将各种鞋用材料加工成成品鞋，在包装储运之前即在出厂前必须进行一次综合性的质量检验，即成鞋检验，这是极为重要的一道工序，只有成品检验员签发合格证时（合格验印），才能作为合格产品出厂。

一、成鞋检验的标准及对检验人员的要求

（一）检验标准

成鞋质量检验应按国家标准或行业标准进行，出口鞋则应依据国际标准执行。当生产新品而无任何可依据的标准时，可由企业报请上级主管部门备案和批准后，自行制定质量检验标准，即为厂标。生产技术工艺规程和标样说明，都是产品标准的实施要求和说明。

（二）对检验人员的要求

质量检验是一门综合性技术，它要求质检人员具备深厚的专业知识和丰富的实践经验，熟练掌握设计及造型原理、皮革制品材料学、皮鞋工艺学以及设备等方面的知识，熟知生产工人的操作过程和技术水平，既要掌握生产设备条件，又要掌握人员技术条件。

质检人员不仅要耐心细致地把好产品质量关，而且要能够分析总结产生质量问题的原因，把发现的问题及时反映给管理人员和生产人员，让他们了解事故原因并提出改进意

见。同时质检人员还要与工程技术人员、生产组长密切配合，拟定提高产品质量的方案和技术措施，使产品的合格率不断提高。

二、成鞋检验的基本方法

成鞋检验方法有两种：即感官检验和物理力学性能检验。在鞋厂是以感官检验为主，进行逐双检验，而物理力学性能检验为辅。但有些重要性能指标必须批批检验和定期或不定期抽验，如胶粘工艺的剥离强度和胶底的抗张强度、耐曲挠性和耐磨程度等。

（一）感官检验

按照产品质量检验标准，检验人员通过目测、手摸、推敲、弯折和尺寸测量等手段来判断、辨别成鞋质量的优劣，并且结合成鞋结构制定不同的检验顺序和方法，来检验其外观和内在质量的状况。感官检验要求对成鞋进行逐双检验。

感官检验具有简便快捷、灵活易行等优点，故而被普遍采用。在检验鞋类的缝制质量、帮面质量、色泽差异等方面可当场确定成鞋的品质，目前对部分检验项目除感官检验外还未找到其他可行的方法。

感官检验也有其片面性，除受检验环境、检验条件等客观因素的限制之外，还受质检人员的经验积累以及技术熟练程度等主观因素的影响，所以检验结果的准确性是相对的。随着制鞋工业的逐步发展，部分感官检验项目将会被理化测试所替代。

（二）物理力学性能检验

物理力学性能检验是借助仪器设备进行的定量测试，用来检验成鞋内在质量的优劣。一般采用定期抽样检验法。如对原辅材料进行抗张强度、伸长率、耐曲挠等性能的试验、底部件的硬度、耐磨性能的试验，以及成品鞋的耐磨、耐折和剥离强度的试验，通过对测出的数据与物理性能指标进行对比来确定产品的优劣。

胶粘皮鞋每月随机抽3双鞋进行耐折、耐磨、剥离强度和硬度试验。缝制鞋每月随机抽2双鞋，进行耐折、耐磨和硬度试验。试验结果符合质量指标为合格。第一次试验如有不符合指标规定者，可加倍抽样，对不合格项目进行复验。如复验结果不合格，则降级处理该批产品。

三、成鞋检验的主要内容

（一）感官检验内容

皮鞋感官检验标准对外观质量的要求包括整体外观、帮面、绷帮、内衬、缝线、边缘加工工艺、外底、配件和尺寸等内容，见表8-3-1。

表 8-3-1   **皮鞋感官检验质量要求**

序号	项目	优 等 品	合 格 品
1	整体外观	平整、平伏、平稳、清洁、对称。绷帮端正、平伏。内底不露钉尖，无钉尾突出。鞋帮和鞋里不允许明显变色（擦色革等特殊鞋面革除外）、脱色。鞋垫牢固、平整。无明显感觉缺陷。鞋号等标记清晰	
2	帮面	同双鞋相同部位的色泽、厚度、绒毛粗细、花纹基本一致。不应有裂浆、裂面、露帮脚、白霜。不应有伤残	同双鞋相同部位的色泽、厚度、绒毛粗细、花纹基本一致。可有不明显轻微伤残，但不应有裂浆、裂面、露帮脚、白霜。不应有伤残。次要部位可有轻微松面

续表

序号	项目	优 等 品	合 格 品
3	主跟、内包头	主跟、内包头应端正、平伏、对称、到位。不应收缩变形	
4	鞋跟	装配牢固、平正,大小高矮对称、色泽一致。无裂缝,包皮平整,跟口严实	
5	子口	整齐严实	
6	缝线	线道整齐,针码均匀。底线、面线松紧一致。不应有跳线、重针、断线、翻线及缝线越轨等	线道整齐,针码均匀。底线、面线松紧一致。主要部位不应有跳线、重针、断线、翻线、开线及缝线越轨等。次要部位可有一处,每只鞋不应超过两处
7	折边、沿口	基本整齐、均匀、圆滑,无剪口外露,不应有裂边	
8	外底	表面光洁,同双鞋外底相同部位的色泽、花纹基本一致。次要部位可有轻微缺陷。外底花纹深度不应超过外底厚度的1/3。外底前掌着力部位扣除花纹后的厚度不应小于3.0mm	同双鞋外底相同部位的色泽、花纹基本一致。可有轻微缺陷。外底花纹深度不应超过外底厚度的1/3。外底前掌着力部位扣除花纹后的厚度不应小于3.0mm
9	配件	装配牢固,基本对称。外观无明显缺陷	
10	尺寸	同双鞋前帮长度允差±1.5mm,后帮高度允差±1.5mm,三接头包头长度允差±1.0mm,靴后帮高度允差2.5mm	同双鞋前帮长度允差±2.0mm,后帮高度允差±2.0mm,三接头包头长度允差±1.0mm,靴后帮高度允差3.0mm
		同双鞋后跟高度允差1.0mm,前跷允差2.0mm	
		后缝歪斜允差1.5mm	后缝歪斜允差2.0mm
		同双鞋外底长度允差1.5mm,宽度允差1.0mm,厚度允差0.5mm	同双鞋外底长度允差2.0mm,宽度允差1.5mm,厚度允差0.5mm

1. 帮面的检验方法

帮面检验包括面革厚度、色泽、粒面、绒面粗细、材质与部位搭配是否合理以及伤残使用情况。另外,还应着重检验有无松面、管皱、裂面、裂浆和脱色等问题。具体检验操作方法如下:

(1) 帮面松面、管皱的检验　鞋帮松面是指皮革的表面纤维脱层,引起皮鞋帮面表层皱纹和严重皱裂,严重的松面即为管皱。皮鞋帮面特别是皮鞋前帮部位,松面会造成鞋帮断裂,影响成品质量。因此,皮鞋前帮和主暴露部位(如外怀帮部件)不应该出现松面。检验时,主要针对皮鞋的前帮、外后帮、鞋耳、舌式鞋的鞋舌等外露明显的部位。

检验方法:将一只手的食指和中指伸进鞋腔内前部紧贴帮里,两指相距10~15mm,另一只手拇指在两指间距内轻按帮面,使其向内弯曲,观察鞋面变化情况。如显现细小皱纹,松开按压的大拇指后帮面恢复原状,则可判定为正常;若出现粗大的皱纹,当按压拇指松开后,帮面上留下痕迹,而且帮面表层有明显的分层感觉,则判定为松面或管皱(图8-3-1)。

(2) **帮面裂面、裂浆检验**　皮革频繁弯

图 8-3-1　松面、管皱检验
(a) 按压帮面有细小纹路,松开后消失为不松面
(b) 按压出现粗大皱纹,松开后遗留痕迹为松面

折和缺乏保养，皮革的涂层和革身纤维变脆而产生裂纹，另外，皮革鞣制不透或板硬以及涂层过厚时，在制帮折边的过程中也容易产生裂浆和裂面。

裂浆和裂面的区别在于裂浆只是表面涂饰层碎裂，而粒面纤维没有破裂，常出现在涂饰层过厚的皮革表面；裂面则是粒面层破裂，严重的可以看到内部的皮革纤维。

检验方法：将一只手伸进鞋腔内，用食指和中指轻顶帮面（图 8-3-2），若粒面出现断裂层即为裂面，若涂饰层裂开即为裂浆，鞋口边缘的折边部位直接通过目测查看是否有裂浆和裂面现象出现。该检验项目一般与松面、管皱检验相结合，不同点在于一为按压、一为顶紧。

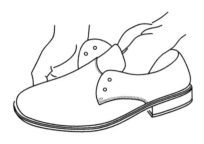

图 8-3-2　裂面、裂浆检验

（3）帮面脱色检验　帮面脱色是指皮革表面的涂饰层掉色，容易引起皮革表层颜色的改变、色花和污染。

检验方法：在未擦鞋油前进行，可用白色软纱布包裹在食指上，在鞋面上用力适中往复干擦 5 次，如纱布上沾有色泽，即为脱色（图 8-3-3）。

（4）鞋帮色彩的检验　鞋帮色彩包括鞋帮面与鞋里的颜色，主要检验同双鞋或同批次鞋色彩的一致性。由于皮革存在一定程度的颜色差异，只要同双鞋或同批次鞋的色差不太明显，就认定为合格。

检验方法：将同双鞋平放于桌面，在常规光线条件下，检验者的视距（眼睛到鞋帮的距离）保持在 50cm，对成鞋进行逐双对照检验。

图 8-3-3　脱色检验

2. 成鞋内衬检验

需要检验的内容是主跟与内包头的硬度和弹性、位置、平伏、圆正度及其他内衬的均匀性、平整性等。

（1）鞋帮主跟与内包头硬度和弹性的检验

① 主跟硬度检验：用拇指和食指捏在主跟凸度处（后帮中缝高度的 1/2 附近及以下部位），适当用力捏压，以不发生变形为合格。

② 内包头的硬度检验：用拇指按压内包头前端 1/3 之前的部位，要求坚实硬挺为合格（图 8-3-4）。

③ 主跟弹性检验：在主跟的上口，用拇指按压后缝鞋口部位，在鞋口 15mm（约为后缝的 1/4）左右的范围内感觉变形柔韧，松开拇指后鞋口自动恢复原状为合格。

④ 内包头弹性检验：在鞋的前掌 1/2 位置附近，用大拇指按压，感觉平伏、柔韧、有弹性，释放后迅速复原为合格（图 8-3-5）。

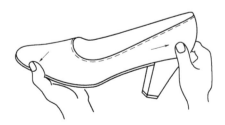

图 8-3-4　主跟与内包头硬度的检验

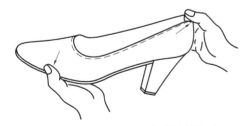

图 8-3-5　主跟与内包头弹性的检验

（2）鞋帮主跟与内包头安装位置的检验　主跟与内包头的安装对成鞋的舒适性和穿用性能有直接影响。

检验方法：用大拇指沿帮脚边墙轻轻按摸，当拇指前后滑动的时候，可以清楚地感觉到主跟和内包头的边缘位置，检查是否安装到位、是否端正、同双鞋是否对称，符合条件的即为合格（图8-3-6）。

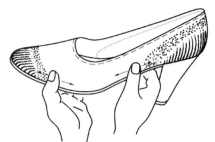

（3）鞋帮主跟与内包头平伏、圆正度的检验　成鞋外观平整、光滑、无褶皱、圆正，主跟和内包头部位看不出边缘棱线。主跟和内包头粘牢贴实，无起壳脱层现象。

图8-3-6　主跟与内包头安装位置的检验

（4）其他内衬物的检验　检验时一看二摸，看外观是否有内衬痕迹，特别是鞋里有无皱褶，内里帮脚和内底边缘是否有漏胶；对于前帮鞋里，要将手伸进鞋腔内去摸，检查前帮里是否平伏无皱，是否贴实，有无空壳和脱层现象。

3. 绷帮成型的检验

绷帮成型的质量检验，包括鞋的端正度、对称性和成型尺寸等。

（1）绷帮成型的端正度检验

① 鞋帮对中检验：对中是指鞋帮前尖的正中点、口门中心点（或前鞋脸正中点）、后身中缝的上端点，在成鞋平稳放置时，应该在一条直线上（图8-3-7）。

② 鞋帮后缝端正度检验：将同双皮鞋并排放在平面上，分别从后跟朝前直视。要求后缝的上端位于鞋口后端正中，后缝的下端在鞋跟后端的正中，并且后帮中缝线要与鞋跟后端竖直中线在一条直线上，成双

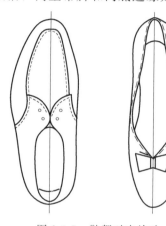

图8-3-7　鞋帮对中检验

鞋端正对称（图8-3-8）。

③ 鞋帮口门及部件的端正度检验：采用目测的方式，俯视并正对前帮鞋脸，以鞋的俯视轴线为基准，鞋帮部件轮廓的前边缘线在横穿轴线时应在局部范围内垂直，或让内侧轮廓略微偏前一点；部件轮廓内侧的转角位置应比外侧靠前2～3mm；外包跟部件的托脚及吊带凉鞋的后帮内侧位置比外侧要靠前 6～8mm；全空凉鞋的头空和两翼位置的内侧壁外侧均需适度靠前。检验时，可使用直尺作

图8-3-8　后缝端正度检验

为辅助工具，当直尺靠近部件轮廓线并垂直于鞋的俯视轴线时，观察另一侧的对应轮廓，看是否与直尺产生距离。达到上述要求的，可判定为合格（图8-3-9）。

（2）绷帮成型的对称性检验　同双鞋要配对对称，要做到基本尺寸对称、部件位置对称以及形体轮廓曲线对称。

① 后帮及后跟的对称性检验：用左右手分别拿住左右脚的鞋，两手端平让鞋帮后缝的下端点相互重合对正作为基准，两只鞋后缝的下方平齐，让后缝中线下端紧靠，相互由

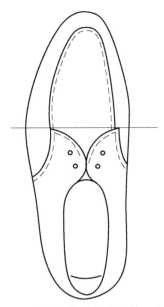

图 8-3-9　鞋帮口门及部件的端正度检验

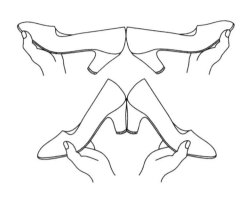

图 8-3-10　后帮及后跟的对称性检验

下而上沿后缝中线边对齐边滚动边观察后弧中线的弯曲情况，直至后缝的上端点，查看后帮中缝弯曲状态对称、中缝高度基本一致为合格（图 8-3-10）。

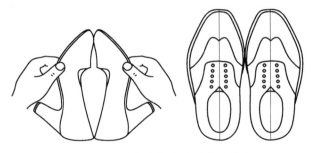

图 8-3-11　前帮各部位的对称性检验

② 前帮各部位的对称性检验：左右手分别拿住鞋跟底部，鞋底的前掌边缘比齐桌面，前尖紧靠，以成鞋前端点平齐作为基准点。观察前帮各部位轮廓线的对称性以及各部件位置的对称性（图 8-3-11）。

（3）绷帮成型的尺寸规格检验

尺寸规格的检验需要借助直尺、布带尺或标高仪等工具完成，表 8-3-2 提供了影响皮鞋穿用的基本尺寸规格范围作为参考。

表 8-3-2　　　　　　　　　　　　影响皮鞋穿用的基本尺寸规格　　　　　　　　　　　　单位：mm

检验部位	基本控制尺寸			备注
	女鞋 235	男鞋 255	等差	
低腰鞋外怀的最大高度	52～54	56～58	±1.0	用带尺由子口沿鞋帮外测量高度
	45～48	49～51	±1.0	鞋内腔踝骨位置垂直高度
鞋口最小尺寸（有主跟）	105～108	115～120	±2.2	一般皮鞋的鞋口
	95～98	105～110	±2.0	有泡沫软口的运动、休闲鞋口
吊带凉鞋鞋口的最小尺寸	120～123	130～135	±2.5	鞋带对折后直线测量脚腕尺寸
靴筒脚腕最小直线尺寸	105～110	115～120	±2.2	短靴脚腕筒口前后中点直线长度
	130～135	143～148	±2.6	靴类脚腕靴筒对折后直线长度

续表

检验部位	基本控制尺寸			备　注
	女鞋 235	男鞋 255	等差	
小趾端点外侧边缘至后缝下端(小趾后端中点)的最小直线长度	跟高 20 187～191	跟高 30 207～211	±4.0	(1)用外卡钳由鞋后端中点向前至脚趾部位两侧边缘测量,适用于大型包头位置、凉鞋小趾位置的检验 (2)后跟高度每增加 5mm 时,应将最小直线长度缩短 0.5mm

4. 鞋帮缝制质量的检验

主要检查鞋帮经过绷帮成型和脱楦后,是否产生缝线散股、炸线、断线,装饰件和其他装饰工艺是否有损坏。

(1) 缝线牢度检验　左手握住外底前掌部位,右手拇指按住帮面,其余四指伸进鞋内,用食指上顶缝合处,观察缝合是否牢固。如发现断线、脱针、漏针、缝合不牢则为不合格(图 8-3-12)。

(2) 装饰工艺(孔眼和穿编质量)检验　针对孔眼和编织皮在绷帮成型过程中拉伸变形较大的部位,如包头、跗面、两侧边棱等,要求切口无变形和撕裂,花孔、网眼、花纹形状等基本均匀,花孔形状、大小、排列一致为合格。

(3) 装饰件的牢度检验　装饰件的检验主要有对称性检验和牢度检验,对称性检验可以参照鞋帮的对称性检验操作,安装的牢度检验则应该根据装饰件安装的具体方法分别对待。

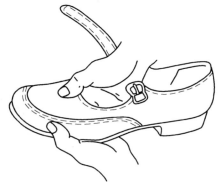

图 8-3-12　缝线牢度检验

采用插挂和铆合方式安装的装饰件,可用食指拨动,以不左右移动和里外松动为合格;采用缝缀方式安装的花结,凡缀上的装饰件可以活动,挂缀的线绳不应该是单股;若是链条则检查其铆固点的牢度;如果花结是固定式的,以不移动为宜。

鞋眼以眼体饱满、在鞋帮上不转动为合格。对鞋钎和带扣应检查鞋钎皮、橡皮筋是否单薄,缝线是否到位和紧扎。

拉链在闭合端的两侧缝线必须回针锁紧,拉开后的尾端必须锁死。

5. 鞋跟装配检验

鞋跟装配检验针对的是采用组合底的胶粘皮鞋,检查鞋跟与帮底的密合程度、鞋跟的安装位置及端正度、鞋跟装配的平稳度以及鞋跟的坚牢程度等。

(1) 鞋跟与帮底的密合程度检验　鞋跟装配后要求与帮底之间配合平整、顺畅,缝隙紧密、匀称,轮廓线条配合协调。

鞋跟大掌面与后跟部帮脚和内底后端要求密合,以边缘厚度和黏合子口均匀、大掌面轮廓曲线与后跟部帮脚和内底后端圆顺、协调为合格。跟口与外底的黏合紧实,按照装跟的不同类型区别对待,以符合要求而且美观、平整、顺畅为合格。

（2）鞋跟的安装位置及端正度检验

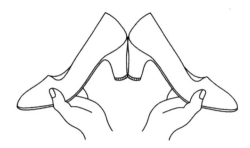

图 8-3-13　鞋跟的安装位置的检验

双手分别握住左右脚成鞋的后跟部，两鞋跟的跟墙相对，小掌面后端比齐紧靠。观察成鞋后缝及下端点与鞋跟大掌面后部的相对位置，并查看鞋跟跟墙后端面与大掌面在跟座上的前后相对位置，位置合适、后弧轮廓顺畅、对称一致即为安装位置合格（图 8-3-13）。

（3）鞋跟装配的平稳度检验　鞋跟的跟面紧靠桌面，观察前掌与桌面的接触面，以成鞋前掌第一跖趾部位贴合桌面为合格（图8-3-14）。

（4）鞋跟的坚牢程度检验　一只手拇指在

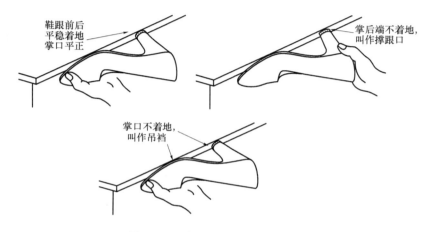

图 8-3-14　鞋跟装配的平稳度检验

后跟主跟外部，其余四指插进鞋内捏紧后帮；另一只手捏住鞋跟，适当用力拔跟（图 8-3-15）。如果跟部与帮脚出现较小缝隙，放松后仍恢复紧密吻合，即符合要求；如果缝隙较大，放松后仍有缝隙，则说明质量存在问题。

6. 鞋底装配及黏合检验

（1）黏合质量检验　先沿整个底边子口查看一周，要特别注意鞋帮部件的接缝和凉鞋条带两侧帮脚的位置，必须子口严密、平整，胶膜均匀，无空隙、缺胶现象。再通过按压鞋底的沿条或底墙边缘，使底边略向外撇，此时可以看见子口黏合线稍有变宽，以没有抽丝、漏胶、开胶现象为合格。

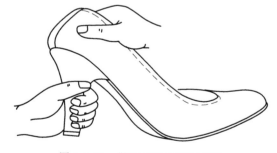

图 8-3-15　鞋跟的坚牢程度检验

（2）鞋底粘贴的纵向位置检验　左右手分别拿住成鞋的后部，内侧对齐，先将后跟部的后端对齐，让内侧后踵、前掌紧靠，双手握鞋平举；观察成鞋的帮、底前端和后端是否处在同一水平线上，注意前帮两侧拐角处的帮、底是否偏斜，以成鞋前后两端平齐、长短无差异、无偏斜为合格。

（3）鞋底粘贴的横向位置检验　双手分别拿住成鞋的后跟部，让鞋底相对紧靠。先将鞋跟后端左右比齐，跟面重合，鞋底前掌紧靠；然后将成鞋左右脚的最宽处靠一下工作台面，让前掌两侧比齐，掌心相对紧靠；握鞋的左右手做同步的相对转动，分别使成鞋的鞋底由前掌一侧滚动至另一侧，观察成鞋帮、底的两侧，比较它们的相对宽度，以成鞋前掌帮底同宽、同侧宽度位置相对一致为合格。

（4）成鞋前跷检验　成鞋的前尖相对，平稳地放在桌面上，观察鞋底前端，以前跷高度一致为合格。

7. 成鞋内腔检验

主要检查内底有无遗钉，鞋腔是否整洁，鞋里褪色情况以及鞋垫安装是否端正、牢固。

8. 成鞋规格与标志检验

成鞋上的规格标志一般包括商标或制造厂名、鞋号与型号、货号、批次、质量等级、检验印章等。其中商标或制造厂名、鞋号与型号、货号为主要内容，必须每只鞋上都有。

印号标志必须打印在显眼和不易磨损的部位，如外底腰窝或跟口前面、鞋腔内鞋垫后掌中部、鞋帮内侧皮里的鞋口下缘、帮面的鞋舌后部正中或腰帮外侧。

检验成鞋上的规格标志时，要求标志牢固，字迹清晰、端正。还需要检验鞋帮上与鞋底上的印号是否一致，然后再检验货号与式样结构是否相符等。以标志清晰、规整、牢固、号码与货品相符为合格。

（二）物理力学性能检验内容

成鞋的物理力学性能检验，必须借助仪器设备，采用定期抽样检验的方式，针对原辅材料和成鞋样品进行破坏性试验，用测试与分析数据来判断该批材料和成鞋的内在质量与性能，并对照性能标准确定其品质的优劣。

我国针对胶粘皮鞋物理力学性能的检验项目与标准指标见表 8-3-3，其中成鞋外底耐磨性能、耐折性能、剥离强度、鞋跟结合力、鞋帮拉出强度、勾心抗弯刚度等项目为主要检验项目，橡胶和塑料跟的硬度、鞋内底纤维板的曲挠指数为次要检验项目。

表 8-3-3　　　　　　　胶粘皮鞋物理力学性能检验行业标准

项　　目	技　术　要　求			
	优等品		合格品	
耐磨(磨痕长度)/mm	≤10.0 不允许欠硫		≤14.0 不允许欠硫	
耐折(预割口 5mm,连续屈挠 4 万次,裂口长度)/mm	折后割口裂纹长度≤12.0。折后无新裂纹,折后帮面不得出现裂浆、裂面或帮底开胶		折后割口裂纹长度≤30.0。折后新裂纹≤5.0,并且不应超过 3 处。折后帮面不得出现裂浆、裂面或帮底开胶	
剥离强度/(N/mm)	男≥90 女、童≥60		男≥70 女、童≥50	
鞋跟结合力/N	≥700		≥500	
鞋帮拉出强度/(N/cm)	≥100		≥70	
勾心抗弯刚度/MPa(跟高 20mm以上、跟口 8mm 以上要测钢勾心)	跟高/mm	50 以上	35～50	25～30	25 以下
	刚度	≥700	≥500	≥340	≥300

续表

项　目	技 术 要 求	
	优等品	合格品
成型底鞋跟硬度（邵尔 A 度） 跟高≤50mm 跟高＞50mm	≥55 ≥75	
鞋内底纤维板的曲挠指数	≥2.9	≥1.9

注：① 230 号以下的鞋不测量耐折性能。

② 有围条的鞋不测量剥离强度。

检验后要在产品上标明等级或合格。也可以合格证的方式标明检验结果。厂检和厂际行业检验要有检验报告。

除正常生产产品的常规检验外，对于新产品在正式生产前还要做试穿检验，并要给出试穿结果报告。

1. 耐磨试验

耐磨试验用于检验成鞋鞋底和成型底（片）的耐磨性能。

耐磨试验是在磨耗试验机上，按照 GB/T 3903.2—2017 耐磨试验方法进行试验。将试验的外底紧固在试验机天平左端，调整好试验机，以一定负荷、一定速度、一定时间对试样进行磨耗试验，最后用游标卡尺测量试验磨痕两边的长度。以磨痕长度（mm）表示试验结果。一般每组试样不少于 4 只。

2. 耐折试验

耐折试验用于检验成鞋和鞋底（片）的常温耐折性能。

耐折试验是在耐折试验机上，按照 GB/T 3903.1—2017 耐折试验方法进行，对成鞋鞋底或围条进行常温耐折性能试验。根据产品标准要求决定是否割口，若割口，可在鞋底跖趾关节曲挠中心部位割 5mm 长的透口，然后装在试验机的可折楦上，调整好试验机后以一定角度、一定频率进行曲挠试验，经过一定曲挠次数后，测量鞋底和围条的裂纹（口）和开胶长度，以裂纹（口）及围条开胶长度（mm）表示试验结果。一般每组试样不少于 2 双鞋。

3. 剥离强度试验

剥离强度试验用于检验成鞋鞋底与鞋帮之间的黏合强度，通常用剥离试验仪。

剥离试验是在剥离试验仪上，按照 GB/T 3903.3—2011 剥离强度试验方法进行。将成鞋装上鞋楦夹持在剥离试验仪上，以剥离刀将鞋头处的外底与鞋帮从结合处剥开，测得剥开时所需的力值为剥离力，根据剥离力和剥离刀口宽度计算剥离强度。

剥离试验的抽样在同批产品中每组试样不得少于 3 双鞋。在测试前需做适当预处理。

4. 硬度测试

硬度试验用于测试成鞋底跟的硬度。

硬度试验是按照 GB/T 3903.4—2017 用手持式硬度计进行试验。试验时用手将硬度计压针匀速压在成鞋外底或成型底表面上，压紧后硬度计指针的指示值即为硬度值（测试环境温度 23℃±2℃）。每组试样为一双成鞋或成型底，一般检验每只底测 3 个点，仲裁检验每只底测 5 个点，取算术平均值，再以两只鞋（底）的平均值作为测试结果。

硬度分为邵尔 A 和邵尔 W，分别用邵尔 A 和邵尔 W 硬度计测试。邵尔 A 适用于非微孔底的测试，邵尔 W 适用于微孔底的测试。

5. 其他专项测试

对于某些行业特殊用鞋（靴），要根据实际需要进行专项测试。如对高压绝缘胶鞋（靴）需进行电气绝缘性能测试；对防火鞋进行阻燃、防水、隔热性能测试；对于耐酸碱皮鞋进行化学腐蚀检验等；对于某些运动鞋的外底，还需进行拉伸强度、扯断伸长率、磨耗量、密度以及围条与鞋帮间的黏合强度的测试等。

四、检验规则和质量判定

通过感官检验判定皮鞋产品外观质量的优劣，感官检验过程必须每批逐双进行，质量控制或复检采用抽样方式检验。

用物理力学性能判断产品内在质量的优劣，物理力学性能以定期抽样检验为准。但对于某些重要性能指标则必须采取每批检验、定期或不定期抽检。

对于产品质量的判定，按照《QB/T 1002—2005 皮鞋》中的规定施行，产品检验分出厂检验和型式检验。

1. 出厂检验

以胶粘皮鞋为例，检验项目应符合表 8-3-4 中的规定。

表 8-3-4 胶粘皮鞋检验标准

检测项目	出厂检验		型式检验	要求	试验方法
	全检	抽检			
感官检验	必检	×	必检	符合表 8-3-1 要求	GB/T 3903.5—2011
帮底剥离强度	×	必检	必检	符合表 8-3-3 要求	GB/T 3903.3—2011
成鞋耐折性能	×	必检	必检	符合表 8-3-3 要求	GB/T 3903.1—2017
外底耐磨性能	×	必检	必检	符合表 8-3-3 要求	GB/T 3903.2—2017
鞋后跟结合力	×	必检	必检	符合表 8-3-3 要求	GB/T 11413—2015
鞋帮拉出强度	×	选	选	符合表 8-3-3 要求	QB/T 1002—2005
勾心抗弯刚度	×	必检	必检	符合表 8-3-3 要求	QB/T 1813—2000
勾心硬度	×	必检	必检	—	GB/T 230.1—2004
成型底跟硬度	×	必检	必检	符合表 8-3-3 要求	GB/T 3903.4—2017
内底纤维板曲挠指数	×	选	选	符合表 8-3-3 要求	QB/T 1472—2013
帮面材料低温耐折性能	×	选	选	—	QB/T 2224—2012

注："必检"为必须检验项目，"选"为选择性检验项目，"×"为不需要检验项目。

2. 型式检验

型式检验是指依据产品标准，由质量技术监督部门或检验机构对产品各项指标进行的抽样全面检验，检验项目为技术要求中规定的所有项目。按标准规定：正常生产时期每半年进行一次型式检验；当产品结构、工艺、材料有重大改变时，长期停产后复产时，国家治理监督机构需要时，应进行型式抽样检验。

以被检产品批量为一批,从中任意抽取 3 双进行检验,检验内容见表 8-3-4。

3. 判定

(1) 单双质量判定

① 优等品:所检测的物理力学性能项目达到优等品的要求,其中勾心抗弯刚度和硬度、外底与中底黏合强度,可以只达到合格品要求,以及感官质量的主要项目达到优等品要求,次要项目达到合格品要求的,判定该双鞋为优等品。

② 合格品:所检测的物理力学性能项目达到或超过合格品要求,以及感官质量的主要项目符合或超过合格品要求,有不超过两项的次要项目达不到合格品要求的,判定该双鞋为合格品。

③ 不合格:所检测的物理力学性能项目中有一项或一项以上不合格,或者感官质量中有一项或一项以上主要项目不合格,或有超过三项的次要项目不合格,可判定该双鞋为不合格品。

(2) 批产质量判定 所抽检的 3 双产品全部达到优等品要求的,则判该批产品优等。2 双达到合格要求,则判该批产品合格。如有 1 只或超过 1 只不符合合格品或优等品要求的,则加倍抽样对不合格项目进行复检,并按复检结果判定。

[思考与练习]

1. 试述有哪些产品质量检验形式。

2. 检验依据的标准和根据是什么?

3. 试述有哪几种检验方法。

4. 试述感官检验的项目有哪些。

5. 为什么设计中造成的质量问题在成品检验中也要检验?

6. 通过产品实物检验,写出检验报告。

7. 详细叙述产品工艺质量和结构部件形体的检验内容和方法。

8. 试述用机械设备对产品进行物理力学性能检验的项目有哪些。

9. 检验成品鞋练习:检验一双男鞋,一双女高跟鞋,并写出检验报告。

第四节　成鞋的包装及储运

[知识点]

□ 掌握包装的目的。

□ 熟悉包装的类型。

□ 熟悉储存和保管中影响产品质量的因素。

□ 了解保管和储存的要求。

[技能点]

□ 能够设计内包装的规格尺寸及鞋盒的标志说明。

□ 能完成包装设计。

当成鞋经过修饰检验之后,对合格品还需要进行进一步包装。成鞋包装的主要目的在于:

① 保持产品的完整与清洁,便于储存和运输。

② 避免微生物侵蚀、环境温度及有害气体的影响，防止出现霉变或虫蛀现象。

③ 新颖的包装可以突出和宣传产品特点，提高产品知名度。

一、成鞋包装的分类与包装方法

（一）包装的分类

为了使成鞋在一定时间内不发生质变和形变，尽量保持原有色泽，成鞋包装应该从款式、档次、消费群体、销售地点、运输方式、订货要求等方面加以区分，采用不同的包装形式。一般来说，成鞋包装有三种类型：软包装、内包装、外包装。

1. 软包装

采用纸、塑料、织物等软弹性材料的包装叫软包装。

（1）透明塑料袋　将鞋装入上面印有商标、说明、型号、厂家等的透明塑料袋中。装入后封口，这样既能保持鞋面光洁无尘，又能满足顾客的挑选而不弄脏产品。透明塑料袋可使成鞋造型、做工等特点一目了然、方便顾客选购。

（2）成型塑料盒　通过模具压注的成型塑料盒具有鞋的外形轮廓，透明度高。使用时直接将鞋装入盒中。由视觉效果造成的成鞋光亮度的增强提高了产品的外观诱惑力，故适用于各种礼品鞋盒。

（3）纸类、塑料类、织物类提兜　用纸、塑料、织物制成的提兜可以方便顾客携带物品。提兜上印刷精美的公司名称、注册商标等可以通过顾客成为流动的广告和宣传材料。

（4）衬垫材料　在高档鞋的包装中，常用一些衬垫材料如棉纸、丝绒、发泡聚苯乙烯等，将两只鞋隔开放置，防止鞋面蹭磨，同时提高产品身价。另外，对于拉链头、鞋钎、饰件等金属扣件，也应用棉纸包裹。

（5）鞋内支撑材料　为了有效预防成鞋在储运期间受到挤压而变形，一般应在鞋内装上支撑物。常用的支撑物有以下几类：

① 软纸：可将软纸塞入鞋头内起支撑作用。

② 气包式鞋撑子：由塑料制成，里面封有空气，支撑力强，可防止鞋头和前帮变形。

③ 瓦顶式鞋撑子：用泡沫塑料制成瓦形支撑件，其作用与气包式鞋撑子类似，可防止鞋头及前帮变形。

④ 支撑式鞋撑子：支撑式鞋撑子多用于女式浅口鞋，可以防止鞋头及后帮部位发生变形。在前后两个撑架间有一横梁连接，横梁可适当弯曲以适应不同鞋号的鞋。

⑤ 整体式鞋撑：外形如同两节楦，中间连有弹性连接杆，可根据鞋的大小进行调节，多用于高档产品。

⑥ 前撑式鞋撑：主要用于前帮的定型。

2. 内包装（小包装）

内包装又名小包装，是对单双鞋或两双鞋进行的包装，通常使用鞋盒。一般将鞋盒制成单双鞋盒，也可以根据市场需求制成情侣鞋盒，装入男、女鞋各一双。

根据市场调研及一些风俗习惯，可以对销往不同地域、不同对象的皮鞋制定不同的包装要求，据此可将鞋盒分为白色鞋盒、素色鞋盒、花色鞋盒。

鞋盒上应有制造厂名、厂址和标识、产品名称或代号、颜色、鞋号、产品质量等级的标志。

鞋盒可以采用折叠、黏合、钉合等方法制成。常见的鞋盒是由纸板糊制或者由厚纸折叠而成的。设计时应该考虑鞋盒结实挺括、大小适当及广告宣传等几个方面。鞋盒过大容易在运输过程中因震动而增加鞋在盒内的摩擦，鞋盒过小容易使鞋因挤压而变形。在生产实际中要针对不同品种的鞋类并根据鞋号的分布情况来设计不同规格的鞋盒。

3. 外包装（大包装）

外包装又叫大包装，是将若干个内包装或软包装的成品集装在一个大的包装箱内，主要是为了便于储存和运输。可根据不同的要求设计制备包装箱。

制备包装箱的材料主要有瓦楞纸和木材，可以制成瓦楞纸箱或木箱。用多层进口牛皮纸制成的瓦楞纸箱常在出口产品的包装中使用。

包装箱的大小按实际情况而定。出口鞋多定为每箱 12 双，内销鞋有每箱 20、30、50 双等不同规格。包装箱容积尺寸的确定依赖于所装鞋盒数和鞋盒的摆放方法。

包装箱上应有制造厂名、商标、产品名称、鞋号、数量、色别、等级、箱号、重量、体积、装箱日期的标志。

（二）包装方法

1. 内包装

内包装的装盒方法：一般装法是将两只鞋头反向对合装盒即可。要在鞋与盒、鞋与鞋之间加衬柔软的隔离物，防止磨伤或碰伤鞋面。对耳式鞋应穿系鞋带；对用毛皮作为帮面或用棉毛毡等作为帮里的鞋，在包装时鞋内应放樟脑丸，以防虫蛀脱毛；在高档鞋的包装中，常装入鞋刷、绒布擦、鞋拔子、小盒鞋油等鞋用小工具及印刷精美的产品使用、保养说明书。

2. 外包装

外包装的装箱方式有单码装法和配码装法。单码装箱时，一箱中只装一种鞋号的鞋；配码装箱时一箱中可装多种鞋号的鞋，要根据生产通知单，按每个鞋号规定的数量进行装箱（二维码 8-9）。

当运输距离较远、储运时间较长时，特别是水运产品，箱内应加防潮纸，必要时可加入防潮剂。如要求使用集装箱时，可不用外包装而直接将鞋盒装入集装箱中即可。

外包装完毕后，需用封条纸、打包带封箱，并加盖有储运要求的标志。

二维码 8-9
成鞋的包装

二、成鞋的储存与运输

（一）成鞋的储存

产品在储存中会因受仓库自然条件的影响，发生物理和化学变化，甚至出现霉烂变质。所以必须根据产品的特点和仓库的条件，制定适当的保管储存方法。

1. 影响产品质量的主要因素

① 温度：温度对产品有着多方面的影响。温度过高会使成鞋失去水分，造成帮面皲裂变形；温度过低会使帮面水分、油分改变形态，帮面僵硬变脆。

通风是调节仓库温度的主要措施。仓库温度一般保持在 8～15℃。

② 湿度：仓库中空气的相对湿度大，成鞋吸收空气中的水分增多，过高的水分含量可导致成鞋变形、霉烂以及金属件氧化。相对湿度过小时，成鞋吸收空气中的水分减少，

导致成鞋皱褶或发脆断裂。一般将仓库的相对湿度控制在 60％左右。

③ 环境卫生：卫生条件良好与否，对成鞋的外观影响极大，如灰尘、油污、烟气、垃圾污染等，不仅能沾污成品表面，还会引起虫害和滋生微生物。

2. 储存要求

① 产品在搬运中要轻放，存放中要防止重物挤压，不能与酸、碱、油及有腐蚀性的物品混放。

② 避免雨淋、受潮和暴晒。

③ 仓库应保持通风干燥。

④ 成品摆放整齐有序，与地面和墙壁离开一定距离，一般为 0.2m 以上。

⑤ 库存时间不得超过一年，每季度要拆箱检查一次。在梅雨季节更应注意及时抽查，防止成鞋发霉变质。

⑥ 对一些外销鞋，可采用气相灭菌法来使成鞋在相当长的时间内不发生霉变。

（二）成鞋的运输

成鞋运输主要指厂外运输，包括陆运、水运、空运三种形式。运输条件的不同对成鞋有着不同的影响，应该区别对待。

① 陆运产品受气候、温度、尘土、风力等因素的影响。会出现风干皱裂、僵硬发脆、霉变腐烂、表面沾污等质量问题。

② 水运产品受海风和海水的影响，会出现潮湿发霉及盐霜。

③ 空运产品则要求尽可能地减轻包装物的重量，以降低成本。

所以在运输前要充分掌握运输工具、运输环境的特点，从而设计并制定出合理的包装形式及防护措施。

[**思考与练习**]

1. 试述鞋类产品包装的目的和作用。

2. 鞋类产品包装有哪几种类型？

3. 高档鞋类产品应如何包装？

4. 储存和保管中有哪些影响鞋类产品质量的因素？

5. 试述鞋类产品保管和储存的要求。

参 考 文 献

1. 弓太生，万蓬勃. 皮鞋工艺学：第二版 ［M］. 北京：中国轻工业出版社，2019.

2. 郑秀康、周福民. 现代胶粘皮鞋工艺 ［M］. 北京：中国轻工业出版社，2006.

3. 于连名. 皮鞋工艺学 ［M］. 北京：中国轻工业出版社，1997.

4. 梁世堃. 皮鞋楦跟造型设计：第二版 ［M］. 北京：中国轻工业出版社，2007.

5. 王文博. 皮鞋制作工艺 ［M］. 北京：化学工业出版社，2014.

6. 温州鹿艺鞋材有限公司、温州鹿艺鞋楦研究中心. 中国标准鞋楦设计手册 ［M］. 北京：中国纺织出版社，2008.